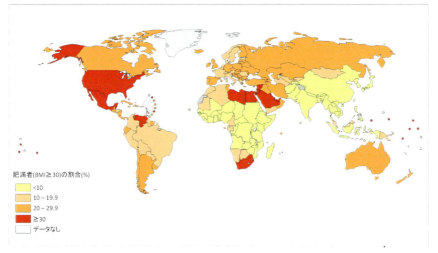

口絵 1 世界各国における肥満者の割合（2008 年，20 歳以上の成人男女が対象．WHO 作成の図を一部改変）［図 1.6 参照］

口絵 2 台湾（嘉義市）では，頭部，鶏足の切断されていない丸鶏 1 羽の売られている光景を見ることがよくある．食にかかわるさまざまな側面に文化はその影響力を行使する．［第 1 章参照］

明るい場所の青-黒に見える　　暗い場所の白-金に見える

口絵 3 インターネットで話題になったドレス（左）とその見え方の図解（右）．青-黒の縞に見える人と白-金の縞に見える人がいる．このような現象が起きる原因として光源のとらえ方の個人差が考えられている．［図 2.3 参照］

口絵4（左上） 食行動実験の一例
ここでは実物大の料理写真を並べ、「今夜の食事（食卓）」を構成させるという課題を与えている。[第1章参照]

口絵5（右上） ブースでの官能評価の様子
各ブースには小さな扉がついており、評価員の正面から試料が提示される。PC上での評価を行うことも多い。[第9章参照]

口絵6（左下） 栄養教育の模擬授業の様子
管理栄養士養成課程では、行動変容を促すために、栄養の情報をどう伝えるかといった栄養教育の演習を行う。[第10章参照]

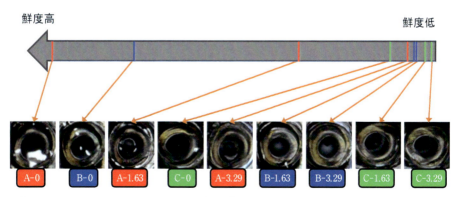

口絵7 Murakoshi et al. (2013) の実験結果に基づき算出した魚眼画像の鮮度得点
各画像の下のアルファベットは個体、数値は放置時間（時）を示す。灰色の矢印上の赤・青・緑の縦線の位置が各画像の得点を示す。得点が大きいほど鮮度が高く評価された。[図2.6参照]

食と味嗅覚の人間科学
斉藤幸子・今田純雄［監修］

食行動の科学
「食べる」を読み解く

今田純雄・和田有史［編］

朝倉書店

はじめに

　人はなぜ食べるのだろう．改めて考えると，答えは容易にでてこない．わかっていると思いながら，実はよくわかっていないのが食行動ではないだろうか．本書『食行動の科学』はこのような食行動に関するさまざまな疑問を解明していくことを目的としている．"You are what you eat" という言い回しがある．本書でも言及されているが，「人は食なり」「あなたはあなたの食べたものからできている」という意味である．果たして人と食物はどのような関係をもつのだろうか．両者の間に介在する「食べるという行為」はどのような仕組みによって喚起され，変容していくのだろうか．

　「食」は実に便利な言葉で，「食」と表記すれば食物，料理といった物質から，食べ方，食べる行為といった行動にまで言及することが許される．前者はモノを，後者はコトを指し示しており，本来は異質なものである．

　すばらしい料理を作ったからといって，それを誰もが「おいしい」と思って食べてくれるわけではない．逆に，粗末な食物をだしても「おいしい」といわれるかもしれない．そもそも食べることを拒否されてしまえば，その料理は（拒否した当事者にとっては）食べものですらない．このように考えていくと，モノ（食物）とコト（行動）は，相互に強く関連し合っているとはいえ，異質のものであることがわかる．むしろコトがモノに優先しているといえるだろう．「食物」は食べられてこそ食物となる．

　残念ながら人々の関心は，コトではなくモノに向かいがちである．例えば飲料・食品会社においてはいかに「おいしい」モノを作るかに多大な研究投資を行っている．その一方で，なぜ人はあるものを食べ，別のあるものを食べないのか，といったコトの側面についてはあまり関心を払わない．

　コトの背後にはココロ（心的プロセス）がある．食行動は，食物に対する感情，態度の影響を強く受ける．われわれは食物でないと判断すればそれを食べない．一口食べてみて異様な味がすれば吐き出してしまう．食べるという行為は，何が食物かという認知，食べるとどうなるだろうかという予想といった心的プロセスと密接に関連している．このようにみていくと，「食」の全体を理解していくためには，「食」のモノ，コトだけでなく，ココロへの理解が欠かせないことがわかる．「食」の全体像は，モノ，コト，ココロの3側面からの統合的理解が必要である．

　本書は大きく3部で構成されている．第1部は，食行動科学の基礎である．ここでは食べるという行動とその背後にある心的プロセスを中心に，「食」のコトとココロ

の両面についてみていく．その主体となるのはいうまでもなく人間である．食物がどのように感受され，知覚され，認知されていくのか．食物に対する快・不快感情はどのように喚起されるのか．認知された食物を摂取するかどうかの判断はいかに行われるのか．身体生理と脳神経系機構は食行動とどのように関連しているのか．集団で生きる社会性動物でもある人間にとって，社会・文化要因はどのように食行動に作用するのか，といったことがらについて論じる．

第2部では，食行動の生涯発達に焦点をあてる．発達のプロセスは遺伝情報に組み込まれており，環境との相互作用が不可欠である．食行動も例外ではない．いうならば遺伝と環境を基礎として出現し，生涯にわたり変化し続けるのが食行動の生涯発達である．

第3部では，食行動科学の応用を取り上げる．飲料・食品企業における商品開発から，教育現場，医療現場さらには消費者マーケティング，ヘルスケア市場と，「食」は現在，幅広い領域で注目されてきている．その中から，本書では官能評価，栄養教育，生活習慣病予防さらには肥満の認知行動療法，肥満の応用行動分析，食のビッグデータ活用といった比較的最近注目されることの多いテーマを取り上げている．「食」のコト，ココロに焦点をあてた応用研究のおもしろさと，その重要性を強調しておきたい．

本書全体に共通することは，各章それぞれのテーマに関して，研究の最前線にいる方々が執筆されていることである．さらに各章末の文献欄からもわかるように，2000年代とりわけ2010年代における最新の研究成果が数多く参照されていることである．科学の発展は日進月歩である．本書では21世紀初頭における食行動研究の全体像を描いていく．

最後に，本書の限界についてふれておきたい．本書では「食」のモノとしての側面，および食行動の発現にかかわる脳内機序ならびに身体生理との関連については詳しく取り上げていない．これらの事柄にご関心の強い方は，それぞれの領域の専門書を参考にされたい．食は，哲学から心理学，工学，経済学，栄養学，脳科学まで実に幅広い領域で取り上げられる研究テーマである．食の行為，行動の側面に焦点をあてた本書が「食」の全体的な理解に幾ばくかの貢献ができれば幸いである．

2017年3月

編者記す

編集者

今田純雄　広島修道大学健康科学部

和田有史　立命館大学理工学部

執筆者

赤松利恵	お茶の水女子大学基幹研究院	田山　淳	長崎大学教育学部
今田純雄	広島修道大学健康科学部	外山紀子	早稲田大学人間科学学術院
長田久雄	桜美林大学大学院老年学研究科	鳴海拓志	東京大学大学院情報理工学系研究科
加藤佐千子	京都ノートルダム女子大学現代人間学部	根ケ山光一	早稲田大学人間科学学術院
木村　敦	日本大学危機管理学部	長谷川智子	大正大学心理社会学部
日下部裕子	農業・食品産業技術総合研究機構	早川文代	農業・食品産業技術総合研究機構
坂井信之	東北大学大学院文学研究科	藤巻　峻	慶應義塾大学大学院社会学研究科
坂上貴之	慶應義塾大学文学部	本田秀仁	安田女子大学心理学部
坂根直樹	国立病院機構 京都医療センター	和田有史	立命館大学理工学部

(五十音順)

目　次

第1部　食行動科学の基礎

1. **食行動研究の基礎** ……………………………………［今田純雄］… 2
   - 1.1　食行動とは何か……………………………………………………… 2
   - 1.2　食行動を決定する3レベル………………………………………… 4
     - 1.2.1　生物，個体，文化…………………………………………… 4
     - 1.2.2　食行動喚起の諸要因………………………………………… 5
   - 1.3　肥満とその解消・予防…………………………………………… 13
   - 1.4　人はなぜ食べるのか……………………………………………… 16

2. **食行動と感覚・知覚** ……………………………………［和田有史］… 20
   - 2.1　知覚の特徴………………………………………………………… 20
     - 2.1.1　五感と知覚…………………………………………………… 20
     - 2.1.2　順応と順応水準……………………………………………… 20
     - 2.1.3　注　意………………………………………………………… 21
     - 2.1.4　個人差………………………………………………………… 22
   - 2.2　食の感覚各論……………………………………………………… 24
     - 2.2.1　味　覚………………………………………………………… 24
     - 2.2.2　嗅　覚………………………………………………………… 25
     - 2.2.3　食感・テクスチャー………………………………………… 27
   - 2.3　食における感覚の相互作用……………………………………… 28
     - 2.3.1　物理的要因…………………………………………………… 28
     - 2.3.2　受容体や神経伝達経路で生じる相互作用………………… 29
     - 2.3.3　中枢処理による相互作用…………………………………… 29

3. **食行動と社会的認知** ……………………………………［木村　敦］… 37
   - 3.1　ステレオタイプと食行動………………………………………… 37
     - 3.1.1　「食は人となりを表す」という素朴な信念………………… 37
     - 3.1.2　食品のステレオタイプ……………………………………… 38

3.2　食品に付随する外的要因の影響……………………………………41
　　3.2.1　食事環境の効果……………………………………………41
　　3.2.2　ブランドの光背効果………………………………………42
　　3.2.3　食品購買意欲における倫理的動機………………………43
　　3.2.4　食品に関する情報が食品評価に及ぼす効果……………44
　3.3　他者存在が食行動に及ぼす影響………………………………47

4. **食行動の心身統合的理解**……………………………………［坂井信之］…53
　4.1　食行動の人間科学的意義………………………………………53
　4.2　生理的欲求と食行動……………………………………………54
　　4.2.1　栄養素と基本味……………………………………………54
　　4.2.2　空腹の生理機構……………………………………………55
　　4.2.3　空腹感………………………………………………………59
　4.3　安全と安心の欲求と食行動……………………………………61
　　4.3.1　味覚による忌避……………………………………………62
　　4.3.2　食物新奇性恐怖……………………………………………62
　　4.3.3　食物嫌悪学習………………………………………………63
　　4.3.4　単純接触効果………………………………………………63
　　4.3.5　食行動と学習………………………………………………65
　4.4　愛と所属の欲求と食行動………………………………………65
　　4.4.1　観察学習と同調……………………………………………65
　　4.4.2　錯誤帰属……………………………………………………66
　　4.4.3　苦いビールを飲めるようになる理由……………………67
　4.5　承認と尊重の欲求と食行動……………………………………67
　　4.5.1　ブランドによる効果………………………………………68
　　4.5.2　その他の認知的要因………………………………………69

第2部　食行動の生涯発達

5. **食行動の生涯にわたる変化**…………………………………［長谷川智子］…74
　5.1　生涯にわたる食行動の変化とは？……………………………74
　5.2　生涯にわたる食物選択行動：ライフコース…………………75
　5.3　胎児期から青年期までの食の変化……………………………77
　　5.3.1　胎児期から乳児期の味・においの発達についての基礎的知見………77
　　5.3.2　胎児期から乳児期の風味経験がのちの食の好みに及ぼす影響………78

  5.3.3 幼児期の食行動が児童期，青年期の食行動へ及ぼす影響 ･････････ 80
  5.3.4 青年期の食物摂取の推移と食のもつ意味 ････････････････････････ 81
 5.4 成人期の食物選択に影響を与える要因 ･･････････････････････････････ 85
  5.4.1 ライフコースにおける食物選択の軌道についての持続性と変化 ･･････ 85
  5.4.2 時間欠乏と食物選択 ･･ 86
 5.5 生涯にわたる食行動の変化についてのまとめと展望 ･･････････････････ 87

6. 食に関する理解の発達 ･･････････････････････････････････ [外山紀子] ･･･ 92
 6.1 特別な学習システム ･･ 92
  6.1.1 味覚嫌悪学習 ･･ 92
  6.1.2 本質的な属性に対する注意 ････････････････････････････････････ 93
  6.1.3 乳児の認知 ･･ 94
 6.2 食の生物学的理解 ･･ 95
  6.2.1 食の多様な意味づけ ･･ 95
  6.2.2 幼児の理解は生物学的か？ ････････････････････････････････････ 96
  6.2.3 「良い食べ物」「悪い食べ物」 ･･････････････････････････････････ 96
  6.2.4 情報源に対する選択的信頼 ････････････････････････････････････ 97
  6.2.5 消化に関する理解 ･･ 98
 6.3 食の心身相関的理解 ･･ 99
  6.3.1 生気論的因果 ･･ 100
  6.3.2 生気論の質的変容 ･･ 100
  6.3.3 心と身体をまたぐ食 ･･････････････････････････････････････ 101

7. 高齢者の食 ････････････････････････････････ [加藤佐千子・長田久雄] ･･･ 105
 7.1 高齢者にとっての食事の役割 ････････････････････････････････････ 105
 7.2 加齢に伴って変化する食物選択 ･･････････････････････････････････ 106
  7.2.1 身体的要因と食物選択 ････････････････････････････････････ 106
  7.2.2 社会的要因と食物選択 ････････････････････････････････････ 108
  7.2.3 精神的・心理的要因と食物選択 ････････････････････････････ 111
 7.3 食物選択の理由 ･･ 115
  7.3.1 健康的な食事・食物に対する認識 ･･････････････････････････ 115
  7.3.2 高齢者の食物選択における個々の食物 ･･････････････････････ 118
 7.4 高齢者はなぜ食べるのか ･･ 120

8. ヒトの生物性と文化性を結ぶ食発達 ………………………[根ケ山光一]…125
　8.1 食の生物性 ……………………………………………………………125
　　8.1.1 身体と食性（生物的観点）…………………………………………125
　　8.1.2 ヒトの食の多様性 …………………………………………………126
　8.2 個体関係を支える食 …………………………………………………127
　　8.2.1 哺乳・離乳 …………………………………………………………127
　　8.2.2 離乳における親子対立 ……………………………………………128
　　8.2.3 共　感 ………………………………………………………………129
　　8.2.4 食供給における意図の読み取り …………………………………131
　　8.2.5 離乳における「身」の分化過程：くすぐりとの比較 ……………132
　8.3 文化と食 ………………………………………………………………134
　　8.3.1 食のタブーの存在 …………………………………………………135
　　8.3.2 ヒトの食の今後 ……………………………………………………137

第3部　食行動科学の応用

9. 官能評価 ……………………………………………………[早川文代]…142
　9.1 官能評価とは …………………………………………………………142
　9.2 パ ネ ル ………………………………………………………………144
　　9.2.1 パネルとは …………………………………………………………144
　　9.2.2 分析型パネルの選抜 ………………………………………………145
　　9.2.3 分析型パネルの訓練 ………………………………………………146
　9.3 評価用語 ………………………………………………………………148
　　9.3.1 評価用語の重要性 …………………………………………………148
　　9.3.2 日本語テクスチャー用語体系 ……………………………………149

10. 栄養教育 ……………………………………………………[赤松利恵]…155
　10.1 栄養教育の定義と実践の場 …………………………………………155
　　10.1.1 栄養教育の定義 …………………………………………………155
　　10.1.2 主な栄養教育の対象と場 ………………………………………157
　10.2 わが国の栄養教育の歴史 ……………………………………………159
　10.3 行動科学に基づいた栄養教育 ………………………………………162
　　10.3.1 対象者に直接行う栄養教育 ……………………………………162
　　10.3.2 食環境整備 ………………………………………………………165

11. 食事療法による生活習慣病の予防 ……………………［坂根直樹］… 169
- 11.1 予防医学における情報リテラシーの必要性 ……………………… 170
- 11.2 減量に対する動機づけ ……………………………………………… 172
- 11.3 減量成功と食事療法のアドヒアランス …………………………… 173
- 11.4 食行動にかかわる因子と減量効果 ………………………………… 174
- 11.5 体重測定と減量効果 ………………………………………………… 176
- 11.6 性格タイプ …………………………………………………………… 178
- 11.7 減量期と維持期における食事指導 ………………………………… 182

12. 応用行動分析学：体重減量のプログラム ………［藤巻 峻・坂上貴之］… 187
- 12.1 行動分析学の基本的な考え方 ……………………………………… 187
- 12.2 行動分析学に基づく体重減量の方法 ……………………………… 189
  - 12.2.1 刺激性制御 …………………………………………………… 189
  - 12.2.2 後続事象による行動制御 …………………………………… 191
  - 12.2.3 自己モニタリング …………………………………………… 194
  - 12.2.4 どの方法が一番効果的か？ ………………………………… 197
- 12.3 筆者のダイエット体験記：結びにかえて ………………………… 198

13. 肥満に関連する食行動と介入プログラム：過食と肥満 ………［田山 淳］… 205
- 13.1 肥満対策の現状 ……………………………………………………… 205
- 13.2 肥満と関連する食行動 ……………………………………………… 207
  - 13.2.1 疫学調査研究 ………………………………………………… 207
  - 13.2.2 臨床研究 ……………………………………………………… 207
- 13.3 現在行われている肥満改善のための介入 ………………………… 211
  - 13.3.1 オープン・スタディ ………………………………………… 211
  - 13.3.2 同時並行の介入研究 ………………………………………… 211
  - 13.3.3 ファミリー・ベースト・アプローチ ……………………… 214
  - 13.3.4 スクール・ベースト・アプローチ ………………………… 214
  - 13.3.5 無作為割付比較試験 ………………………………………… 215
- 13.4 肥満介入における今後の課題 ……………………………………… 215

14. 新たな食行動科学へ向けて：ビッグデータを用いた食行動の分析
　　　　 ……………………………………………………………［本田秀仁］… 222
- 14.1 ビッグデータは従来のデータとは何が違うのか？ ……………… 222

14.2 食行動に関係するビッグデータの構築と活用の試み‥‥‥‥‥‥‥225
14.3 ビッグデータを用いた食行動の研究‥‥‥‥‥‥‥‥‥‥‥‥‥227
14.4 ビッグデータを用いた食行動の分析に向けて：今後の課題‥‥‥‥228

あとがき‥‥‥‥‥‥‥‥‥‥‥‥‥‥‥‥‥‥‥‥‥‥‥‥‥‥‥‥‥233
索　　引‥‥‥‥‥‥‥‥‥‥‥‥‥‥‥‥‥‥‥‥‥‥‥‥‥‥‥‥‥235

コラム目次
1 ● 味覚・味の定義‥‥‥‥‥‥‥‥‥‥‥‥‥‥‥‥‥[日下部裕子]‥26
2 ● 視覚と食‥‥‥‥‥‥‥‥‥‥‥‥‥‥‥‥‥‥‥‥[和田有史]‥30
3 ● 五感を活かした食の拡張現実感‥‥‥‥‥‥‥‥‥‥[鳴海拓志]‥33
4 ● 認知特性と情報処理‥‥‥‥‥‥‥‥‥‥‥‥[和田有史・本田秀仁]‥45
5 ● ひとはなぜ食べるのか‥‥‥‥‥‥‥‥‥‥‥‥‥‥[木村　敦]‥49
6 ● 理想の食べもの‥‥‥‥‥‥‥‥‥‥‥‥‥‥‥‥‥[今田純雄]‥143
7 ● 心理学者からみた官能評価・機械測定・心理学の三角関係‥‥[和田有史]‥151
8 ● 成人病胎児期発症説‥‥‥‥‥‥‥‥‥‥‥‥‥‥‥[赤松利恵]‥159
9 ● 生活習慣コントロールと現実感‥‥‥‥‥‥‥[坂根直樹・和田有史]‥183
10 ● 大好物との付きあい方：行動分析学からラーメンJを考える
　　‥‥‥‥‥‥‥‥‥‥‥‥‥‥‥‥‥‥‥‥‥[藤巻　峻・坂上貴之]‥201
11 ● パレオダイエット‥‥‥‥‥‥‥‥‥‥‥‥‥‥‥‥[今田純雄]‥217
12 ● 実験結果を再現できない！？　心理学の実験的手法がもつ問題点
　　‥‥‥‥‥‥‥‥‥‥‥‥‥‥‥‥‥‥‥‥‥‥‥‥[本田秀仁]‥224

第1部　食行動科学の基礎

　食物を食べなければ生命活動を維持することはできない．しかし人は何が食物であり何が食物でないか，何をどの程度食べることが望ましいかといった知識をもって生まれてくるわけではない．個々の摂食経験と家族，社会，文化を介して学んだ「知恵」によって独自の食べ方を身につけていく．食行動は生物的行動であると同時に，学習行動であり社会行動，文化行動でもある．第1部ではこのような食行動の生起と維持に関する基礎的なメカニズムを説明し，食行動科学の全体像を明らかにしていく．

1. 食行動研究の基礎
2. 食行動と感覚・知覚
3. 食行動と社会的認知
4. 食行動の心身統合的理解

01　食行動研究の基礎

1.1　食行動とは何か

　食物摂取の様子を詳細に観察すると，食物摂取行動はそれが単独で成立しているのではなく，一連の行動が連鎖的に出現し，複合的かつ相互に関連しあっていることがわかる．

　食卓からはじめよう．小説『鴨川食堂』では，毎回冒頭部で京料理の数々が登場する（柏井，2013）．10 品ほどの小皿，椀料理が並び，小説内の登場人物はその美しさに感嘆する．（主人公のひとりである）調理人が料理の説明をはじめると，登場人物は知的な興奮を味わい，食味への期待に胸をふくらませる．そして，料理のひとつひとつを口に運びながら，食べることの喜びと感動を得ていく．

　口腔内において食物は複雑に変化する．歯と舌が食塊を砕き，水分（唾液と食物そのものに含まれていた水分）がその作業を助ける．流動化した食塊は口腔内のさまざまな場所を移動し，味とにおいは両者分かちがたい複合刺激として感知される．食塊をゴクリと飲み込んだあとにおいても，後味という余韻を感じる．予期どおりの（あるいはそれを凌駕する）感動を味わうことができたときは，深い喜びと満足感に浸れる．

　同じ料理であっても，盛りつけ方や食具の使い方ひとつで，食の満足感は変化する．箸を使うかスプーンを使うか，あるいは手指を使うかによって，料理の味そのものが変わったように感じる．手指で感じる触覚も食味に影響を与えているといえよう．

　食卓に料理が並ぶ，その時間にさかのぼってみよう．小説『鴨川食堂』シリーズでは，明石の鯛，近江牛など食材の産地だけでなく，それらの調理方法についても詳細に説明される．たとえば，「グジをフライにして食べるのは初めてだ．柚子胡椒との相性もいい．ウロコはパリパリとした食感が小気味いい」といった記述は頻繁に登場する（柏井，2016，p.154）．すなわち，調理行動は摂取行動と密接に関連しているといえる．また，これらの食材のほとんどは市場で購入されている．つまり食物は，生産者，卸し，小売り，流通にかかわる人々の手を介して入手される．

1.1 食行動とは何か

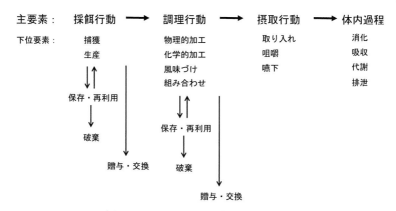

図1.1 食行動の主要素と下位要素（今田，1996より一部改変）

食に関連する行動をより一般化して記述すると図1.1のようになる．スタートは採餌行動（foraging behavior）である．捕食動物（肉食動物）は，獲物となる動物を探索し，捕獲し，しばしばもてあそぶ．草食動物は餌となる植物が叢生する場所を求めて移動し，それらを摂取する．農耕牧畜を開始して以降の人類は，穀物や家畜を生産してきた．現代社会に生きるわれわれも，昼食時になれば，どこで何を食べようかと店選びをする．これらはすべて採餌行動である．

次に，調理行動をみていこう．ヒトの食行動を他の動物と比較すると，特徴的なことがらが2点ある．第一は調理行動であり，特に火気を用いた調理を行うことである．第二は，複数の人間が食行動連鎖の多くの部分を共有し分担しあうことである．

文化人類学者のレヴィ=ストロース（C. Lévi-Strauss）は文化誕生における火の役割の重要性を指摘した（川端，2011）．人類学者のランガム（R. Wrangham）はヒトの進化における加熱調理の役割を強調した（Wrangham, 2009）．加熱調理により，生の食材を咀嚼，嚥下する時間を短縮できただけではなく，生食することの危険（細菌汚染，腐敗など）を回避でき，かつより効率的に栄養を吸収できるようになった．また，そのことが顎の骨格変化を促し，ひいては巨大な脳をもつ現代人を生み出していったのではないかと推測される．

ランガムは加熱調理がヒトの社会化を促進させてきたのではないかとも指摘している．大型獣の捕獲は集団で行うほうが効率がよく，その加熱も一度に行うほうが効率がよい（生肉よりも加熱された肉のほうが保存性も高い）．加熱後の肉を捕獲メンバーとその家族だけで分配したとしても余りある．他者（他者集団）に贈与，交換すれば，多様な食物を入手する可能性が高まる．社会性に長けた者ほどより多様な食物を入手できるため，その遺伝子を後世に伝える確率が高まる．

続いて摂取行動のレベルに移ろう．口腔内においても調理は継続している．料理の味が濃い（強い）と思えば，ご飯を多めに食べないだろうか．口中における味の調和と安定を求めるがゆえに，われわれは口腔内においても調理を行っているのである．

常識的には，食行動は嚥下をもって終了すると考えられる．しかしながら，嚥下後の体内過程は，その前段階である摂取行動，さらにその前段階である調理行動と交互作用を営む．たとえば加熱調理された食物は咀嚼・嚥下を容易にするだけでなく，食物の消化・吸収を容易にさせる．同様に，咀嚼もまた体内過程を部分的に代行しており，咀嚼により細断化された食物はその消化・吸収を容易にさせるだけでなく，たとえばコメのような炭水化物は咀嚼中に分泌される酵素（アミラーゼ）によって多糖類から単糖類に分解され，その消化・吸収を促進させる．

このようにみていけば，採餌行動，調理行動，摂取行動，体内過程はそれぞれが独立した過程ではなく，相互に密接に関連したプロセスであることがわかる．すなわち食関連行動の主要素は相互に関連しあっているのである．

一般に食行動という用語は，これら4つの主要素の中でも摂取行動のみを指し示す用語として用いられることが多い．本書においても主に摂取行動を指し示す用語として用いるが，文脈によってはこれら4つの全体を指し示す用語としても使用されるので注意されたい．

1.2　食行動を決定する3レベル

1.2.1　生物，個体，文化

食行動は3つの側面を有している．生物行動としての食行動，学習行動としての食行動，社会・文化行動としての食行動の3側面である（図1.2）．

生物行動としての食行動は，生命活動の維持を目的とするものであり，生得的行動（遺伝的行動）といい換えることができる．学習行動としての食行動は，個々の個体

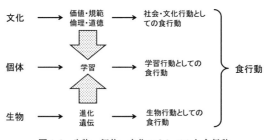

図1.2　生物，個体，文化の3レベルと食行動

がその生存環境へ適応することを目的とした，条件づけられた食行動である．社会・文化行動としての食行動は，個体が生まれ育った社会，文化が有する規範（食のタブーなど）に従う行動であり，宗教が有するルール（規律）に従う行動も含まれる．

　生物学，生理学，栄養学，栄養生理学，神経科学は総じて食行動を生物行動とみなし，学習心理学は食行動を学習行動とみなす．また社会心理学，文化心理学，社会学，文化地理学，文化人類学は食行動を社会行動ないしは文化行動としてとらえる．食行動という対象は共通していながら，その説明，理解の仕方はいずれの学問領域に立脚するかによって大きく異なる．

　たとえば，甘味食物・飲料の摂取は，生物レベルからは甘味に対する生得的嗜好に基づく生得的行動と説明されるが，個体レベルからは，栄養という報酬（甘味食物の多くは高カロリーである）により強化された学習行動と説明される．さらに，文化レベルで甘味嗜好のジェンダー差に注目すれば，"女性は甘いものが好き（甘いものを好むのは男らしくない）"という文化規範に従う行動として説明される．

　実際の食行動はこれら３つのレベルが相互に作用しあってつくられた行動である．それゆえに，食行動は時代，地域によって大きく異なる様相を示す．また同時代，同地域の集団であってもその集団を構成する成員間の個人差は生じる．たとえば，日本人は欧米人と比較して，米飯を食べる頻度が高いという特徴をもつが，日本人同士を比較すれば米食の程度，その頻度は大きく異なる．現実場面における人間行動を統合的に理解していくためには，生物，個体，文化の３レベルを同時に検討していく必要がある（今田，2015）．

1.2.2　食行動喚起の諸要因
a.　飢餓感と食欲：生物要因と学習要因

　それでは，生物，個体，文化という３レベルは食行動の生起に対してどのように関与しているのだろうか．図1.3は，これら３レベルが食行動の生起にいかに関与しているかを模式的に示したものである．

　食行動は，栄養という生物的必要（biological need）により生み出される飢餓感（hunger）によって生じる．しかしながら，何が栄養源であるか，すなわち何が食物であるかがわかっていなければ食物を得ることはできない．すなわち，何が食物であり何が食物でないかに関する学習が先行し，その結果によって得られた食物が食行動の対象となる．

　この学習は，何が食物であるかという学習だけではなく，何を食べたいか，何を好むかという嗜好（preference）の学習でもある．むしろ，嗜好（と，その対極にある嫌悪）の学習を経て，何が食物であるかが決められる．たとえば，糸引き納豆を嫌う人にとっ

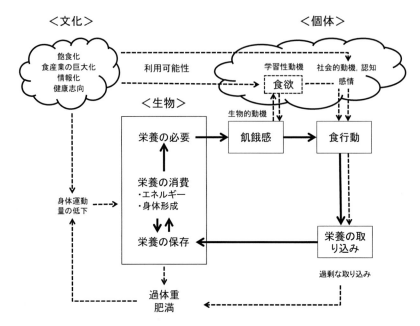

図1.3 食行動喚起の諸要因
実線は生物レベル,破線は個体,社会・文化レベルを示す.

てそれは"食物でない"が,糸引き納豆を好む人にとってそれは"(好む)食物"となる.

　学習の機会を提供する環境は,時代,地域によって比較的安定しており,それゆえに同郷,同世代の人々の嗜好・嫌悪は類似しやすい.たとえば,大学生を対象とした嗜好調査において,北海道の大学生は甘納豆入りの赤飯の嗜好度が高く,名古屋市の大学生はマヨネーズをトッピングした冷やし中華の嗜好度が高いという結果が得られている(瀬戸山他,2007).

　何が食物であるかの学習を経てはじめて食欲(appetite)は喚起される.飢餓感は直接的な解決法をもたない苦痛(飢餓痛;hunger pangともいう)であるが,食欲は食物という明確な目標に方向づけられた動機である.多くの場合,食行動は,飢餓感と食欲の両者が同時に機能することによって生起する.つまり,飢餓感と"あれが食べたい"という食欲の高まりによって食行動は生起する.そして食物摂取によってその両者の動機は低減・解消される.

　現代人の食行動を理解する上において重要なのは,飢餓感よりも食欲であろう.われわれは目前に好みの食物があれば,飢餓感を感じていなくともそれを食べることがある.あるいは,食物を目の前にしてはじめて食欲を感じることもある.これらの現

象は，食行動の生起においては，食欲が飢餓感に優先するものであることを示している．

　正午の時報を聞いた途端におなかがすきはじめたということはないだろうか．昼食を規則正しく食べている人には当たり前の現象であろう．これは時間条件づけといわれる学習の結果である．さらに，その食事の際に，飢餓感や食欲をあまり感じていなくても一定量の食事をとるということはないだろうか．これは予期的摂食といわれる現象であり（Pinel et al., 2000），やはり学習によって獲得された摂食行動である．われわれは，何時間も食事をしないでいると苦痛・不快感（飢餓感の高まり）を感じるが，そのような経験を繰り返していると，食べないこととその後の苦痛との関係を学習していく．そして，来たるべき苦痛を予期し，それを事前に回避することを学習していく．今現在，飢餓感や食欲を感じていなくとも食事をとることがあるのはこのような予期に基づくものである．

b. 社会的要因

　社会的要因による食行動とは，他者の存在が原因となり喚起される食行動のことである．ここでいう他者は，具体的，直接的に存在する他者であるだけでなく，抽象化された不特定多数の他者である場合もある．具体的な例をあげよう．グループで食事に行き，それぞれが何を食べるかを決める際，あなたは他のメンバーが何を注文したかを参考に自分の料理を決めてはいないだろうか．周りの人と同じものを注文する人もおれば，あえて周りの人と異なるものを注文する人もいる．

　あるいは，何を食べようかと考えながら歩いているときに，ある店舗に行列のできていることを発見したとする．引き込まれるようにその行列に並んでしまう人もおれば，あえてその店を候補外とする人もいるだろう．はじめてのデートで食事に行ったとしよう．男性は男らしい料理を選び，逆に女性は女性らしい料理を選び，さらに男性はより男性らしい食べ方をし，女性はより女性らしい食べ方をしてしまうのではないだろうか．

　大学生を対象に食事日誌をつけてもらい（あるいは，日々の食事を写真に撮ってもらい），その後のインタビューで「あなたはなぜこの食事をとったと思いますか」と質問をすると，よく出てくる回答は「お母さんが用意をしてくれたから」というものである．さらに質問を続けていくと，「自分のために誰かが（お母さんが）用意してくれた食事なので（食欲はなかったが）食べた」と説明される．このような食行動は飢餓感や食欲により喚起されたものとはみなしがたい．これらは他者（母親）との人間関係を円滑に維持するための手段として食行動が機能している例といえよう．第3章には社会的要因と食行動との関係が詳しく説明されている．そちらも参照されたい．

c. 認知要因

　飢餓感，食欲に基づく食行動は"おさえきれぬ摂食衝動"に基づくものであり，社会的動機による食行動もまた"気づいたときには食べていた"（気づかないことのほうが多い）というケースが多い．いずれも明確な意図，意識をもたない，潜在意識下で喚起される食行動といえる．

　これらの食行動と対比されるのは認知要因による食行動である．認知とは，知識，記憶，信念，信条などに基づき外界の事象を知覚，解釈，推理し，何らかの判断，意志決定を行う知的なプロセスのことである．認知要因による食行動は，"○○だから，××する"といった，明瞭な顕在意識下で展開される心的プロセスに基づくことが多い．

　摂食への衝動が喚起されると食に関連したさまざまな考え（認知要素）が浮かびあがり，反芻され，何らかの結論が導かれる．先にあげた正午の時報の例を取り上げよう．正午の時報を聞き，自動的に（時間条件づけによって）空腹感を感じたとする．しかし「今日は夜に会食が予定されている．だからお昼は抜こう」「最近は食べすぎており，太りはじめている．だから軽めの食事にしよう」といった考えが出てくるかもしれない．

　日々の食事を振り返ってみると，いつ，どこで，何を，どの程度，どのように，誰と食べるかということについて，われわれは数限りない意志決定を行っていることに気づく．Wansink & Sobal（2007）は，平均的なアメリカ人は，食にかかわる意志決定を1日あたり200も行っていると報告している．

　かつて青汁のコマーシャルで「あーっ，まずいー．もう1杯」というものがあった．健康のためといった認知判断によって食行動が喚起されることは珍しくない．このような，いわば"頭で食べる"食行動が認知要因に基づく食行動である．

　近年の心理学研究は，認知プロセスにおける系統的な誤り（誤謬）を数多く解明してきた（第2章も参照されたい）．たとえば，図1.4のA, Bを見比べてもらいたい（カマボコ，こんにゃく，チーズなどをイメージしてほしい）．細長く見えるのはどちらだろうか．ほぼ誰もがAを選ぶはずである．しかし，天井面はまったく同一の四辺形であり，高さ（厚み）も同じである（信じられない人は実際に定規をあてて計測されたい）．

　これは認知プロセスの中でも，視知覚レベルのものである．われわれは奥行きのある物体だと認知すると，後方に細長く伸びる形状をイメージし，そのイメージに沿ってその物体を知覚（認知）するがゆえに，このような誤りをおかすのである．

　直観的判断における誤謬は高度な認知判断においても生じる．次の問題を解いてもらいたい．問題：コーヒーとドーナツのセットが140円で売られていた．コーヒーは

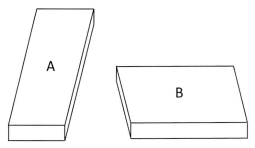

図 1.4 奥行き知覚における誤謬
AとBの天井面は同一であるが，そのようには見えない．

ドーナツより 40 円高い．では，コーヒーはいくらだろうか？ ほとんどの人が瞬時に 100 円という答えを頭に描くのではないだろうか．しかしよく考えると，コーヒーが 100 円ならドーナツは 40 円になり，その差は 60 円となる．つまり 100 円は不正解である（正解はコーヒー 90 円で，ドーナツ 50 円である）．

こういった認知判断における誤りは，心理学では心理バイアスと呼ばれ，食行動においても数多くみられる．表 1.1 において，判断，意志決定時にわれわれが陥りやすい心理バイアスを要約し，食行動が関連する場面での例を示した．自信をもって下した判断，決定であっても，それらはさまざまな心理バイアスによってゆがめられている可能性がある．時間の経過とともにその誤りに気づくこともあれば，気づかないままでいることもある．むしろ気づかないままでいることのほうが多いであろう．

飲料・食品産業，中食・外食産業は商品としての食物を供給する．それらの企業にとっては，より多くの商品を消費者に購入させることが企業存続のための至上命令となる．表 1.1 に示した例からわかるように，食関連企業は消費者の購買行動を誘導するためにこれらの心理バイアスを巧みに利用している．

d. 感情要因

食行動は感情の影響を強く受ける（今田，2009）．恐怖や怒りといったネガティブ感情は一般的には食欲を抑制するが，食欲を喚起させることもある．Macht（2008）は感情が食行動に及ぼす影響に関する諸研究を展望し，時間軸に沿って 4 つのステップと 5 つのルートに分けた five-way model を提出した．

図 1.5 はこの five-way model を示している．最初のステップは，食物摂取時の感情が食物によって喚起されたものであるかどうかの判断である．食物の見え，におい，味はさまざまな感情を喚起させる．総じて，ポジティブ感情が喚起されればその食物は摂取され，ネガティブ感情が喚起されれば摂取されない．このステップでは，摂取/非摂取という食物選択が行われる．続く第二のステップでは喚起された感情の強度

表 1.1 意志決定，判断時に陥りやすい心理バイアス

	心理バイアス	説明
個人差が比較的小さなもの	確証バイアス	ひとたび，こうだ（そうだ）と思い込むと，以降，その判断に肯定的な情報は積極的に取り込むが，否定的な情報は取り込まなくなる．結果として，最初の判断がより強固なものとなっていくこと．
	類型的思考（ステレオタイプ）	良い，悪いといった類型化された判断をすること．
	量的判断の不得手	どの程度正しいか，あるいはどの程度間違っているかといった量的な判断を苦手とすること．
	認知的不協和の回避	自らの行動が，予想とは異なる結果を招いたとき，その行動と矛盾しないように，その結果を解釈しようとすること．
	サンクコストの誤謬（sunk cost fallacy）	埋没費用ともいう．投資した費用にみあう結果が得られなかったときに，その費用を取り戻そうとするあまり，判断を誤ること．たとえば，さらに過剰な投資を行い，損失量を増やしたりする．損をしたくない，投資した費用を無駄にしたくないと考えることによって生じる判断の誤り．
	心理的リアクタンス	高圧的な説得，指示が行われると，反発心が生まれ，説得，指示された方向とは逆の行動をとりたくなる．行動が制約される（ことを予想する）と，積極的にその行動を遂行したくなること．
	ハロー効果	対象（人，商品など）が有する複数の属性のうち，いずれかの属性が優れているとみなすと，他の属性も優れていると思ってしまうこと．
	嗜好対比	同じ食品や飲料でも，異なるカテゴリーの商品だと考えると評価が変わる（高くなったり，低くなったりする）こと．
	同調	他者の行動，判断，態度と同様な行動，判断，態度をとるようになること．
個人差が比較的大きなもの	ヒューリスティクス	直観的なすばやい判断（論理的な判断ではない）を行うこと．正しいとの思い込みが強く，その判断が誤っていてもなかなか気づかないこと．
	仮想的自己有能感	客観的な根拠がないにもかかわらず自分には優れた能力があると信じること．
	相互協調的自己理解	複数の他者と相互に依存・協調しあうことによって自分が存在するとみなす自己認知のこと（欧米人と比較して，日本人はこの傾向が高い）．
	権威主義的人格	自らの態度，行動を権威者の判断，指示に依存したがること．
	主観的時間割引	将来の利益を目先の利益に比べて低く見積もること．

1.2 食行動を決定する3レベル

食行動関連場面での例1	食行動関連場面での例2
糖質制限ダイエットが体重減量に効果があると確信して以降,関連する記事ばかりを読むようになった.一方で,批判的な記事は目に入らない.	「牛乳が健康に良くない」という情報を信じて以来,それを支持する記事を見かけるたびにSNSで拡散するようになった.
食物は,健康に良いものと健康に悪いものに大別されると信じ,前者を選択的に摂取している.	チョコレートはダイエットの大敵と信じ,一切食べないようにしている.
ごく微量（放射性物質の基準値を超えていない）であっても放射性物質の検出された食品は一切食べない.	不足しがちといわれるビタミンを,サプリメントで大量に摂取する（過剰摂取の危険を考えない）.
長い行列に並んで評判のラーメンを食べた.食後,実際にはそれほどおいしいものとは思わなかったが,しばらくすると長時間並んで食べるだけの価値のあるラーメンであると思うようになった.	野菜抽出エキス配合の清涼飲料水は高くてまずいが,その分健康には良いと確信している.
ハンバーガー店で「お得です」とすすめられ,セットメニューを食べた.量が多すぎたが,もったいないと思い,すべてを食べた.その結果,体調をくずした.	外食したがそこでの食事は口にあわなかった.会計時,次回に使用できる割引券をもらった.それを使わないと損をする気がして,再びその店で食事をした.
地域限定,本日限定といった言葉を聞くと,つい食べてみようかという気持ちになる.	店名,住所,電話番号などを明らかにしない店がテレビで紹介されていた.なんとかしてその店を探し,ぜひ食べに行こうと考えた.
料理がすばらしい食器に盛りつけられてきた.食器に見とれながら食べていると,料理そのものもすばらしい味に思えてきた.	有名ラーメン店が監修したカップラーメンは他のカップラーメンより断然おいしかった.
売れ行き不振の商品を価格を倍にして売り出した.すると急に売れ出した（消費者が高級品だと勘違いをした）.	コーヒーにうるさく最近はサードウェーブコーヒーにはまっている.その一方で,缶コーヒーはそれはそれでおいしいと思い,飲んでいる.
フードコートに入ると,多くの人がドーナツを購入していた.自分も同様に購入して食べた.	パクチーを多くの人が「おいしい」というので,自分も「おいしい」と感じるようになっていた.
テレビで健康食品の体験談のCMが流れていた.「これこそが自分に必要なものだ」と確信し,ただちに購入した.	中国産の野菜は残留農薬が多いと思い,できるだけ食べないようにしている（事実は異なる）.
「本物の味がわかる人限定」という商品が売られていた.自分にぴったりだと思い購入した.	行きつけの飲食店の店主が裏メニュー（特別メニュー）を出してくれた.他の客に対して優越感を感じた.
友人たちが口をそろえて「おいしい」といっている店には行ってみたくなる.	子どもが家では平気でピーマンを食べていた.しかし幼稚園に行くようになると,食べなくなった（周りの友達が皆嫌いだといって食べなかった）.
高名な作家や評論家が取り上げている店には一度は行くようにしている.	国際的な品評会で金賞を受賞したビールはダントツにうまいと感じる.
血糖値が高めなので,将来の健康のためにダイエットを始めようと思った.明日から始めることとし,その日は目一杯食べることにした.翌日も同様の行動をとってしまった.	食べ頃が1週間後の高級メロンを我慢しきれず,3日目に食べてしまった.

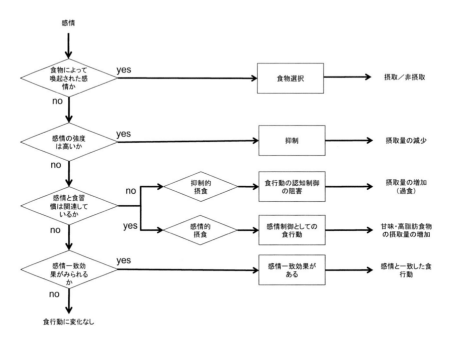

図 1.5　感情と食行動との関係についてのモデル（five-way model）

が問題となる．強度が強ければ摂食は抑制される．喜びが大きすぎると食物がのどを通らないというケースである．

　第三のステップは，すでに有している食習慣との関連でさらに2つのルートに分かれる．日頃から意図的，意識的に摂食を抑制している人（抑制的な摂食習慣をもつ人）は感情の影響をあまり受けない．しかしながら，そのような抑制も阻害されることがあると過食に陥りやすくなる．脱抑制と呼ばれる現象である．一方で，感情と食行動との関連が強い人（感情的摂食の食習慣をもつ人）は，この段階で感情の影響をもっとも強く受ける．特に，ネガティブな感情・気分によって大食が喚起されることは，肥満者の一部においても（Agras & Telch, 1998；Gluck et al., 2004），また標準体型者の一部においても（Macht, 1999；Macht & Simons, 2000；Macht et al., 2005）みられる．

　最後のステップは，特定の感情・気分による食行動への感情一致効果[1]（emotion

---

[1] 気分一致効果（mood congruent effect）ともいう．心理学では一般に，悲しいときには次々と悲しいことを思い出し，そのときの判断もより悲観的なものとなる，といった感情に一致した認知的判断を行うことを意味する．

congruent effect) である．Macht は一連の研究を通じて（Macht, 1999；Macht & Simons, 2000；Macht et al., 2002），感情と食行動の間に，ほぼ一貫する 2 つの感情一致効果の存在することを明らかにした．第一は，怒り，悲しみ，恐怖といったネガティブな感情状態は食行動を喚起させやすいことである．そのときの食行動は衝動的で，摂取スピードが速く，摂取対象にこだわりをみせないという特徴をもつ．Macht & Simons（2000）は，このような食行動を，感情的な道具的食行動（emotionally instrumental eating）と命名している．すなわち，このときの食行動は，ネガティブな方向に傾いた感情状態を調整する役割を担っており，いわば感情のバランスを元に戻すための道具としての役割を果たしている．

第二は，喜びといったポジティブな感情状態もまた食行動を喚起させるということである．このときの食行動は，ネガティブな感情状態のときと比較して，おいしいものを，時間をかけて楽しむという特徴がみられる．ポジティブな感情によって行動全体が活性化され，そのことが食べることを楽しむという方向に顕現化されていくのである．

最後に，Pliner & Steverango（1994）の研究を紹介しておきたい．Pliner らは，実験的にネガティブないしはポジティブな感情を喚起させた上で，実験参加者らに，快ないしは不快な食物の風味を記憶させた．ネガティブな感情のもとで記憶させた不快食物の風味再認率は，快食物の風味再認率を上回り，ポジティブな感情のもとで記憶させた快食物の風味再認率は，不快食物の風味再認率を上回った．この研究は風味刺激を記憶課題とした感情一致効果の検証といえるものである．ネガティブな感情状態は不快な食体験を再認しやすく，ポジティブな感情状態は快な食体験を再認しやすいといえよう．

1.3 肥満とその解消・予防

近年の大きな社会問題のひとつに肥満がある．過食による過剰なエネルギーの取り込みによってヒトは肥満化していく．肥満（特に内臓脂肪型肥満）は 2 型糖尿病，高血圧，脂質異常症，高尿酸血症，痛風，動脈硬化症，脂肪肝といった合併症を引き起こしやすく，これらの疾病を合併した肥満を肥満症と呼ぶ．また日本においては，腹囲が男性 85 cm，女性 90 cm 以上で，血糖，血圧，血中脂質のいずれか 2 つ以上を一定基準以上に悪化させた症状をメタボリックシンドロームという．

過体重は BMI≧25，肥満は BMI≧30 と定義される（日本における肥満は他国とは異なり，BMI≧25 と定義されている）．世界の多くの国々では 1980 年代以降，過体重者・肥満者の急増がみられ，世界保健機構（WHO）の統計によれば，世界の 18 歳以上

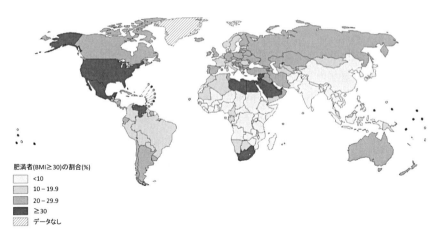

図 1.6 世界各国における肥満者の割合（2008 年，20 歳以上の成人男女が対象．WHO 作成の図を一部改変）［口絵 1 参照］

人口の 39% が過体重であり，13% が肥満である（2014 年統計：WHO Media centre, 2015）．

図 1.6 は，肥満者の国別人口比を示している．世界の国々の中ではアメリカ人の肥満が顕著であり，20 歳人口の 69.0% が過体重であり，35.1% が肥満である（2011-2012 年統計：Ogden et al., 2014）．出身民族別にみると，非ヒスパニック系黒人の肥満者率がもっとも高く 47.8%，それに続いてヒスパニック系が 42.5%，非ヒスパニック系白人が 32.6%，アジア系が 10.8% である．年代別にみると，20～39 歳が 30.3%，40～59 歳が 39.5%，60 歳以上が 35.4% であり，中高年期の肥満化が顕著である（Ogden et al., 2010）．日本における肥満者率は 24.1% であるが，これは日本基準の BMI≧25.0 によるものであるので，上記した世界基準（BMI≧30.0）を適用すれば 3.7% となる（ただし 20 歳以上を対象とする 2013 年統計：厚生労働省，2015）．

日本人とアジア系アメリカ人の肥満者率は，3.7% 対 10.8% とかなりの開きがある．このことは，肥満が遺伝子レベルの民族差を反映しているというよりも，食環境の違い，さらに食物に対する態度・感情の差異によるものであることを示唆している．アメリカとフランスでの一食あたりの食事量（portion size）を比較した研究では，アメリカのほうが大きいことがみられている（Rozin et al., 2003；Geier et al., 2006）．またフランス人の多くは食事を楽しみ，食事を喜びとみなす傾向が高い一方で，アメリカ人は健康を害することへの危惧，不安を感じる傾向の高いことがみられている（Rozin et al., 1999）．肥満者増加の背景にはこのような環境要因および心理要因の関与が大きいと考えられる．

1.3 肥満とその解消・予防

肥満の解消は容易ではない．肥満とは取り込まれるエネルギー量が排出されるエネルギー量より多くなることによって生じるエネルギーの過剰蓄積である．肥満を解消するためには，取り込まれるエネルギー量を排出されるエネルギー量より少なくしていく必要がある．

しかし意思の力で摂食量を抑制することは簡単ではない．摂食の抑制は，欲求不満による脱抑制（多くのダイエッターにみられる過食エピソード）を生じさせ，中長期的には体重を増加させることも珍しくない．さらに肥満は不快な感情状態をもたらし，前述したようにネガティブ感情はしばしば摂食を喚起する．ここでいう不快な感情状態とは，心疾患，糖尿病，高脂血症などを合併させるリスクの高さを意識することによって生じる不安であり，また自己の体型に対する不満足感である．

では，肥満を解消・予防するにはどのようにすればよいだろうか．Ogden（2010）は食環境の再構成，食認知の再構成，感情制御（調節），自己モニターを主要な4軸とする，体重減量のための多次元モデルを提案している．図1.7は，このモデルを示している．

図中の食環境の再構成とは，習慣化された食行動を修正するために環境側を変えることである．習慣化された食行動は意識の関与する余地がごくわずかであり，環境側の刺激（トリガー）によってほぼ自動的に引き起こされる．このような食行動は無意識の食行動（mindless eating）ともいわれる（Wansink, 2006；今田，2009；木村他，2010）．具体例をあげる．たとえば，通勤・通学経路に数多くのコンビニエンスストアやファストフード店舗があるとしよう．多少遠回りになってもそれらの刺激（店舗）と出会わない経路に変更するだけで，無意識の食行動が喚起されるリスクを低減させることができる．

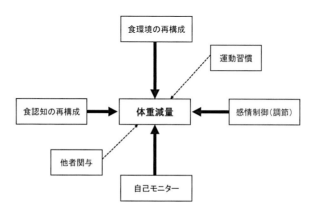

図1.7 体重減量のための多次元モデル（今田，2011 より一部改変）

食認知の再構成とは，目標とする体重（実現可能な適正体重）を明確にし，栄養に関する基本知識を学ぶことである．その際には，食行動を喚起する心理バイアス（表1.1 参照）に留意しておく必要がある．

　感情制御（調節）において重要なことは，ネガティブ感情と食行動が連合しないようにすることである．イライラしたり落ち着かないときにスナック菓子を食べるといった習慣のある人はそれを排除する必要がある．その排除が困難な場合は，スナック菓子のかわりに果物を食べるといった方法なども提案される．

　自己モニターは重要である．短期的な体重増減ではなく，中長期的な体重減の進行を確認する必要がある．着実な体重減がみられれば，その強化力は大きなものとなり，達成感（自己効力感）が得られる．

　運動習慣と他者関与の 2 軸は補助的な役割を果たす．いうまでもなく過剰に蓄積されたエネルギーの消費に身体運動は効果的である．しかし多くの人にとって（ましてや肥満者にとって）高強度な身体運動の継続は困難である．身体運動は補助的手段であると位置づけ，低強度の身体運動を徐々に増やしていく程度に止めておくほうが実際的である．

　他者（家族や専門家を含む）の関与は効果的である．しかしながら，関与者が注意すべきこととして以下のことがらがあげられる．関与者は対象者を単に鼓舞激励するのではなく，対象者の自尊感情を高めることを目的としたコミュニケーションをとるべきである．やればできるという自己効力感と自らの存在を肯定する気持ち（自己肯定感）を高める方向でのコミュニケーションが重要となる．叱咤は逆効果となる．また肥満者はしばしば適正体重以下の痩身を理想とするが，必要とされることは過剰な脂肪を落とすことである．対象者が目標（適正体重）を見失いがちになった際に，そのことに気づかせることも重要である．急激な減量は望ましいことではなく，中長期的な観点からの減量を意識させることも必要となる．

1.4　人はなぜ食べるのか

　食行動は生物，個体，文化の 3 レベルで決定されると述べた．さらに個体レベルにおいては，学習，社会，認知，感情の諸要因が関与すると述べた．あらためて現在社会におけるわれわれ自身の食行動に対して，これらの諸レベル，諸要因がいかに作用しているかについて考えてみたい．

　現代の食環境の特徴を一言でいうならば飽食である．生物としてのヒトが受け継いできた遺伝子にとっては，数百万年に及ぶ進化の時間軸で，はじめて経験する食環境といえる．現在の地球人口は 70 億人を超えるが，その半数以上に対して過剰なエネ

ルギー（食物）が供給されており，その結果として21億人もの過体重・肥満者を生み出している(Ng et al., 2014)．現在，人類の1/3近くが太りすぎている．このことは，生物レベルにおいて，"食べすぎること"への強いバイアスのあることを示している．いわばブレーキのない，アクセルだけの車を運転しているようなものだ．

　個体レベル，文化レベルでは，その"食べすぎ"とは逆方向の動きをとろうとする．たとえば，個体レベルでは摂食量の認知的抑制であり，文化レベルにおいては特定健康診査・特定保健指導（メタボ検診）などの行政による健康指導である．比喩的にいえば，満ちあふれる食物を目の前にして，身体はそれを食べようとし，頭は食べ（すぎ）ることに対して警報を鳴らし続けている．われわれは日々，食べたい，食べ（すぎ）てはいけないという葛藤状態におかれているといえよう．

　この葛藤状態を解決してくれるものが，心理バイアスであり感情である．しかしながらこの両者は必ずしもうまく機能していないようである．その理由は大きく2つある．第一は，飲料・食品産業が巨大なフードシステムを構築し，飽食社会を積極的に維持・拡大しているためである（今田，2013）．飲料・食品産業は，商品としての食物を売り上げるために，消費者のココロ（認知，感情）への働きかけを強力に行っている．われわれは日々"食べろ，食べろ"メッセージに晒され続けているのである．第二は，情報社会化が急速に進行し，日々の疑問に対する答えがインターネットなどを介して容易に得られるようになったことである．両者に共通することは依存である．比喩的にいえば，口を開けておれば食物はいくらでも投入され，キーボードを叩けば"なぜ"に対する"なぜならば"が即答される．生命活動，精神活動が大きく外部に依存しているのが現代社会であるといえよう．

　現代人は果たしてどこまで自らの経験と知恵に基づき食べているのだろうか．外部依存が極度に進行した現代社会にあって，人は"食べる"というよりも"食べさせられている"存在になりつつあるように思われる． ［今田純雄］

引用文献

Agras, W. S., & Telch, C. F. (1998). The effects of caloric deprivation and negative affect on binge eating in obese binge-eating disordered women. *Behavior Therapy, 29*, 491-503.

Geier, A. B., Rozin, P., & Doros, G. (2006). Unit bias：A new heuristic that helps explain the effect of portion size on food intake. *Psychological Science, 17*, 521-525.

Gluck, M. E., Geliebter, A., Hung, J., & Yahav, E. (2004). Cortisol, hunger, and desire to binge eat following a cold stress test in obese women with binge eating disorder. *Psychosomatic Medicine, 66*, 876-881.

今田 純雄 (1996). 食行動の心理学的接近　中島 義明・今田 純雄（編）　たべる――食行動の心理学――(pp. 10-22)　朝倉書店

今田 純雄（2009）．感情と食行動──Macht の食感情モデル（five-way model）── 感情心理学研究, *17*, 120-128.

今田 純雄（2011）．食行動と生活習慣改善──過食性肥満に集点をあてて── 行動科学, *50*, 1-13.

今田 純雄（2013）．フードシステムに取り込まれる食　根ケ山光一・外山紀子・川原紀子（編）食と子ども──食育を超える──（pp.265-283）　東京大学出版会

今田 純雄（2015）．動機づけとは何か　今田 純雄・北口 勝也（編）動機づけと情動（pp.1-12）培風館

柏井 壽（2013）．鴨川食堂　小学館

柏井 壽（2016）．鴨川食堂いつもの　小学館

川端 晶子（2011）．レヴィ＝ストロースの料理構造論──料理の三角形から料理の四面体へ── 日本調理科学会誌, *44*, 97-98.

木村 敦・和田 有史・岡 隆（2010）．食味に影響を及ぼす社会心理学的要因　日本官能評価学会誌, *14*, 95-99.

厚生労働省（2015）．平成 25 年国民健康・栄養調査報告　Retrieved from http://www.mhlw.go.jp/bunya/kenkou/eiyou/dl/h25-houkoku-01.pdf（2016 年 3 月 20 日）

Macht, M. (1999). Characteristics of eating in anger, fear, sadness, and joy. *Appetite*, *33*, 129-139.

Macht, M. (2008). How emotions affect eating: A five-way model. *Appetite*, *50*, 1-11.

Macht, M., Haupt, C., & Ellgring, H. (2005). The perceived function of eating is changed during examination stress: A field study. *Eating Behaviors*, *6*, 109-112.

Macht, M., Roth, S., & Ellgring, H. (2002). Chocolate eating in healthy men during experimentally induced sadness and joy. *Appetite*, *39*, 147-158.

Macht, M., & Simons, G. (2000). Emotions and eating in everyday life. *Appetite*, *35*, 65-71.

Ng, M., Fleming, T., Robinson, M., Thomson, B., Graetz, N., Margono, C., ...Gakidou, E. (2014). Global, regional, and national prevalence of overweight and obesity in children and adults during 1980-2013: A systematic analysis for the Global Burden of Disease Study 2013. *The Lancet*, *384*, 766-781.

Ogden, J. (2010). *The psychology of eating: From healthy to disordered behaviour* (2nd ed.). Blackwell: Oxford.

Ogden, C. L., Carroll, M. D., Kit, B. K., & Flegal, K. M. (2014). Prevalence of childhood and adult obesity in the United States. *JAMA*, *311*, 806-814.

Ogden, C. L., Lamb, M. D., Carroll, M. D., & Flegal, K. M. (2010). Obesity and socioeconomic status in adults: United States, 2005-2008. NCHS (U.S. Department of health & human services, Centers for disease control and prevention national center for health statistics), *data brief*, *50*, 1-7.

Pinel, J. P. J., Sunaina, A., & Darrin, L. (2000). Hunger, eating, and ill health. *American Psychologist*, *55*, 1105-1116.

Pliner, P., & Steverango, C. (1994). Effect of induced mood on memory for flavors. *Appetite*, *22*, 135-148.

Rozin, P., Fischler, C., Imada, S., & Wrzesniewski, A. (1999). Attitudes to food and the role of food in life in the U.S.A., Japan, Flemish Belgium and France: Possible implications for the diet-health debate. *Appetite, 33,* 163-180.

Rozin, P., Kabnick, K., Pete, E., Fischler, C., & Shields, C. (2003). The ecology of eating: Smaller portion sizes in France than in the United States help explain the French paradox. *Psychological Sciences, 14,* 450-454.

瀬戸山 裕・青山 慎史・長谷川 智子・坂井 信之・増田 公男・柴 利男・今田 純雄 (2007). 食の問題行動に関する臨床発達心理研究 (3) ── 奇妙な食と地域変数 ── 広島修大論集人文編, *47,* 149-184.

Wansink, B. (2006). *Mindless eating: Why we eat more than we think.* NY: Bantam books. (ワンシンク, B. 中井 京子 (訳) (2007). そのひとクチがブタのもと 集英社)

Wansink, B., & Sobal, J. (2007). Mindless eating: The 200 daily food decisions we overlook. *Environment and Behavior, 39,* 106-123.

WHO Media centre (2015). Obesity and overweight (Fact sheet N0311). Retrieved from http://www.who.int/mediacentre/factsheets/fs311/en/ (March 20, 2016).

Wrangham, R. (2009). *Catching fire: How cooking made us human.* NY: Basic Books. (ランガム, R. 依田 卓巳(訳)(2010). 火の賜物 ── ヒトは料理で進化した ── エヌティティ出版)

02 食行動と感覚・知覚

　人の食行動にとって食物がどのように認識されるのか，ということは重要である．その認識は人の感覚・知覚メカニズムによって実現されている．つまり，知覚メカニズムの特徴の基礎知識がないと，食の認識の科学的理解は困難である．そこで，本章ではまず人の知覚の特徴について概説し，続いて食の認知に焦点をあてた味覚-嗅覚，感覚同士の相互作用について紹介する．

2.1　知覚の特徴

2.1.1　五感と知覚

　人は，環境や自分自身の状態をモニターするために感覚を備えている．ここでいう感覚は，視覚，聴覚，触覚（温度感覚などの皮膚感覚も含む），嗅覚，味覚のいわゆる五感だけではなく，内臓感覚などの生体自身の状態についての感覚を含む．眼，耳，皮膚，鼻，舌などの感覚器（受容器）には，光，空気の振動，皮膚への圧や温度の変化，化学物質などの外的な環境を知る手がかり（適刺激）を受容する受容体があり，これらからの信号を手がかりとして，見る，聞く，触る，嗅ぐ，味わうなどの知覚が生じる．知覚は感覚器ごとに処理され，形成されると考えられがちであるが，実際は複数の感覚の情報が統合されている．たとえば，腹話術では，本来の音源である腹話術師の口ではなく，動いている人形の口が音声を発しているように感じられる（腹話術効果；Jack & Thurlow, 1973）．感覚同士の相互作用は特殊なものではなく日常的に生じており，枚挙にいとまがないので詳しくは和田（2011）を参照してほしい．脳における感覚同士の統合の仕方は，成人であっても普段の生活における経験で変化する（Teramoto et al., 2010）．

2.1.2　順応と順応水準

　夜間に消灯すると最初はまったく周りの様子が見えないが，次第に部屋の様子が見えてくる．これは，視界の暗さに順応し，光に対する感度が上がるためである．つまり，順応した光の強さによって判断の基準となる中性的な点（順応水準）が変化する．

2.1 知覚の特徴

順応は，明るさのように単純な感覚強度に限ったことではなく，嗜好についても似た現象が生じる．たとえば，同じ缶コーヒーの評価でも，品質が高いコーヒーとして飲んでいるつもりだと評価が低くなる．しかし，同じコーヒーを，品質が高いコーヒーとは異なる種類の飲み物として評価させると相対的に評価が上昇する，という嗜好の対比現象（hednic contrast）もある（Zellner et al., 2002）．

2.1.3 注　意

われわれは感覚器の受容体からの信号を通して情報を得，知覚を形成しているが，受容体の反応をすべて等しく処理しているのではない．一部の信号を取り入れ，それ以外を排除し，情報処理を行う．これを注意という．たとえば，図2.1(a) をみると，黒い斜線（╱）は他の白抜きの図形の数が多くてもすぐに見つけられるが，図2.1(b)では見つけにくい．これは図2.1(a) では，目標は黒く，それ以外が白抜きであり，単一の特徴だけで瞬時に見分けられるが（ポップアウト探索；Triesman & Gelade, 1980)，図2.1(b) で黒い斜線を見つけるには，色と形という複数の特徴の組合せが必要であり，ひとつひとつの刺激に注意を向けて特徴情報の統合（逐次探索）を行わなければならないからである．

外界の注意が向けられていない部分の認識は脆弱である．そのことを明確に示すのは，変化の見落とし(change blindness；Rensink et al., 1997)という現象である．図2.2のように風景や物体，人物などを含む写真（A）とその一部を修正した写真（A'：人物の後ろの壁の高さが異なる）を灰色のブランク場面を挟んで交互に観察したとき，修正が写真の主要な部分であれば比較的早く変化に気づくが，それ以外の部分であった場合には検出が困難である．すなわち，図2.2中の写真2枚における壁の高さの変化は，多くの人が見落とす．これが変化の見落としである．ここで興味深いのは，一度変化する箇所に気づくと，それまでその変化に気づかなかったことが不思議なくら

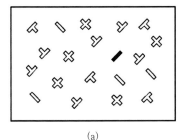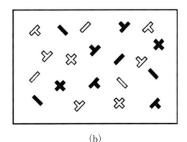

(a)　　　　　　　　　　　　(b)

図2.1　視覚探索の画面
(a) ポップアウト探索，(b) 逐次探索．

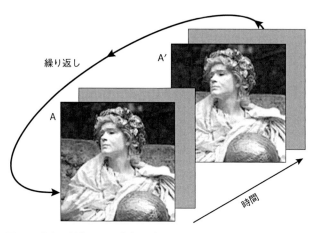

図 2.2 変化の見落としの模式図（http://www2.psych.ubc.ca/~rensink/flicker/ を一部改変）

いに，修正箇所の変化が目立って見えることである．これは，観察者自身が画面中の変化が起こる箇所に注意を向けるようになるからだ．つまり，注意には，感覚器から中枢へのボトムアップの制御（例：ポップアウト）と中枢からのトップダウンの制御（例：変化が予測される箇所への注意）が併存する．

注意は視覚だけでなく，あらゆる感覚に関係する．第9章のコラム7で紹介する官能評価技法のひとつである TDS（temporal dominance sensation）は，感覚属性（味や触感など）に対する注意と知覚強度の複合的な要因によって生じる食物に対する意識（awareness）を測定しているといえよう．

2.1.4 個 人 差

視力ひとつにしても，視力が低い人から 2.0 以上の人までさまざまである．つまり，知覚には多様な要因で個人差があるのだ．最近では SNS 上で，図 2.3(a) の写真のドレスが青-黒の縞に見える人と白-金の縞に見える人に分かれることが話題になった（いずれも見ることができる人もいる）．視力の個人差の原因は，網膜に投射される光の焦点のずれ，すなわち，眼球の角膜や水晶体などの感覚器の個人差である．ドレスの色については，照明環境の判断によるのだろう．色の見え方はそもそも照明環境に依存している．この写真では，ドレスがどのような照明環境にあるかということが多義的である．図 2.3(b) にあるように，左側のように明るい照明下としての解釈が強いと青-黒の縞に見え，右側のように暗い照明下という認識の場合は，白-金の縞のドレスに見える．このドレスの見え方が人によって分かれるのは，認識の仕方の個人差

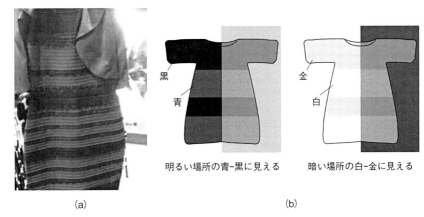

図 2.3 (a) 青-黒もしくは白-金の縞に見えるドレスの写真 (Gegenfurtner et al., 2015 を一部改変), (b) 図解. 網掛け中のドレスの色は実際には同じ [口絵 3 参照]

によるのである.

味嗅覚にも個人差がある.味覚では,PROP(6-n-プロピルチオウラシル)に苦味を感じる感受性の個人差が大きく,苦味をほとんど感じない人もいる.この傾向は劣性遺伝する(堀尾,2007).また,におい分子である β-イオノン(主観的にはスミレのようなにおいがするといわれている)を受容する嗅覚受容体遺伝子の突然変異型をもつ人はそのにおいを検出しにくいという特性があり,検出する人とは食物の感じ方も異なるようだ(Jaeger et al., 2013).β-イオノンに感受性がある人々が"良い香り","花のような"という表現があてはまるとしたにおいに対して,感受性のない人たちは"酸っぱい"というような異なる表現を選ぶ傾向にある.また,前者では食物への嗜好性が β-イオノンの添加の有無によって差があるが,後者では差がない.

このような遺伝的要因による受容体レベルの個人差だけではなく,経験などを起因とした個人差もある.たとえば,食物の評価の訓練された人々(パネリスト)は一般の人々よりも,味質の強度評定が正確である(Masuda et al., 2013;詳しくは第9章参照).その他にも文化差などによる個人差もあるが,その例は次節以降で示す.

このように,知覚は定規で測った長さのような外界の完全なコピーではなく,環境に応じて生体にとっての必要な情報を獲得するために柔軟に変化する,ダイナミックなシステムである.人の食の情報処理も同様に,味嗅覚だけでなく,五感の情報をフルに活用して知覚が成立する.味覚による食物の好みには生得的な側面はあるが,ある食物をおいしいと感じるかどうかは,それまでの生活における五感情報の組合せの学習,環境,心身の状態,知識などに左右される.同じ食物でも人によって感じ方が

異なるのはそのためである．つまり，食物の味わいは食物そのものの特性だけではなく，食物，摂食者，環境との相互作用によって生じるのである．

2.2 食の感覚各論

前節では知覚の一般的な特性について概観したが，食に特に関連深い感覚は，味覚と嗅覚である．これらについては本シリーズの『味嗅覚の科学』で詳述されるが，食行動の基本となる感覚であるため，本節では食感（テクスチャー）とともに，食の知覚系を概説する．

2.2.1 味　　覚

味覚は，化学物質によって舌など，口腔内で触れたものの性質について情報を得る感覚である．狭義には口腔内に広く分布する味蕾に存在する味細胞の受容体によって受容された化学物質によって生じる感覚を指す．その情報は味神経によって中枢神経系に伝達される．代表的な味質は，塩味，甘味，酸味，苦味，うま味の5つの基本味である．基本味は，他の味と明確に区別が可能であり，ひとつひとつの味細胞はいずれか1つの味質に対応する．基本味以外に対応する受容体も味蕾中に存在する（例：味噌に含まれるメイラードペプチドやゴーダチーズに含まれるγ-グルタミル化ペプチドは単独では味がしないが甘味，塩味，うま味とともに提示されると，ともに提示された味質の強度を増強させる．これらの物質は，こく味物質として研究されている）．味蕾は味細胞の集合体であり（図2.4(a)），舌の茸状乳頭，葉状乳頭，有郭乳頭に加え，軟口蓋，咽頭などに分布する（図2.4(b)）．つまり，舌の特定の部位が特定の味を感

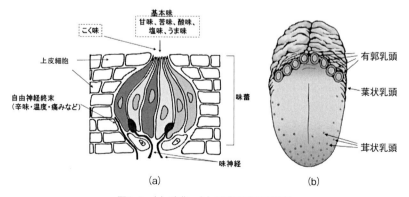

図 2.4　(a) 味蕾，(b) 味蕾の舌での分布

じるという通説とは異なり，実際は口腔内全体でさまざまな味を受容している．

味覚の嗜好は先天的な要因が強い．たとえば，胎生期にはすでに甘味への嗜好性が存在するという．その一方，個人差や文化差があるものの，成長に伴い，コーヒーや魚のわたなど苦味が含まれている食物もおいしく感じられるようになることも多い（詳しくは第4,5章参照）．これは成長に伴う経験・学習も嗜好に強く影響することを示している．

基本味に含まれないが，日常的に食物の味として感じられる感覚も存在する．たとえば辛味は化学物質によって，食物の性質として口腔内で感じられるが，味細胞ではなく，味蕾の近くに存在する神経自由終末によって受容される．このことから，狭義の味覚（gustation）や基本味にはあてはまらず，触覚などを含む体性感覚に分類される（コラム1を参照）．

2.2.2 嗅　　覚

嗅覚は，揮発性の化学物質であるにおい分子から外界の情報を得る感覚である．日常的にヒトが感じるにおいは，多数のにおい分子に対する反応として生じる．たとえばバラからも，単独のにおい分子だけではなく，数多くのにおい分子が発せられている．鼻腔の嗅粘膜にある嗅細胞に発現する嗅覚受容体（olfactory receptor；Buck & Axel, 1991）が，におい分子を受容する．ヒトにはおよそ400種類の嗅覚受容体が存在する．嗅細胞の情報は嗅球に投射され（図2.5），分子構造が類似したにおい分子に反応する細胞が隣あうように配置されたにおい地図を嗅球内に形成する．

その一方で，われわれが体験するにおいの質は，分子の構造のみによるわけではない．たとえば，"花の香り"，"ミントの香り"という主観的なにおいの知覚経験は，分子構造の類似性ではなく，同時に入力される花の外観や，ハッカによって刺激される体性感覚など，他の感覚の情報と強く結びついて形成される（第4章も参照）．これに関連して，ヒトの梨状皮質の前部では分子構造に対応した反応が起こるが，後部では知覚されるカテゴリーに対応した反応が起こることが示されている（Gottfried, 2010）．

においの感じ方は，経験によって大きく左右され，胎生期や授乳期での曝露もにおいの嗜好に影響を与える（詳しくは第4,5章参照）．大人はバラの香りを口臭や腐敗臭よりも好むが，2歳半の幼児ではそのような選好はみられない（綾部他，2003）．食物と連合した発酵臭は好ましく感じられるが，それ以外の発酵臭は，好まれにくい．たとえば，納豆やくさや，ブルーチーズなどのにおいは，なじみのない人にとっては悪臭だが，これらの食物を好む人にとっては，摂食時には好ましいにおいである．子どもの頃はブルーチーズが嫌いだったが，ワインとともに食べるようになって大好き

コラム1 ● 味覚・味の定義

　一般的に味覚という言葉が指すものは味だけではなくにおい，歯触り，見かけなど，五感情報を統合した食品の味わいとして使われている．

　学術用語で"味覚"は，英語の gustation である．その一方で taste sense という言葉もあり，これも味覚と訳されることが多い．前者は本文の基本味の説明にもあるように，味覚受容器である味蕾に受容体が存在し，対応する味神経が明らかなものを指す．taste sense はもっと広く，口腔内の化学感覚で受容される食品の特性を含む．味覚 (gustation) と言い分けるために，ここでは taste sense＝味，と呼ぶことにしよう．

　たとえば，辛味について調べると，「辛味は味覚ではない」とする意見が多くみられる．味蕾で受容され味神経へと伝達される基本味は，れっきとした味覚（gustation）であるのに対し，辛味は味蕾では受容されず，味蕾近傍の神経の自由終末で受容される．また，辛味の受容体は痛覚や温度といった体性感覚の受容体でもある．さらに辛味は，顔面の痛覚，触覚，冷熱感などの体性感覚を伝える三叉神経を介して伝達される．このような知見を総合すると，辛味は味覚ではなく体性感覚の一部であるという意見はもっともである．その一方で，口腔内の化学感覚で受容される食品の特性ではあるので味（taste sense）ではある．味覚＝gustation とするか，taste sense とするかで味覚とそれ以外の境界がシフトする．

　日常的な言葉としての「味」は味蕾や受容体など生体の微細な構造がわかるずっと前から万人が共有してきた感覚を表現したもので，taste sense に近い．「食べものを口に入れたときに，食べものの水分あるいは油分に溶解している成分により，主に舌で引き起こされる感覚」という認識で日常生活に組み込まれてきたに違いない．1つの食品の中には，甘味・苦味といった基本味と辛味や渋味のような基本味以外の味を呈する成分が共存していることが多い．そればかりか，1つの成分が甘くて苦い，苦くて渋いといった2つ以上の味質をもつことも多くある．このような点を考慮に入れて，科学的な知見が得られていない時代の視点に立って考えれば，辛味，渋味，えぐ味が「味」として扱われてきたのは当然の流れのように思われる．インドの伝統医学でも，古代中国の自然哲学でも辛味は基本的な味に含まれていることも納得できることであろう．

　味やにおいの研究は，人々の経験が先にあり，科学的知見があとからついてくる分野である．そのため，一般的な言葉と科学用語の境目は非常に曖昧で，頭を悩ませているのは筆者だけではないだろう．生理学的なメカニズムに寄り添うか，食べものによって生じる知覚現象に寄り添うかで，学術的な記述でも，文献の間で味覚の定義がゆらぐ．混乱することがあるかもしれないが，このような背景を認識して読み解いていただけると理解の一助となると思う．本コラムの執筆を通して，改めて「味」「味覚」の定義の難しさを痛感している．

[日下部裕子]

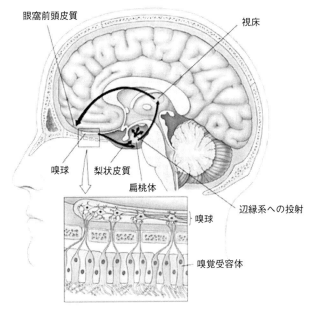

図 2.5 脳内における嗅覚処理系

になった，という人はよくいる．これらの事例は，においの質的知覚や同定は，生育環境や食習慣などの影響を強く受けることを示している．このように，ヒトの嗅覚は，嗅覚受容体からの情報を手がかりとして，より統合的な高次のメカニズムが関与して実現されている．

2.2.3 食感・テクスチャー

　食物を味わうときには口腔内に食物を入れることになるが，このとき必ず口腔内のどこかに食物が接触する．そのまま飲み込むことができない食塊は咀嚼するし，豆腐のように柔らかい食物でも，舌でつぶして嚥下しやすい食塊を形成する．食べるときの歯ごたえ，舌触りなどはテクスチャーと呼ばれている（広義には視覚などの他の感覚による対象物の力学的，幾何学的な属性も含む）．この知覚には，触覚，振動覚，痛覚などの皮膚感覚全般と運動感覚などの深部感覚も関与する．テクスチャーは，口腔内に入った食物を嚥下しやすく咀嚼したり，嚥下できないものを排除するための重要な手がかりである．たとえば，食物を噛み切ったときや，食物内の石を噛むことによって痛みを伴う急な負荷が生じると，反射的に閉口運動が止まる．生体を防御するためだろう（神山, 2003）．

神山(2011)によれば,テクスチャーはフレーバー(味嗅覚)とともに食物のおいしさに影響する二大要因である.湿気たポテトチップスはおいしくないし,かたすぎる肉はおいしくない,と多くの人々は感じるだろう.好みの個人差・文化差が大きいが,食物の嗜好にテクスチャーは大きく影響する.たとえば,近年,全国的に讃岐うどんのようなコシの強いうどんの人気が高いが,福岡,京都,大阪などのうどんは,それほどコシがなく,それを好む人間も多い.これはうどんという食物に求める食感が文化的に異なり,それが嗜好を左右していることを示している.

日本語にはパリパリ,ふっくらなど,食物の歯触り,舌触りなどの食感を表す用語は非常に多い(9.3節を参照).日本人が食物の味わいにおいて食感を重要視していることを示しているのかもしれない.

食感は,口腔内で食物が破砕され,化学的な変化も伴う動的な過程で生じる.主観的な評価と物理的な特性との対応関係を見いだす試みとして,池田他(2006)は擬音語・擬態語に表されるテクスチャー用語と食品物性の対応関係を検討している.食物の物性の変数として,圧縮ひずみ(一定の速度で食物を圧縮したとき,次第に食物がつぶれていくときのつぶれた割合)10%,30%,70%のときの応力,重量密度を用いた.この結果,圧縮ひずみ10%,30%での応力の大きさは,"さくさく","しゃりしゃり"などのクリスピーさに対応する用語や食物(生の大根など)と関連があり,ひずみ率70%での応力は"こりこり"といった用語,食物(あわびなど)と関連があることを見いだした.

2.3 食における感覚の相互作用

2.1節で示したように,五感+αの情報が入り混じって知覚が形成される.感覚同士の相互作用は感覚間だけでなく,感覚内でも生じうる.上述のドレスの色の個人差の例では,ドレス自体の情報と背景の情報によって見え方が変わることを述べた.感覚同士が相互作用する知覚現象,あるいは相互作用したかのような知覚現象は,物理的な要因,受容体および伝達経路,中枢処理(脳)とさまざまな段階で生じる.本節では,各段階での相互作用を概観する.

2.3.1 物理的要因

摂食中の食物の物理的な作用も感覚同士が連動したかのような現象の一因である.たとえば,食物の物性が異なると,口腔内での食物の破砕のされ方も異なり,味物質やにおい分子の拡散速度も変化し,結果として食感による味嗅覚への影響が生じるという.一般に固形食品はかたいほど,液状食品は粘性が高いほど,同様の呈味物質や

におい分子を含んでいても味嗅覚は弱く感じる（神山，2009）．また，温度などが変われば食物の状態も変化するので，感覚器に到達するまでの状態が変化し，知覚に影響を与える．たとえば，食物の温度が高ければにおい分子は揮発し，その結果としてより多くのにおい分子を嗅粘膜が吸収し，においの知覚強度（嗅覚）も強くなる．

2.3.2 受容体や神経伝達経路で生じる相互作用

味覚同士の相互作用では，うま味の相乗効果が有名である．昆布や野菜のうま味であるグルタミン酸や，鰹節や肉のうま味であるイノシン酸がうま味物質として有名だが，両者をあわせて味わうと，単独で同量を味わうよりも強いうま味を感じる．これがうま味の相乗効果である．相乗効果は核酸（イノシン酸，コハク酸，グアニル酸など）とグルタミン酸との組合せで生じるが，核酸同士では生じない．これは受容体で生じる味同士の相互作用と考えられている．店頭に並んでいるうま味調味料もグルタミン酸に少量のイノシン酸が加えられており，うま味をより強く感じられるように工夫されている．

塩味の受容体は，低い温度下では活性化し，高い温度下では不活性化する．また，甘味については，受容体から脳への情報伝達を担う神経系の一部は高い温度下では活性化し，低い温度下では不活性化する．このように，受容体への適刺激により生じる信号の中枢レベルでの統合がなくても，受容体の感度や中枢以前の神経伝達過程の活性の程度に温度が影響を与えて温度と味の相互作用が生じる可能性がある．冷めた味噌汁は塩辛い，溶けたアイスクリームはより甘い，という経験は読者の方々もあると思う．これらの経験は上記のメカニズムで生じているのだろう．味覚受容と情報伝達において生じる相互作用に関するより詳しい情報は日下部（2016）の総説を参照されたい．

2.3.3 中枢処理による相互作用

甘味，塩味を受容する味細胞はそれぞれ別であり，中枢に至るまで神経経路が異なる．そう考えると，"スイカに塩をまぶすと甘くなる"という味の対比は中枢神経系で生じる味覚同士の相互作用だろう．感覚間の相互作用の多くは中枢神経系に依存している．

食物を食べると，当然そのにおいは口から鼻ににおい分子が流れることで，われわれの豊かな味体験に重要な役割を果たしている．においは鼻孔から（前鼻腔経路）だけではなく，口から（後鼻腔経路）も嗅粘膜に届く．においが食味に及ぼす影響の大きさは，簡単に実感できる．たとえば鼻をつまみながらチョコレートを食べると口から鼻側に空気が通らなくなり，後鼻腔経路が遮断されてしまう．そのとき，チョコレー

トは甘いだけで,チョコレート特有の豊かな風味が感じられない．つまり,チョコレートを特徴づけているのはそのにおいであるといえる（第4章も参照）．このような体験は，人が日常的に感じている食物の風味が，味覚だけでなく嗅覚の影響も強く受けることを浮き彫りにする．

　味とにおいの連合は経験を通して獲得されるのであろう．においと味が同時に提示されると，バニラのにおいと甘味のように両者が一致する場合にはにおいによって味が強く感じられ，一致しない場合にはにおいによって味が弱く感じられる（たとえばStevenson et al., 1999）．さらにSakai et al.（2001）は，前・後鼻腔経路それぞれからのバニラのにおいの提示が甘味を増強することを示した．前鼻腔経路によるにおいの提示では，味の受容体にはにおい分子が接しないため，両者の情報統合は末梢ではなく，より高次な神経処理によって行われていると考えるのが妥当である．つまり，においによる主観的な味覚の強度の変化には，中枢（脳）での感覚情報統合が関与する．マウスに塩味とともにバニラのにおいを提示するようにすると，バニラのにおいによる塩味増強が生じることが示すように（河合・日下部, 2015），味とにおいの一致・不一致は学習に依存する．

コラム2● 視覚と食

　インターネットやテレビには食物の画像があふれている．それらを見てわれわれは食欲をかきたてられ，生唾を飲む．八百屋では，オクラやミカンを包む緑色や赤のネットが"色の同化"という錯視を生じさせて，鮮やかな色を見せようとする．食物のトレイもさまざまな彩色や柄が施され，売上げに貢献している．これらの例は，人の食物の評価において視覚が重要であることを示している．多くの果物は熟すと赤みを増すし，色が食味に相関する経験が多いために生じた傾向かもしれない．プロの料理人によれば，ローストビーフを調理する際，"おいしそうな焼色（チャコールグレイ）がオーブンに入れる目安"だという（千葉, 2015）．"熟成が進んだ肉はいい焼色になりやすい"そうである．肉は熟成によってアミノ酸と糖が増し，食味が向上するといわれている．メイラード反応という食品加工時の褐色化はアミノ化合物と還元糖を過熱することにより生じるので，食味と焼色の関係は実際に強いのかもしれない．

　筆者らは，キャベツや魚眼などの生鮮食品の鮮度判断では輝度分布が有力な視覚手がかりであることを示した（Wada et al., 2010；Murakoshi et al., 2013）．輝度とは，物体表面の単位面積あたりの明るさである．デジタル画像は，各ピクセルに固有の輝度が存在する．横軸に輝度をとり，縦軸にその輝度をもつピクセルの個数をとったヒストグラムを輝度分布という．輝度分布は，光沢感の視知覚の手がかりになることが知られている（Motoyoshi, 2007）．キャベツでは時間に伴う輝度分布の変化と水分量の減少

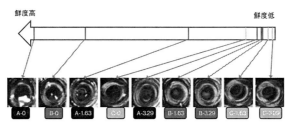

図 2.6　魚眼画像の鮮度得点
各画像下のアルファベットは個体，数値は放置時間（時）．灰色の縦線が各画像の得点(Murakoshi et al., 2013 を改変)．［口絵 7 参照］

は相関が高いことを示す予備的な結果も得ており，実際に生鮮物の鮮度の指標として機能しそうである．Murakoshi et al.（2013）は，複数個体の魚眼画像の鮮度判断でも，輝度ヒストグラムが効果をもつことを示した．評価に魚眼の個体差があったが，同一個体の画像の鮮度得点は時間の経過に従い低下していた（図 2.6）．これは，形態など輝度分布以外の多くの違いを含むような日常場面でも，輝度分布が鮮度の手がかりとなることを示している．

［和田有史］

引用文献

千葉 祐士（2015）．日本の宝・和牛の真髄を食らい尽くす　講談社
Motoyoshi, I., Nishida, S., Sharan, L., & Adelson, E. H. (2007). Image statistics and the perception of surface qualities. *Nature*, *447*, 206-209.
Murakoshi, T., Masuda, T., Utsumi, K., Tsubota, K., & Wada, Y. (2013). Glossiness and perishable food quality：Visual freshness judgment of fish eyes based on luminance distribution, *PLoS ONE*, *8*(3), e58994.
Wada, Y., Arce-Lopera, C., Masuda, T., Kimura, A., Dan, I., Goto, S., ...Okajima, K. (2010). Influence of luminance distribution on the appetizingly fresh appearance of cabbage. *Appetite*, *54*, 363-368.

　色と物の認知における連合（例：黄色とバナナ）は，人の外界の認知を手助けする．食物の典型色は，食物のフレーバーの知覚にも影響を及ぼす．赤みを帯びた色のショ糖溶液がより甘く感じられる，というような報告は数多くある（たとえば Lavin & Lawles, 1998）．これは赤色が，果物など甘い食物との連合が強いことにより生じる味の強度の増強効果であると考えられる．色による味質の増強効果は，味わっている溶液そのものが色づいていれば生じるが，その溶液に順応した後の強度評価は，無色の溶液に順応した場合と変わらない（Hidaka & Shimoda, 2014）．この実験結果は，味への順応は受容体など末梢に近いレベルで生じるが，色による味の増強効果は順応にまで影響が及ばない高次の神経処理によるものであることを示している．また，適

切な色をつけた飲料のフレーバー（チェリーに赤など）のほうが，不適切な色をつけられた飲料のそれよりも正確に食品名を特定できる（DuBose et al., 1980；Zellner et al., 1991）．ワイン醸造学科の学生にワインの味を評価させるときに，赤く着色された白ワインを紛れ込ますと，学生は一貫して，赤ワインに使われる典型的な言葉で赤い白ワインを評価したという報告もある（Morrot et al., 2001）．つまり，味わう訓練を受けた者でも，味やにおいの評価において視覚情報の影響を強く受けるのである．この例は，食物は味やにおいだけではなく，外観まで含めて"味わう"ことが人の本質的な傾向であることを示している．

　視覚情報は，口に食物を入れる前に入力されるが，その後口に入れて味覚が生じたときに，視覚情報との情報統合がなされる．筆者らは，乳児を対象とした心理物理学的研究により，嗅覚と視覚情報の連合が乳児期にすでに存在することを示した（Wada et al., 2012）．この研究では，生後6〜8か月児を対象とした選好注視法による実験が行われた．選好注視法は，1対の視覚刺激を左右に配置し，それを乳児が観察したときの注視の偏りを測定する技法である．左右に並べた視覚刺激のどちらか一方の刺激を注視する傾向があるならば，少なくともこれら2つの視覚刺激を区別していることを示す．実験の結果，イチゴの出荷量が多い時期（3月から6月）に実施すると，イチゴのにおいが付加されたときにイチゴの画像をより長く注視する傾向があった．その一方で，イチゴの出荷量がほとんどない時期（7月から9月）にはこの傾向は消失した．この現象は月齢6〜8か月ですでに視–嗅覚の連合が生じており，その前提要因として視覚・嗅覚などの多感覚による接触経験が影響することを示唆している．成人においても，トマトとイチゴのモーフィング画像を用いた実験により，青果物のにおいが果物の好ましさの判断に影響を与えることが示されている（Yamada et al., 2014）．このような味覚・嗅覚・視覚など多感覚の情報統合には，二次味覚野とも呼ばれる眼窩前頭皮質が関与するといわれている（Gottfried & Dolan, 2003；図2.5を参照）．

　食における感覚間相互作用はあらゆる組合せで存在しうる．たとえば，食感は触覚だけではなく，音の影響を受ける．ポテトチップスのクリスピー感は音によって左右されることを示した研究は，イグノーベル賞を受賞して話題になった（Zampini & Spence, 2004）．また，ソーセージのジューシー感や肉のかたさ，クリスピー感，味が香料によって変化するという研究結果もある（Kumaou et al., 2005）．嗅覚が食感に影響を与える，というのは意外な組合せである．食における感覚間相互作用については今田・坂井（2003）も参照してほしい．近年，精力的に食における感覚間相互作用の研究を推進しているC. Spenceの著書では，食器の食物の評価に与える影響など，幅広いトピックについて論じており，一読の価値があろう（Spence & Piqueras-

Fiszman, 2014).　　　　　　　　　　　　　　　　　　　　　　　　　　　［和田有史］

> **コラム 3 ● 五感を活かした食の拡張現実感**
>
> 　メディア技術の発展は食にも大きな影響を与えている．たとえば，スマートフォンで食事の写真を撮り，その場で SNS を介して友達と共有する，といったことはもはや日常になっている．こうした「食の記録」の先に，「食の再生・創生」を目指す技術が食の「拡張現実感」である．拡張現実感とは，コンピュータを使ってわれわれが現実世界から感じる五感の情報を増幅・減衰させたり，新しい五感情報を加えたりすることで，現実のとらえ方を変化させるメディア技術を指す．拡張現実感は五感を扱う領域だけに，心理学とも相性が良い．心理学は，われわれが五感からどのように現実をとらえているかを明らかにしてきた．この知見を活用すれば，拡張現実感でつくり出す新しい現実感の設計が可能になる．
> 　食に関する心理学を応用した拡張現実感研究において，もっとも初期から扱われてきたのが食感である．たとえば，橋本他（2006）は，ユーザがストローを吸うと，炭酸飲料やカレー，納豆など，あたかも特定の飲食物を吸ったかのような感覚を得られる吸引感覚提示装置を開発した．この装置では実際にストローを使っていろいろな飲食物を吸ったときの音とストロー内の圧力変化を記録し，ストローを震わせて唇に振動を伝えることで，実際には何も食べていないにもかかわらず，ある食品を吸い込んで食べたような体験をつくり出している．また，小泉他（2013）は，Zampini & Spence（2004）の研究をもとに，摂食時に咀嚼音を増幅したり，別の音と差し替えたりと，咀嚼音を変化させることで食感を変化させるシステム Chewing JOCKEY を開発した．
> 　他方，味やにおいは化学的反応に基づいた感覚である．化学物質を混ぜて好きな味やにおいを人工的につくり出すことは現在の技術では難しい．ここに味覚を自由に提示できる味覚ディスプレイ実現の困難さがある．しかし，われわれが日常的に感じている食味は味覚だけでなく，視覚や嗅覚から強い影響を受けているという心理学の知見を活用すれば，こうした困難さを打破することもできる．そのような食味提示のための拡張現実感システムがメタクッキーである（鳴海他，2010）．メタクッキーでは，食味に強い影響を与えるにおいと見た目の影響を利用することで，元となる食品（クッキー）を変化させることなく，チョコレート，アーモンドなど，数種類の味をユーザに体験させることができる．使用者はヘッドマウントディスプレイと嗅覚提示装置を装着し，プレーンのクッキーを食べる．このとき，コンピュータはクッキーを認識して，クッキーの見た目をチョコレートやアーモンドなど，異なる種類のクッキーであるかのように映像を差し替える．さらに，見た目と合致するにおいを提示する．チョコレートの見た目を見て，チョコレートのにおいを嗅いだ状態でプレーンのクッキーを食べると，およそ 8 割の使用者がチョコレートの味を感じてしまう．心理学と工学との融合によって，はじめ

て食味を変える技術が実現可能になった例である．

　食にかかわる重要な感覚のひとつに，内臓感覚の一種である満腹感がある．通常，身体の外部から身体の内部に働きかけることは難しく，内臓感覚を変化させることは難しい．しかし満腹感が内臓感覚だけでなく，食事の盛りつけや見た目から大きな影響を受けているという心理学の知見を利用することで，満腹感を操作することも可能になる．拡張満腹感システム（鳴海他，2013）は，食事の量を変化させてみせることで，食品から得られる満腹感を変化させて，摂食量を変化させるシステムである．ヘッドマウントディスプレイ越しに食事を見ると，手や周囲のもののサイズは一定のまま，食事の量だけが拡大・縮小される．この効果を検証すると，食品の見た目を変えるだけで摂食量を増減両方向に約10％程度変化させることが可能であった．しかも，使用者はこの変化に無自覚であり，視覚の変化に応じて無意識のうちに摂食量が変化していた．

　食がメディア技術のアウトプットとしてとらえられるようになったのは，ここ最近のことである．しかし，食品・外食産業，ダイエット・健康産業，エンタテインメント産業など，技術による食の拡張はさまざまな分野に新しい可能性をもたらす．食のメディア技術のさらなる発展のためには，心理学との密な協調が欠かせない．五感を活かした食のメディア技術が新たな食文化を築き，人類の健康と幸福に寄与することに期待したい．
　　　　　　　　　　　　　　　　　　　　　　　　　　　　　　　　　　[鳴海拓志]

引用文献

橋本 悠希・大瀧 順一朗・小島 稔・永谷 直久・三谷 知靖・宮島 悟…稲見 昌彦（2006）．Straw-like User Interface──吸飲感覚提示装置── 日本バーチャルリアリティ学会論文誌，*11*(2), 347-356.

小泉 直也・田中 秀和・上間 裕二・稲見 昌彦（2013）．Chewing JOCKEY──咀嚼音提示を利用した食感拡張装置の検討── 日本バーチャルリアリティ学会論文誌，*18*(2), 141-150.

Zampini, M., & Spence, C. (2004). The role of auditory cues in modulating the perceived crispness and staleness of potato chips. *Journal of Sensory Studies*, *19*(5), 347-363.

鳴海 拓志・谷川 智洋・梶波 崇・廣瀬 通孝（2010）．メタクッキー──感覚間相互作用を用いた味覚ディスプレイの検討── 日本バーチャルリアリティ学会論文誌，*15*(4), 579-588.

鳴海 拓志・伴 祐樹・梶波 崇・谷川 智洋・廣瀬 通孝（2013）．拡張現実感を利用した食品ボリュームの操作による満腹感の操作　情報処理学会論文誌，*54*(4), 1422-1432.

引用文献

綾部 早穂・小早川 達・斉藤 幸子（2003）．2歳児のニオイの選好──バラの香りとスカトールのニオイのどちらが好き？── 感情心理学研究，*10-1*, 25-33.

Buck, L., & Axel, R. (1991). A novel multigene family may encode odorant receptors: A molecular basis for odor recognition. *Cell*, *65*, 175-187.

DuBose, C. N., Cardello, A. V., & Maller, O. (1980). Effects of colorants and flavorants on identification, perceived flavor intensity, and hedonic quality of fruit-flavored beverage and cake. *Journal of Food Science, 45*, 1393-1415.

Gegenfurtner, K. R., Bloj, M., & Toscani, M. (2015). The many colours of 'the dress'. *Current Biology, 25*(13), R543-544.

Gottfried, J. A. (2010). Central mechanisms of odour object perception. *Nature Reviews Neuroscience, 11*(9), 628-641.

Gottfried, J. A., & Dolan, R. J. (2003). The nose smells what the eye sees: Crossmodal visual facilitation of human olfactory perception. *Neuron, 39*, 375-386.

Hidaka, S., & Shimoda, K. (2014). Investigation of the effects of color on judgments of sweetness using a taste adaptation method. *Multisensory Research, 27*, 189-205.

堀尾 強（2007）．生理的環境と味覚　大山 正・今井 省吾・和氣 典二・菊地 正（編）　感覚・知覚心理学ハンドブック・Part 2（pp. 550-557）　誠信書房

池田 岳郎・早川 文代・神山 かおる（2006）．テクスチャーを表現する擬音語・擬態語を用いた食感性解析　日本食品工学会誌，*7*(2)，119-128.

Jack, C. E., & Thurlow, W. R. (1973). Effects of degree of visual association and angle of displacement on the 'ventriloquism' effect. *Perceptual and Motor Skills, 37*, 967-979.

Jaeger, S. R., McRae, J. F., Bava, C. M., Beresford, M. K., Hunter, D., Jia, Y., ... Newcomb, R. D. (2013). A mendelian trait for olfactory sensitivity affects odor experience and food selection. *Current Biology, 23*(16), 1601-1605.

河合 崇行・日下部 裕子（2015）．甘味・塩味における呈味増強香気の学習効果の検証　日本味と匂学会誌，*22*(3)，321-324.

Kumaou, Y., Kunieda, S., & Jingu, H. (2005). Kansei interaction between flavor and texture in eating quality. *Networking, Sensing and Control, 2005. Proceedings. 2005 IEEE*, 603-608.

神山 かおる（2003）．テクスチャーの官能評価──テクスチャー研究の今後の展望と課題──　川端 晶子（編）　食品とテクスチャー（pp. 149-184）　光琳

神山 かおる（2009）．テクスチャー解析によるおいしさの評価　化学と生物，*47*，133-137.

神山 かおる（2011）．歯応え，舌触りの生理と知覚　日下部 裕子・和田 有史（編）　味わいの認知科学──舌の先から脳の向こうまで──（pp. 97-116）　勁草書房

Lavin, J. G., & Lawless, H. T. (1998). Effects of color and odor on judgments of sweetness among children and adults. *Food Quality & Preference, 9*, 283-289.

Masuda, T., Wada, Y., Okamoto, M., Kyutoku, Y., Yamaguchi, Y., Kimura, A., ... Hayakawa, F. (2013). Superiority of experts over novices in trueness and precision of concentration estimation of sodium chloride solutions. *Chemical Senses, 38*(3), 251-258.

Morrot, G., Brochet, F., & Dubourdieu, D. (2001). The color of odors. *Brain & Language, 79*, 309-320.

Rensink, R. A., O'Regan, J. K., & Clark, J. J. (1997). To see or not to see: The need for attention to perceive changes in scenes. *Psychological Science, 8*(5), 368-373.

斉藤 幸子・小早川 達（編）（2018）．味嗅覚の科学　斉藤 幸子・今田 純雄（監修）　シリーズ〈食と味嗅覚の人間科学〉　朝倉書店

Sakai, N., Kobayakawa, T., Gotow, N., Saito, S., & Imada, S. (2001). Enhancement of sweetness ratings of aspartame by a vanilla odour presented either by orthonasal or retronasal routes. *Perceptual and Motor Skills, 92*, 1002-1008.

Spence, C., & Piqueras-Fiszman, B. (2014). *The perfect meal : The multisensory science of food and dining.* Hoboken : Wiley-Blackwell.

Stevenson, R. J., Prescott, J., & Boakes, R. A. (1999). Confusing tastes and smells : How odours can influence the perception of sweet and sour tastes. *Chemical Senses, 24,* 627-635.

Teramoto, W., Hidaka, S., & Sugita, Y. (2010). Sounds move a static visual object. *PLoS One, 5*(8), e12255.

Treisman, A. M., & Gelade, G. (1980). A feature-integration theory of attention. *Cognitive Psychology, 12*(1), 97-136.

Wada, Y., Inada, Y., Yang, J., Kunieda, S., Masuda, T., Kimura, A., ... Yamaguchi, M. K. (2012). Infant visual preference for fruit enhanced by congruent in-season odor. *Appetite, 58*(3), 1070-1075.

Yamada, Y., Sasaki, K., Kunieda, S., & Wada, Y. (2014). Scents boost preference for novel fruits. *Appetite, 81,* 102-107.

Zampini, M., & Spence, C. (2004). The role of auditory cues in modulating the perceived crispness and staleness of potato chips. *Journal of Sensory Studies, 19*(5), 347-363.

Zellner, D. A., Bartoli, A. M., & Eckard, R. (1991). Influence of color on odor identification and liking ratings. *American Journal of Psychology, 104,* 547-561.

Zellner, D. A., Kern, B. B., & Parker, S. (2002). Protection for the good : Subcategorization reduces hednic contrast. *Appetite, 38,* 175-180.

参 考 文 献

Frederick, S. (2005). Cognitive reflection and decision making. *Journal of Economic Perspectives, 19*(4), 25-42.

早川 文代・井奥 加奈・阿久澤 さゆり・齋藤 昌義・西成 勝好・山野 善正・神山 かおる (2005). 日本語テクスチャー用語の収集 日本語テクスチャー表現に関する研究 (第1報) 日本食品科学工学会誌, *52*(8), 337-346.

Jordt, S. E., Bautista, D. M., Chuang, H. H., McKemy, D. D., Zygmunt, P. M., Hogestatt, E. D., ... Julius, D. (2004). Mustard oils and cannabinoids excite sensory nerve fibres through the TRP channel ANKTM1, *Nature, 427,* 260-265.

今田 純雄・坂井 信之 (2003). 味の心理学 伏木 亨 (編) 食品と味 (pp. 121) 光琳選書1 光琳

日下部 裕子 (2009). 味の現象を分子でどこまで説明できるようになったか ソフトドリンク技術資料, *158*(2), 63-78.

日下部 裕子 (2016). 味覚受容と情報伝達機構およびその応用 生物科学, *67*(2), 85-93.

和田 有史 (2011). 多感覚相互作用——五感による世界の認識—— 北岡 明佳 (編) 知覚心理学——心の入り口を科学する—— (pp. 179-200) いちばんはじめに読む心理学の本⑤ ミネルヴァ書房

Wada, Y., Kitagawa, N., & Noguchi, K. (2003). Audio-visual integration in temporal perception. *International Journal of Psychophysiology, 50,* 117-124.

03 食行動と社会的認知

 本章では，食品選択や食品摂取，食味評価に影響を及ぼす社会心理学的要因について概説する．3.1 節では，食品選択に影響を及ぼす社会的認知特性として古くから研究されてきたステレオタイプについて概説する．3.2 節では，食行動や食味評価に影響を及ぼすさまざまな外的要因（external factors）について，社会的認知および消費者行動研究の観点からいくつかの要因を紹介する．3.3 節では，他者と一緒に食事をする行為（共食）が食行動に及ぼす影響とその要因について概観する．これらの研究例を通じてわれわれの食行動がさまざまな社会的手がかりによって調整されていることを理解していきたい．

3.1 ステレオタイプと食行動

3.1.1 「食は人となりを表す」という素朴な信念

 南アフリカのある地域では，妊婦が若鶏を摂取すると子どもが虚弱になるとされ，摂取を禁じられているという．Lindeman et al. (2000) は，このような文化・地域に根差した健康や食に関する非科学的な言説を「食と健康に関する魔術的信念（magical beliefs about food and health）」と呼んだ．このような魔術的信念には大きく「感染の法則（law of contagion）」と「類似の法則（law of similarity）」があるとされる（Frazer, 1922）．

 感染の法則は，他の人や物に一度接触した食品は，その対象から物理的に離れたあとも常に接触効果が残ると信じる傾向である．たとえば，「家族の手づくり弁当は愛情がこもっていて美味しく健康に良い」という認知はこの感染の法則のポジティブな側面といえる．反対に，食品の異物混入に対する消費者の過剰なまでの拒絶反応は，この法則がネガティブに作用したものといえる．

 類似の法則は，特定の概念と類似した特徴をもつ食物の摂取が縁起あるいは禁忌となる傾向である．上述の妊婦が若鶏の摂取を禁じられる例は，若鶏＝虚弱といった印象の類似性に起因するものと考えられる．また，ニューギニアのある部族では，若者に成長の速い植物を食べさせたり，月経血を連想させる赤い食品の摂取を避ける風習

があるという．わが国でも，たとえば"数の子"が子孫繁栄の縁起物としておせち料理に含まれるなど，類似の法則に基づく食習慣は多い．なお，Aarnio & Lindeman (2004) の調査によると，このような不思議な信念は一般的に女性や菜食主義者に比較的多くみられるとされる．

類似の法則に関しては，実験的な研究もある．Nemeroff & Rozin (1989) は大学生を対象とした実験の中で，未知の部族についての紹介文を提示し，その部族の典型的な男性像を評価させた．実験参加者はランダムに2つのグループに分けられ，それぞれで一部異なる情報が提示された．たとえば，猪と亀を狩って生活する部族に関する記述が提示された場合に，一方のグループは「猪は食料として，亀は甲羅を得るため」と説明され，もう一方のグループは「亀は食料として，猪は牙を得るため」と説明された．その結果，猪を食べると説明された群は部族男性の印象として「足が速い」「寿命が短い」と，亀を食べると説明された群は「泳ぎのうまい」「長生き」というように，食料と説明された動物の特徴を表すような印象が形成されやすいことが示された．これらの結果は，摂取した食物がその人の印象形成に強い影響を及ぼすことを示唆するもので，Nemeroff & Rozin (1989) はこれを「食は人となり仮説（"you are what you eat" hypothesis）」と呼んだ．食と健康に関する魔術的信念や食は人となり仮説に明らかなように，人々は摂取した食品の特徴が自らの身体に反映されるという素朴な信念を有しているようである．

3.1.2 食品のステレオタイプ

ステレオタイプ（stereotype）は，"社会集団や社会的カテゴリーに対して，その成員がもつ属性についての誇張された信念"（唐沢，2001）と定義される．食品に対してもさまざまなステレオタイプが存在する．

まず，人々は食品を「良い食品」と「悪い食品」に分類して認知するという食品の善悪ステレオタイプ（good/bad food stereotype）がある．Oakes & Slotterback (2001) は，33種の食品について「食品名」か「標準的な栄養成分」を大学生に提示し，それら食品名や栄養成分表示を見てその食品が自分にとってどの程度良いと思うかを「非常に悪い（0点）〜非常に良い（4点）」の5段階で評定させた．食品名は「りんご1個」「ポテトチップス28 g」など品名と量が記載されていた．また，栄養成分表示は，その食品に含まれるカロリー，脂質，食物繊維などの量が推奨一日摂取量（recommended daily allowance；RDA）における割合で示された．たとえばりんご1個に対応する情報としては，「カロリー4%，脂質1%，塩分0%，食物繊維15%，…」といった表示が提示された．その結果，多くの食品において，食品名を提示された場合と栄養成分を提示された場合とで良さ評定値に差がみられた．たとえば，りんごは

食品名で提示された場合の平均評定点が 3.6 点であり，栄養成分で提示された場合の 2.9 点よりも高く評価された．反対にポテトチップスは，食品名の平均評定点が 0.9 点であり，栄養成分の 2.1 点よりも悪いと判断された．「ポテトチップス＝健康に悪い」というステレオタイプにより，実際の栄養成分よりも体に悪いと思われたのである．なお，ポテトチップスと同様に「健康に悪い食品 (bad food)」とみなされた食品としては，ドーナツやフライドチキン，ポップコーンなどがあった．Oakes の別の実験では，食品に含まれるビタミン・ミネラル量を推定させる課題において，「りんご」よりも「キャラメルがけりんご」のほうがビタミン・ミネラル量が低く推定された (Oakes, 2004)．実際はキャラメルの糖分が加わったところでビタミン量が減ることはないが，砂糖という"健康に悪そうな"栄養成分が加わったことで他の栄養成分量まで少なく見積もられてしまったのである．Oakes (2005) はこれを「不良仲間 (bad company) の効果」と呼んだ．

また，食に関するステレオタイプの中でも，日常生活で多くの人が体験し，かつ自覚的にそのステレオタイプを印象操作に活用しているのが，ジェンダー・ステレオタイプ (gender stereotype；性役割意識に関するステレオタイプ) であろう．ラーメン屋に入りづらいと感じている女性や，クレープ屋台にひとりで並ぶのは人目が気になると感じる男性も少なくないのではなかろうか．これはラーメン＝男性的，クレープ＝女性的というジェンダー・ステレオタイプが多くの人に共有されているからといえる．「男らしさ」や「女らしさ」のアピールは特に異性交遊において重要な意味をもつが，"デートに食事はつきもの" (Vartaninan, 2015) であることから，食品選択や摂取量など食行動がジェンダー・アピールに用いられる機会も多い．ではどのような食行動が男性的，あるいは女性的とみなされやすいのだろうか．

Moony & Lorenz (1997) の実験では，女性的な夕飯のメニューはスパゲティ，男性的なメニューはサーロインステーキというように，女性的なメニューと男性的なメニューが予備調査によりリストアップされた．そして，それらの食事を食べているという架空の人物について印象評定を行わせたところ，女性的メニューを食べていると描写された人物は男性的メニューを食べている人物よりも女性性が高く，かつパーソナリティまで好ましく評価された．まさに食から人となりまで推定されてしまうのである．なお，わが国で行われた調査においては，女性的食品としてパスタ，サラダ，果物，ケーキなどが，男性的食品としてとんかつやステーキなどの肉料理やラーメンが上位にあがっている (Kimura et al., 2009)．

ジェンダー・ステレオタイプは，食品の健康価やカロリー，脂質分，またはそれらの情報に由来する食品の善悪ステレオタイプと相関することが多い．たとえば，低脂肪食品は女性と，高脂肪食品は男性とそれぞれ連合されやすく (Barker et al.,

1999).「良い食品」を好む人物は「悪い食品」を好む人物よりも女性的であると評価されやすい（Stein & Nemeroff, 1995）．また，摂取カロリー量と関連して，食べる量が少ない人物は女性性が高く評価されやすい（たとえば Chaiken & Pliner, 1987; Basow & Kobrynowicz, 1993; Vartanian et al., 2007）．

　ジェンダー・ステレオタイプは，ときに偏食や摂食障害など不健康な食行動の要因となる場合もある．そこで，特定の食品とジェンダー印象の結びつきを軽減させるような研究も行われている．たとえば Kimura et al.（2012b）は，サラダなど女性的食品を男性的な印象の皿に盛りつけると，同じ食品を女性的な印象の皿に盛りつけた場合よりも女性性が低減することを，食品写真を用いた意味プライミング課題により示した（図 3.1）．この研究では，予備調査で選定された女性的食品（サラダとパスタ）と男性的食品（カツ丼と牛丼）をそれぞれ女性的印象の強い食器，男性的印象の強い食器に盛りつけた画像を用いて，画像に対するジェンダー・ステレオタイプを認知課題により測定した．その結果，食器のジェンダー印象によって加算的に食品ジェンダー・ステレオタイプの促進・抑制がみられた．このことは食品のジェンダー・ステレオタイプが食品外観によっても変容することを示唆するものといえる．さらに Cavazza et al.（2015）は，食品の種類，量と盛りつけ方（外観）がジェンダー・ス

図 3.1 食品と食器のジェンダー印象を操作した食品画像（Kimura et al., 2012b）
サラダを男性的印象の強い食器に盛りつけると（右上），女性的印象の強い食器に盛りつけた場合（左上）よりも女性性が減少した．反対に，カツ丼を女性的印象の強い食器に盛りつけた場合（左下）には，男性的印象の強い食器に盛りつけた場合（右下）よりも男性性が減少した．

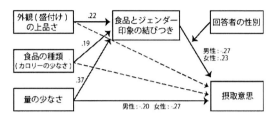

図 3.2 ジェンダー・ステレオタイプを仲介変数とした食品摂取意思のモデル (Cavazza et al., 2015)
モデル内の実線は有意であったパス（脇の数値は β 係数）を，点線は有意でなかったパスを表す．

テレオタイプや摂取意思に及ぼす影響を包括的な実験により検討した．その結果を図3.2に示す．図3.2をみると，まず食品の盛りつけ方，種類，量がそれぞれジェンダー・ステレオタイプに影響していることがわかる．また，これら3つの要因がジェンダー・ステレオタイプに及ぼす影響には性差はみられず，男女とも食品から同様のステレオタイプ印象を抱いていることが示唆される．一方でジェンダー・ステレオタイプが摂取意思に及ぼす影響には回答者の性別の交互作用がみられ，回答者の性別によってステレオタイプに基づく摂取意思の促進・抑制が生じる．たとえば図3.2では，低カロリー食品，少量，上品な盛りつけは女性性が高いため，女性の摂取意思を高めることがわかる．

3.2 食品に付随する外的要因の影響

3.2.1 食事環境の効果

食品の評価は食べる前の構えや期待によっても規定される．Meiselman et al. (2000) はイギリスとアメリカの2か国において，食事場所が料理の評価に及ぼす影響を実験的に検討した．実験では同じ料理をレストランあるいは学生食堂で提供し，食後に料理に対する好みなどを評定させた．その結果，英米どちらの国でも食事場所の効果が有意であり，一貫してレストラン群のほうが学生食堂群よりも料理を好ましく評価した．また，レストラン群のほうが料理のフレーバーを高く評定するなど，味嗅覚特性の評価にも影響を及ぼすことが示された．これらの結果は，レストランで食べるという期待や構えが料理に対する評価を高めたものと解釈できる．

なお，一言に食事環境といっても，テーブルセッティング（テーブルと食器）というミクロな環境と，食事場所というよりマクロな環境がある．このような異なるスケールの食事環境の相互作用を調べた Garcia-Segovia et al. (2015) によると，同じロー

ストチキンを高級感の高いテーブルセッティングで提供する場合においても，その食事場所が実験室の場合にはレストランの場合と比べて食品の好ましさ評価が低く，摂取量が少なかったという．消費者の「期待」をつくるような雰囲気づくりは，細部まで徹底する必要のあることが伺える．

3.2.2 ブランドの光背効果

ブランドも食品評価に強い影響を及ぼす．たとえば Wansink et al. (2007) は大学レストランでコース料理を注文した客を実験参加者として，ワイナリーのプロモーションと称して1杯のワインを無料で提供した．ワインはいずれも同一の赤ワインであったが，半数の参加者にはカリフォルニア産（有名ワイン産地）と説明し，もう半数の参加者にはノースダコタ産（無名ワイン産地）のワインと説明した．その結果，カリフォルニア産と説明された参加者のほうが料理の摂取量が多く，またレストランへの滞在時間が長かった．Wansink et al. (2007) はこの結果について，有名ワイン産地が光背効果となって料理への期待を高めたとともに，食事時間を楽しいものにしたのではないかと考察している．

このようなブランドの光背効果は子どもの食味評価にも影響する．Robinson et al. (2007) は未就学児童63名を対象として，同じ食品をマクドナルドのロゴがプリントされた容器と無地の容器の両方に入れて提示し，どちらがおいしいかを比較させた．実験で用いられた食品には，ハンバーガーやフライドポテトなどマクドナルドの商品，および牛乳やベビーキャロットといったマクドナルド商品ではない食品も含まれていた．その結果，マクドナルド商品でない食品も含め児童はロゴ容器に入った食品のほうがおいしいと評価した．ブランドが食品評価に強い影響を及ぼすことがこれらの実験例からも伺える．

ただし，ブランド情報は食味評価の素人には「このブランドの製品であればおいしい」といった単純な光背効果を生じさせやすいものの，食味評価の熟練者 (expert) には総合的な食味評価を行う上で参照する外的情報のひとつといった位置づけとなる．たとえば D'Alessandro & Pecotich (2013) の実験において，ワインテイスティングの素人はフランス産と教示されたワインの品質や価値を高く評価したが，熟練者は逆に品質や価値を低く評価した．これは熟練者が産地情報に加え，品質から推定される価格帯情報などの知識もふまえて，「この程度の価格帯のワインであれば，フランス産よりも他の国のほうがよいはず」といった構えでワインの品質を評価したからではないかと考察されている．熟練者も食味評価に外的情報を用いるものの，光背効果のように情緒的 (affective) ではなく，より認知的 (cognitive) な手がかり (Obermiller & Spangenberg, 1989) として利用しているものと推察される．

3.2.3 食品購買意欲における倫理的動機

近年,フェアトレード (fair trade) やレインフォレスト・アライアンス (rainforest alliance),カーボンフットプリント (carbon footprint) といった環境配慮性を付加価値とする食品を見かける機会が多くなった.環境配慮性は食品自体の味や品質の良さに直接的に結びつく属性ではない一方で,従来品より価格が高いことが多い.それにもかかわらず消費者はこれら環境配慮性の高い食品に対する関心や購買意欲が高いことが多くの調査で示されている (De Pelsmacker et al., 2005 ; Loureiro & Lotade, 2005 ; Arnot et al., 2006 ; Langen, 2011).

環境配慮食品に対する消費者の高い購買意欲については,従来,倫理的動機 (ethical motives) が大きく影響するものと考えられてきた (Mahé & Muller, 2007).一方で,近年の研究により倫理的動機以外の要因も購買意欲に影響を及ぼしていることが明らかになってきた.たとえば Bratanova et al. (2015) は,欧州における消費者のフェアトレード製品購買の増加率が他の環境配慮行動 (リサイクルなど) と比較しても高いことから,倫理的動機だけではない動機があると考えた.そこで,環境配慮製品であることが光背効果となって食味評価を高め,それにより継続的な環境配慮食品購買がなされるのではないかと仮説を立て,調査と実験によりこれを検証した.その結果,彼女らの予測どおり環境配慮食品を購入することへの倫理的満足感が食味に対する期待を高め,その期待が実際の食味評価を高め,さらにその食味評価が製品の購買意欲を高めることが示唆された (図 3.3).人は"道徳心も一緒に味わっている (savoring morality)"のである.

また,積極的な倫理的動機のみならず,他者の目を気にして環境配慮食品を選択するといった評価懸念に基づく購買動機があることも知られている.Kimura et al. (2012a, 2014) は,チョコレートの商品選択場面において,自分自身の商品選択が他者に知られる可能性がある場合や,店員の顔のイラストがある状況で選択する場合に,フェアトレード製品が選択されやすくなることを示した.自分の商品選択が他人からどうみられるかといった評価懸念も環境配慮食品の購買意思に影響を及ぼしているこ

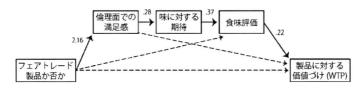

図 3.3　環境配慮食品の購買意欲モデル (Bratanova et al., 2015)
モデル内の実線は有意であったパス (脇の数値は β 係数) を,点線は有意でなかったパスを表す.

とが伺える．倫理的消費（ethical consumption）においては，意欲はあるものの金銭的コストや時間的コストの問題からなかなか実行には至らないという「実行ギャップ（implementation gap）」が問題となりやすい（Williams et al., 2015）．評価懸念などの外的動機も倫理的消費の意欲を向上させるという上述の知見もふまえ，消費者の倫理的消費行動を規定する内的・外的要因についてさらなる検討が必要であろう．

3.2.4 食品に関する情報が食品評価に及ぼす効果

スーパーマーケットなどで多数の類似商品の中からある商品を選ぶにあたっては，食品のパッケージに記載されている諸々の食品表示が意思決定にかかわってくる．消費者行動研究の観点から考えると，食品について可能な限り詳細な情報を添付することが必ずしも消費者の助けになるとも限らない．参照可能な情報量の増加は，消費者の情報オーバーロード（information overload）を誘発するおそれがあるからである．すなわち，消費者は商品に関する最大限の情報を欲し，それらを商品選択の意思決定に用いようとするものの，実際に多量の情報が表示されると，消費者の情報に対する理解は低くなってしまうという非合理な認知情報処理がある．

たとえば Scammon（1977）は，2つのブランドのピーナッツバターについて，その栄養成分表を実験参加者に提示し，商品選択行動を検討した．この実験では，パッケージに記載される栄養成分表の項目数（4項目条件と8項目条件），および表示フォーマット（推奨一日摂取量の何％かを数値で記載する条件と，「非常によい」「まあまあ」など形容詞で記述する条件）が操作された．実験参加者は2つのブランドのパッケージを見て，どちらの商品が栄養価がより高いかを判断したり，商品選択や情報に対する満足感を評定した．実験の結果，表示フォーマットが栄養価評定の正確さに影響を及ぼし，特にシンプルな形容詞記述のほうが正確な栄養価評定を行えた．一方で，自分の商品選択についての主観的な満足感は，情報量が多く，またパーセント表示で提示された条件のほうが高かった．これには，消費者はパーセント表示に慣れていることや，数値のままで掲載されることでより客観的な情報であると推察され，自分が主体的に意思決定を行っているように感じられることが影響しているのではないかと考察されている．消費者は商品選択時に多くの情報をほしがるものの，実際にはそれら多量の情報をすべて的確に判断した上での意思決定はできてはいないようである．

Kimura et al.（2010）は，このような消費者の非合理な認知情報処理特性をふまえた上で，食品情報を一度にすべて表示するのではなく，段階的に消費者に選択させながら表示させることの有効性を実験で示した．実験では，食品の品質表示基準（JAS法）に基づく食品情報に加えてカーボンフットプリントラベルを付加した多量の食品パッケージ情報をモニタに提示し，商品価値を支払意思法（willingness to pay；WTP，そ

の商品を購入する場合に最大いくらまで支払うかを回答させる方法）で判断させる課題を行った．なお，カーボンフットプリントとは，製品の原料生産から容器の廃棄までにかかる温室効果ガス量を CO_2 値で表示したラベルで，消費者が製品の環境配慮性を購買基準にできるように工夫された制度である．国内ではまだなじみが薄いラベルであったため，実験では製品のカーボンフットプリント値に加え，類似製品の平均カー

コラム4●認知特性と情報処理

2015年6月，E型肝炎ウィルスの感染や食中毒のリスクが高いことを理由として，食品衛生法に基づき豚の肉や内臓を生食用に販売・提供することが禁止された．豚の生食のリスクが高いことは昔から知られており，今さら，といった感があるが，2012年7月に発令された牛の肝臓の生食提供禁止の直後，豚レバ刺しを提供する飲食店が増加したことが一因であるといわれている．筆者も店頭の看板に"豚レバ刺しあります"と掲げられているのを見たことがある．2011年の腸管出血性大腸菌O111によるユッケの食中毒事件の記憶が新しい中，食品衛生責任者がいる飲食店が，なぜよりリスクが高い豚レバ刺しの提供に踏み切ったのか？　それにはヒューリスティクス（規範的な手順によらずに近似的な解を得る解決法）が少なからず影響したのだと想像する．牛肝臓の生食禁止が，"禁止されていない豚肝臓の生食は合法，すなわち豚のレバ刺しなら提供しても問題がない"，という判断を導いたと推測する．消費者も，飲食店で提供されているということへの信頼からか，豚生食の危険を忘れる．行政と飲食店と消費者のいたちごっこだ．

2002年にノーベル経済学賞を受賞したKahnemanによると，人間の意思決定の背景には，ほぼ無意識に実行されるヒューリスティックな過程（システム1）と，時間をかけて分析的に実行される過程（システム2）の2つの認知過程がある（Kahneman, 2011）．人間の日常は矢継ぎ早に意思決定が迫られ，出力が早いシステム1が優れている反面，これには系統的なエラーがある．このエラーをおさえる役割をシステム2が担う．誰しも両システムが共存するが，認知特性には個人差があり，それをおおまかに測定する検査としてCRT（cognitive reflection test）がある．3問からなり，正答数が熟慮性の高さの程度を示す（表 3.1）．アメリカと日本で行ったウェブ調査では，対象者の4割程度が0点で，得点が上がるに従い割合は減少する（Frederick, 2005；Honda et al., 2015a）．筆者らの調査（Honda et al., 2015a）では，農薬残留量に基づく食品の安全性の評定を一般の消費者に行わせると，残留農薬基準の文章のみの説明を読む場合は，CRTが0点の群では安全性評定の正答率は5%にも満たないが，CRT得点とともに正答率が上昇し，3点群では25%程度であった．しかし，説明に直感的に理解しやすいイラストを付加すると0点群でも20%程度の正答率に上がり，CRT得点による差は減少する．

表 3.1 CRT (Frederick, 2005) の日本語訳 (松原他, 2015)

問題1	おもちゃのバットとボール合わせて1.10ドルです．バットはボールより1ドル高いです．ボールの値段はいくらですか？ 直感的回答（誤答）：0.1ドル，正答：0.05ドル
問題2	5個の製品をつくるのに，5台の製造機で5分かかります．100台の製造機で100個の製品をつくるのに何分かかりますか？ 直感的回答（誤答）：100分，正答：5分
問題3	池の中に蓮が生えています．蓮の葉は毎日，倍の大きさになっていき，48日目に蓮の葉が池全体を覆い尽くすとします．では，池の半分が蓮の葉で覆いつくされるのは何日目でしょうか？ 直感的回答（誤答）：24日目，正答：47日目

　また，Honda et al. (2015b) は職業の違いによる個人間の知識の違いが食品情報理解に与える影響について分析を行った．この研究では，放射線汚染されたとされる架空の食品へのリスク認知を職業の違いから分析した．その結果，リスク認知は職業に依存して異なり，特に放射線に対する知識量によってリスク認知は変化していることが示唆された．

　IT技術の発達により，われわれはさまざまな情報を簡単に得ることが可能になった．Googleなどの検索エンジンを用いて，自分が知りたいキーワードを検索すれば，多くの専門的な情報が即座に手に入る．食に関する情報も例外ではない．しかし，発信者が意図したとおりにはなかなか理解されにくい．近年はTwitterやFacebookなどのソーシャルメディアを多くの人が用いて情報発信を行うために，情報伝播の速度が非常に速い．誤った情報の伝播も非常に速く，食品の風評被害を招いている．主義主張による違いはあってしかるべきだが，客観的な事実の誤認やデータの読み間違いによる理解のギャップはいずれも避けたいところである．こうしたギャップを減らすために，情報発信の際には認知特性に配慮することも有効な手段になりうるかもしれない．

［和田有史・本田秀仁］

引用文献

Frederick, S. (2005). Cognitive reflection and decision making. *Journal of Economic Perspectives*, 19, 25-42.
Honda, H., Ogawa, M., Murakoshi, T., Masuda, T., Utsumi, K., Park, S., ... Wada, Y. (2015a). Effect of visual aids and individual differences of cognitive traits in judgment on food safety. *Food Policy*, 55, 33-40.
Honda, H., Ogawa, M., Murakoshi, T., Masuda, T., Utsumi, K., Nei, D., & Wada, Y. (2015b). Variation in risk judgment on radiation contamination of food：Thinking trait and profession. *Food Quality and Preference*, 46, 119-125.
Kahneman, D. (2011). *Thinking, fast and slow*. New York：Farrar, Straus and Giroux.
松原　和也・杉山　洋・村越　琢磨・増田　知尋・本田　秀仁・和田　有史 (2015)．高齢者の認知傾向とインターネットでの購買行動の関係　映像情報メディア学会誌, 69(9), J271-277.

ボンフットプリント値や，制度そのものの解説情報もあわせて記載した．この詳細なカーボンフットプリント情報について，実験参加者が画面上のボタンをクリックすることで段階的に表示される能動検索条件と，すべての詳細情報がはじめから一様に表示される受動検索条件が設定された．実験の結果，受動検索条件の実験参加者はカーボンフットプリント情報に記載された商品の環境配慮性について理解しておらず，また商品価値の判断にもカーボンフットプリント情報が反映されなかった．これは情報オーバーロードによるものと考えられる．一方で，能動検索条件の実験参加者は商品の環境配慮性を正しく理解し，またカーボンフットプリント値が低い商品の商品価値を高く評価した．

近年，機能性や環境配慮性，社会貢献性など，食品の付加価値を説明するために多くの情報がパッケージに記載される傾向にある．しかし，膨大な情報をただ列挙しても消費者はそれらを正確に理解・評価するものではないということがこれらの知見から伺える．消費者の認知特性を考慮した食の情報発信が求められる（コラム4も参照）．

3.3 他者存在が食行動に及ぼす影響

他者と一緒に食事をする場合にはひとりで食べる場合よりも摂取量が多くなる傾向がある．この食行動における社会的促進（social facilitation）は，他者と会話しながら食事をすることでひとりの場合よりも食事時間が長くなることが摂取量増加につながるとする時間延長仮説（time extension hypothesis）で説明されることが多い．一方で，食事時間以外の要因が食の社会的促進に関与しているとする研究も近年報告されている（Herman, 2015）．ここでは覚醒度の要因と社会的モデリングの要因について代表的研究を紹介する．

古典的な社会的促進研究における単純存在の効果にみられるように，他者存在による覚醒度の上昇がパフォーマンス向上につながるという説が食の社会的促進にもある．Lemung & Hillman（2007）は，未就学児を対象として共食グループサイズがスナック摂取量に及ぼす影響を観察した．その結果，9名の大人数グループで食べる場合のほうが，3名の小人数グループで食べる場合よりも速く，かつ多くのスナックを食べたという．また，食事時間を延長した場合に大人数グループの児童は摂取量が増えたことに対し，小人数グループでは摂取量の増加がみられなかった．さらに，大人数グループのほうが児童間のインタラクションも少なかった．これらの結果は時間延長仮説では説明が難しく，多数の他者がいることによる覚醒度上昇が摂取量増加につながったものと解釈されている．

一方，Hermans et al.（2008）が明らかにした「社会的モデリング（social modeling)」の現象は，共食相手の有無により単純に摂食量が増減するだけではなく，自分と相手との関係性によっても摂取量が調整されることを示唆する．Hermans et al. (2008) は，女子学生が初対面の女性と一緒にチョコレート粒を食べるという状況において，共食者の摂取量の影響を受けるかどうかを実験的に検討した．この実験で実験参加者はテレビコマーシャルの評価課題を行ったあとで休憩室に案内された．休憩室には同じ実験の参加者である女子学生（実際はサクラ）がもう1名おり，15分間の休憩を2人で過ごすこととなった．部屋にはチョコレート粒がたくさん入った器と飲料水が置いてあり，休憩中に自由に食べてよいと教示された．この休憩時間の間に実験参加者がチョコレート粒を何個食べたかが測定されるという実験であるが，共食者であるサクラの体型および摂取量が操作された．体型は同年代女性の平均体型よりもスリムな場合と，同じ女性の腹部にシリコンを巻きつけ平均体型に見せる場合の2条件（スリム体型 vs. 平均体型）があり，またサクラの摂取量は，25個，4個，0個の3条件が設定された．実験の結果，参加者の摂取量には共食者の体型と摂食量との交互作用がみられ，共食者が普通体型の場合にのみ摂取量の効果がみられた．すなわち，普通体型の女性と一緒に食べている場合には，共食者がたくさん食べると実験参加者もたくさん食べる傾向がみられた．一方で，共食者がスリム体型の場合には，共食者がたくさん食べても実験参加者はあまり食べなかった．この結果は，スリム体型の共食者と一緒にチョコレート摂取をする中で，「女性は摂食量が少ないほうがスリムで魅力的」というステレオタイプ的認知が実験参加者の中で活性化され，その結果として食行動の抑制が生じたものと考察される．

　ステレオタイプ活性の効果については，児童を対象とした研究においても類似した知見が得られている．Campbell et al. (2016) はプリンタの品質評価課題と称し，児童に肥満体型のキャラクター，普通体型のキャラクター，マグカップのいずれかが印刷された用紙を見せて印刷の質を評価させた．そのあとで謝礼として器にいっぱいのキャンディを差し出し，好きなだけ取ってよいと伝えた．その結果，普通体型のキャラクター条件とマグカップ条件の児童が受け取ったキャンディの数はそれぞれ平均1.7個と1.6個であったのに対し，肥満体型のキャラクターを見た児童は平均3.8個と，倍以上のキャンディを持ち帰った．これは肥満体型のキャラクターが事前に呈示されたことで不健康な食行動 (unhealthy eating) に対するステレオタイプ的認知が活性化し，不健康食品に対する接近性 (accessibility) が高まったためと解釈される．子どもを健康な食行動に導くためには，子どもの周りにあふれるキャラクターのデザインにまで留意する必要があるのかもしれない．

　以上のように，食品の摂取量は食べるときに一緒にいる他者の影響によっても変化する．これには単純に他者がいることによる社会的促進（単純存在の効果）もあるが，

相手の外見によって活性化される体型ステレオタイプによって促進・抑制される部分もある，というのが現在の見解である．今後はこれらのメカニズムの精査とともに，肥満など不健康な食行動の改善に知見を役立てられるよう，研究の応用的な展開も望まれる．

［木村　敦］

コラム 5 ● ひとはなぜ食べるのか

> 腹がすくから飯を食うといえば，食事はただこれ人生生活の必要で，別になんの味わいも無くなんの楽しみも無いこととなるが，すべての人間のことはからだの欲に心の情が伴うもので，必要半分に趣味半分，住居にしても，着物にしても，それであるから，食事としても同じこと，腹をふくらますばかりのためでないのはむろんである．（堺，1902，p. 360）

社会主義者・堺 利彦の1902年の著作『家庭の新風味』からの一節である．この一節は「食卓を楽むの風」というタイトルがついており，家族の団欒として楽しく食卓を囲むことを推奨している．軽妙な文章で綴られているが，当時としてはなかなか先進的な言説だったのではなかろうか．「ひとはなぜ食べるのか」という問いについて，ここでは「ひとはなぜ"他者との関係を良好にする上で"食べるのか」という側面に着目したい．家族の団欒の他に，友人との食事や部活・サークルの懇親会や歓送迎会，仕事の得意先との会食に至るまで，ひとは相手と親密・良好な関係をつくる場面で「一緒に食べる」ことを選択することが多い．本章の3.3節では共食が食行動に影響を及ぼす事例に焦点をあてたが，当然ながら共食は食行動のみならず相手とのコミュニケーションにも影響を及ぼすものと考えられる．素朴な考えとして，食べている間は話すことができないため，食事は円滑な会話の妨げになるはずである．そのような制約があるにもかかわらず食事が良好な人間関係に寄与すると考えられる要因をいくつかあげてみよう．

第一に，食事はひとにとって快刺激である場合が多いため，快刺激をともにする相手に対する好意度が高まりやすいという連合学習的な側面があろう．ただし，それだけではなく「食事をしながらの会話行為」自体が，食事がない場合よりも親密になりやすい要素を含んでいることを示唆する知見も存在する．たとえば，食べながら話す行為は「発話量の平準化」に寄与するという報告がある（井上・大武，2011）．これは食べるとき（咀嚼中）に発話の中断が生じることで，誰かが長々と話し続けることが減り，食卓を囲む全員が等しく発話できるようになるという知見である．結果的に全員がしゃべりたいことを話せれば，会話に対する満足度も高まるのではなかろうか．他にも，食べる上で視線を食事にも向ける必要があるため，会話中に相手を見る頻度が減るという報告もある（徳永他，2013）．これは，「相手の目を見て話しなさい・聞きなさい」といった会話規範から逸脱することが食事という制約によって「仕方ないもの」として場に共有

されることを示唆するもので，適度な距離感で会話が成立しうることを意味する．関連して，会話が続かない場合などに食事に目をやったり食べたりすることで沈黙の気まずさを緩和する効果などもあるかもしれない．このように，食事をしながらの会話は円滑な会話継続に対する義務感や緊張を低減し，誰もが話し出しやすい雰囲気をつくるのに一役買っていることが伺える．そして，そのような雰囲気の中で相手との距離感が徐々に縮まることで，親密な関係が醸成されてゆくのではないだろうか． [木村 敦]

引用文献

井上 智雄・大武 美香 (2011). 多人数会話における食事の有無の影響――会話行動の平準化―― ヒューマンインタフェース学会論文誌, *13*, 19-29.
堺 利彦 (1902). 家庭の新風味5――家庭の和楽―― 言文社
德永 弘子・武川 直樹・木村 敦・湯浅 将英 (2013). 視線と発話行為に基づく共食者間インタラクションの構造分析 電子情報通信学会誌 *J96-D*(1), 3-14.

引用文献

Aarnio, K., & Lindeman, M. (2004). Magical food and health beliefs: A portrait of believers and functions of the beliefs. *Appetite*, *43*, 65-74.

Arnot, C., Boxall, P. C., & Cash, S. B. (2006). Do ethical consumers care about price? A revealed preference analysis of fair trade coffee purchases. *Canadian Journal of Agricultural Economics*, *54*, 555-565.

Barker, M. E., Tandy, M., & Stookey, J. D. (1999). How are consumers of low-fat and high-fat diets perceived by those with lower and higher fat intake? *Appetite*, *33*, 309-317.

Bratanova, B., Vauclair, C. M., Kervyn, N., Schumann, S., Wood, R., & Klein, O. (2015). Savouring morality. Moral satisfaction renders food of ethical origin subjectively tastier. *Appetite*, *91*, 137-149.

Campbell, M. C., Manning, K. C., Leonard, B., & Manning, H. M. (2016). Kids, cartoons, and cookies: Stereotype priming effects on children's food consumption. *Journal of Consumer Psychology*, *26*, 257-264.

Cavazza, N., Guidetti, M., & Butera, F. (2015). Ingredients of gender-based stereotypes about food. Indirect influence of food type, portion size and presentation on gendered intention to eat. *Appetite*, *91*, 266-272.

D'Alessandro, S., & Pecotich, A. (2013). Evaluation of wine by expert and novice consumers in the presence of variations in quality, brand and country of origin cues. *Food Quality and Preference*, *28*, 287-303.

De Pelsmacker, P., Driesen, L., & Rayp, G. (2005). Do consumers care about ethics? Willingness to pay for fair-trade coffee. *Journal of Consumer Affairs*, *39*, 363-385.

Frazer, J. G. (1922/2009). *The golden bough: A study in magic and religion*. New York: Oxford University Press.

Garcia-Segovia, P., Harrington, R. J., & Seo, H. S. (2015). Influences of table setting and

eating location on food acceptance and intake. *Food Quality and Preference, 39*, 1-7.
Herman, C. P. (2015). The social facilitation of eating：A review. *Appetite, 86*, 61-73.
Hermans, R. C. J., Larsen, J. K., Herman, C. P., & Engels, R. C. M. E. (2008). Modeling of palatable food intake in female young adults. Effects of perceived body size. *Appetite, 51*, 512-518.
唐沢 穣（2001）．ステレオタイプ　山本 眞理子・外山 みどり・池上 知子・遠藤 由美・北村 英哉・宮本 聡介（編）　社会的認知ハンドブック（pp. 108-111）　北大路書房
Kimura, A., Mukawa, N., Yuasa, M., Masuda, T., Yamamoto, M., Oka, T., & Wada, Y. (2014). Clerk agent promotes consumers' ethical purchase intention in unmanned purchase environment. *Computers in Human Behavior, 33*, 1-7.
Kimura, A., Mukawa, N., Yamamoto, M., Masuda, T., Yuasa, M., Goto, S., ... Wada, Y. (2012a). The influence of reputational concerns on purchase intention of fair-trade foods among young Japanese adults. *Food Quality and Preference, 26*, 204-210.
Kimura, A., Wada, Y., Asakawa, A., Masuda, T., Goto, S., Dan, I., & Oka, T. (2012b). Dish influences implicit gender-based food stereotypes among young Japanese adults. *Appetite, 58*, 940-945.
Kimura, A., Wada, Y., Goto, S., Tsuzuki, D., Cai, D., Oka, T., & Dan, I. (2009). Implicit gender-based food stereotypes：Semantic priming experiments on young Japanese. *Appetite, 52*, 51-54.
Kimura, A., Wada, Y., Kamada, A., Masuda, T., Okamoto, M., Goto, S., ... Dan, I. (2010). Interactive effects of carbon footprint information and its accessibility on value and subjective qualities of food products. *Appetite, 55*, 271-278.
Langen, N. (2011). Are ethical consumption and charititable giving substitutes or not? Insights into cosumers' coffee choice. *Food Quality and Preference, 22*, 412-421.
Lemung, J. C., & Hillman, K. H. (2007). Eating in larger groups increases food consumption. *Archives of Disease in Childhood, 92*, 384-387.
Lindeman, M., Keskivaara, P., & Roschier, M. (2000). Assessment of magical beliefs about food and health. *Journal of Health Psychology, 5*, 195-209.
Loureiro, M. L., & Lotade, J. (2005). Do fair trade and eco-labels in coffee wake up the consumer conscience? *Ecological Economics, 53*, 129-138.
Mahé, T., & Muller, L. (2007). Social preferences and experimental auctions for ethical and eco-labelled food. *Proceedings of the conference of the French Economic Association*.
Meiselman, H. L., Johnson, J. L., Reeve, W., & Crouch, J. E. (2000). Demonstrations of the influence of the eating environment on food acceptance. *Appetite, 35*, 231-237.
Mooney, K. M., & Lorenz, E. (1997). The effects of food and gender on interpersonal perceptions. *Sex Roles, 36*, 639-653.
Nemeroff, C., & Rozin, P. (1989). "You are what you eat"：Applying the demand-free "impressions" technique to an unacknowledged belief. *Ethos, 17*, 50-69.
Oakes, M. E. (2004). Good foods gone bad："infamous" nutrients diminish perceived vitamin and mineral content of food. *Appetite, 42*, 273-278.
Oakes, M. E. (2005). Bad company：The addition of sugar, fat, or salt reduces the perceived vitamin and mineral content of foods. *Food Quality and Preference, 16*, 111-119.

Oakes, M. E., & Slotterback, C. S. (2001). What's in a name? A comparison of men's and women's judgments about food names and their nutrient contents. *Appetite, 36*, 29-40.

Obermiller, C., & Spangenberg, E. (1989). Exploring the effects of country-of-origin labels: An information processing framework. *Advances in Consumer Research, 16*, 454-459.

Robinson, T. N., Borzekowski, D. L. G., Matheson, D. M., & Kraemer, H. C. (2007). Effects of fast food branding on young children's taste preference. *Archives of Pediatrics & Adolescent Medicine, 161*, 792-797.

Scammon, D. L. (1977). Information load and consumers. *Journal of Consumer Research, 4*, 148-155.

Stein, R. I., & Nemeroff, C. J. (1995). Moral overtones of food: Judgments of others based on what they eat. *Personality and Social Psychology Bulletin, 21*, 480-490.

Vartanian, L. R. (2015). Impression management and food intake. Current directions in research. *Appetite, 86*, 74-80.

Wansink, B., Payne, C. R., & North, J. (2007). Fine as North Dakota wine: Sensory expectations and intake of consumption food. *Physiology & Behavior, 90*, 712-716.

Williams, L. T., Germov, J., Fuller, S., & Freij, M. (2015). A taste of ethical consumption at a slow food festival. *Appetite, 91*, 321-328.

参 考 文 献

Basow, S. A., & Kobrynowicz, D. (1993). What is she eating? The effects of meal size on impressions of a female eater. *Sex Roles, 28*, 335-344.

Chaiken, S., & Pliner, P. (1987). Women, but not men, are what they eat: The effect of meal size and gender on perceived femininity and masculinity. *Personality and Social Psychology Bulletin, 13*, 166-176.

Vartanian, L. R., Herman, C. P., & Polivy, J. (2007). Consumption stereotypes and impression management: How you are what to eat. *Appetite, 48*, 265-277.

04 食行動の心身統合的理解

4.1 食行動の人間科学的意義

われわれは毎日食べるという行動を1日数回繰り返している．なぜ食べるのかということを考え出すとその理由は枚挙にいとまがない．生物学では，外界から栄養分を摂取し，身体に取り込んだり，身体に蓄えたりすることを同化（anabolism），身体に蓄えていた栄養分を使って呼吸などのエネルギーに変えることを異化（catabolism）と呼んでいる．心理学でも（日本語に限定的であるが），同化（assimilation）や異化（dissimilation）という用語を用いて，人が環境や文化をどのように取り入れ，適応していくかという概念を表すことがある．本章では同化（上に述べた両者の同化）という概念を中心に，食行動を論じていきたい．

さて，筆者は食べる理由について，図4.1に示すようなモデルを使って考えている（たとえば坂井，2012；Sakai, 2014）．このモデルは心理学者のマズロー（A. H. Maslow）の欲求階層説をベースにしている．マズローは，人の動機づけを大きく欠乏を満たすという形の基本的欲求と，基本的欲求が満たされたあとに生じる成長欲求とに分けた（Maslow, 1970）．基本的欲求はさらに生理的欲求，安全と安心の欲求，愛と所属の欲求，尊敬と承認の欲求，自己実現の欲求に細分された．これらはのちに詳しく説明するが，最初に簡単にまとめておくと，生理的欲求は「おなかを満たすために食べる」，安全と安心の欲求は「身体に害のないものを食べる」，愛と所属の欲求は「皆が食べているものを食べる」，尊敬と承認の欲求は「皆が食べることができないものを食べる」，自己実現の欲求は，「自分が食べたいものを食べる」というような意味をもっている．

成長欲求については自己を成長させたい，真実に迫りたい，創造的でありたいなどの欲求が含まれる．このことから，食の場面では，たとえば体型のことを考えて食べるものや食べ方にこだわるなどの行動や，一流シェフが究極のメニューを創造すること，健康的な食へのこだわりなどがあてはまるのかもしれない．いずれにせよ，成長欲求は観念的・信念的なものが中心となるため，人によってさまざまであるし，筆者

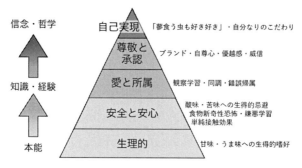

図 4.1　マズローの欲求階層説に基づいた食行動の欲求階層

では想像もできないこともあるかもしれない．そこで，本章では，食における基本的欲求を中心に論を進めていくことにしたい．

4.2　生理的欲求と食行動

多くの人が，食べる理由として直感的に思い浮かべるのは「おなかが空いたから」であろう．このような食行動の開始は図 4.1 では生理的欲求の階層に含まれる．乳児が乳や睡眠，おむつの不快感除去などを求めるように，人は「空腹を満たすために食べる」というものである．本節では栄養素，空腹感，食行動の動機づけなどをキーワードとして，ヒトの食行動を生物学的な観点も含めて説明する．

4.2.1　栄養素と基本味

われわれの身体は摂取した食物によって形成されている．同化の対象となる栄養分には，糖質，タンパク質，脂質の三大栄養素がある．糖質と脂質はエネルギー源として，タンパク質は身体をつくる細胞などの原料として，いずれも大事な役割をもっている．第 2 章で紹介されている味覚（基本味）で検知できるのは，このうち糖質とタンパク質である．脂質については味覚レベルでの検知メカニズムはよくわかっていないが，他の 2 種類の栄養素についてはよく知られている．

糖質はブドウ糖という形で身体に取り込まれる．そのため，食物が糖質を豊富に含んでおり，ヒトがその食物からブドウ糖を補給できるときには，甘味がそのシグナルとなっている．一方で，糖質を多く含むが，その食物からヒトがブドウ糖を取り込むことができない場合（たとえば，紙や木の皮など）には，ヒトはその食物を摂取しても甘味は感じない．また，タンパク質はアミノ酸から構成される分子であるが，ヒトはアミノ酸をうま味として検知することができる．つまり，甘味とうま味はそれぞれ

ヒトにとって必要な栄養分のシグナルであるため，好まれる味覚だといえる．実際に新生児は（不幸なことに脳の形成が不十分な状態で生まれた子どもであっても），甘味やうま味を口の中に入れられると，微笑むような表情をみせるし，このような反応は他の雑食性動物であるラットやサルでもみられる（Steiner et al., 2001）．そのため，甘味やうま味に対する嗜好は生得的なものだと考えられる．

　また，ヒトに必要な栄養素は他にもある．代表的なものとしてミネラル分について説明しよう．ヒトも他の動物と同じように生物電気によって生きている．この生物電気は細胞内外のイオン濃度の差によって生じている．このようなイオン濃度をつくり出す鍵となるのが，ナトリウムやカリウム，カルシウムなどのイオンである．このような理由のため，ヒトは適切な濃度（上限は体液くらい）のミネラルを含む塩味を呈する食物に対して，生得的な嗜好を示したり，塩分欠乏の状態になると塩分を選択的に摂取する．しかしながらこの嗜好は場合によって高血圧につながり，さまざまな病気の原因ともなってしまう．

4.2.2　空腹の生理機構

　上記したように，ヒトは身体の維持に必要な栄養素が欠乏したときにそれを補給するために食べることがある．では，栄養素の欠乏はどのようなしくみで検知され，食行動を開始させるのであろうか．

　簡単にまとめると，身体にはそれぞれの物質の最適量（セットポイント）がある．この値と内部状態とがある程度乖離した場合に食行動が開始される．食行動によってその物質が体内に取り込まれ，最適量と差がなくなると，食行動は停止される．このような形の食行動はヒトのホメオスタシス（恒常性維持；図 4.2）のための行動のひとつといえる．では，どのような物質が食行動を開始させたり，停止させたりするのであろうか？

　先に述べた観点から容易に推察できるのは，ブドウ糖（血液中のブドウ糖は血糖とも呼ばれる）や脂質（血液中では遊離脂肪酸という形で存在する）である．古くはブドウ糖や遊離脂肪酸が摂食中枢に働きかけ，食行動の制御が行われると考えられていた．もう少し具体的に説明すると，摂食中枢は視床下部外側野にある空腹中枢と，視床下部腹内側野にある満腹中枢とにより構成され，それぞれの部位で血液中のブドウ糖や遊離脂肪酸による食行動の開始と停止が制御されていると考えられていた（図4.3）．しかしながら，現在では食行動の制御はそれほど単純ではないことがわかっている．

　現時点で考えられている有力なモデルは，身体に貯蔵された脂肪が食行動をコントロールするというものである（Shizgal & Hyman, 2012）．摂食後体内に取り込まれた

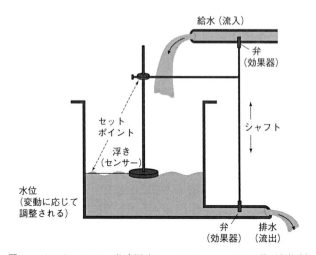

図 4.2 ホメオスタシスの概念図（Shizgal & Hyman, 2012 に基づき作成）
水が流入し，流出するような容器内において，水の量を一定に保ちたい．そのためには，水位を測る装置（センサー）が必要で，そのセンサーの出力に基づいて弁（効果器）の開閉がなされるような装置が必要となる．

　ブドウ糖はインスリンによって，主に脂肪細胞に中性脂肪として貯蔵される（同化）．このとき脂肪細胞からレプチンが放出される．このレプチンは満腹信号であると目されている物質のひとつである．血液中にレプチンのないヒトは，出生時には通常体重であっても，幼少時から太りはじめ，思春期には食欲が亢進し肥満になってしまう．ラットの実験ではレプチンは脳の視床下部弓状核（図 4.3）で受容され，その情報が視床下部外側野に伝達されると，摂食行動が停止することが実験により確かめられている．同じような食行動の制御は，インスリンというホルモンによっても確認されている．これら 2 種類の物質の機能の違いについて，レプチンは皮下脂肪の量を反映し，インスリンは内臓脂肪の量を反映するものという考え方もあるようだ（Pinel, 2010）．レプチンやインスリンは，コカイン・アンフェタミン調整転写産物や α-メラノサイト刺激ホルモンなどの脳内ペプチドを通じて，食行動を停止したり，代謝を促進する．

　一方，ラットを対象とする実験からアグーチ関連ペプチドやニューロペプチド Y などの脳内ペプチドがやはり視床下部弓状核で受容され，視床下部室傍核（図 4.3）を活性化することにより，摂食行動を開始させることが見いだされている．しかしながら，これらの物質がヒトの食行動でも同じような機能を担っているか否かは現時点では確認されていない．

　さらに，最近では胃腸管における食欲の調整も注目されている（Shizgal & Hyman, 2012）．胃腸管と脳の両方に共通してみられるホルモン（総称して脳腸ホルモンと呼

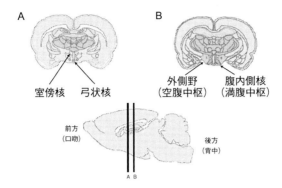

図 4.3 ラットの視床下部における食行動のコントロールのしくみ
従来はBに示す視床下部外側野が空腹中枢,視床下部腹内側核が満腹中枢,あわせて摂食中枢と呼ばれていた.最近の発見により,Aに示す視床下部弓状核や室傍核の役割の大きいことが明らかになってきた.

ばれている)の存在は比較的古くから知られている.本節ではその脳腸ホルモンのうちコレシストキニン(CCK)とグレリンについて簡単に解説する.CCKは食事中に胃腸管から分泌され,迷走神経を介して脳に働きかけ,食事を終了させる.一方で,グレリンも胃腸管から分泌されるが,グレリンは前の食事が終わってから徐々に分泌され,食事開始前にピークに達する.これらのことから,CCKは満腹信号,グレリンは空腹信号として機能している可能性が示唆されている.さらに,これらの物質は先に述べたレプチンやインスリンと相互作用をみせることも知られている.CCKやグレリンは胃や腸に食物のある状態を反映しているため短期的なシグナルで,インスリンやレプチンは脂肪細胞などにおけるエネルギーの蓄積状態を反映しているので長期的なシグナルであるとも考えられる.ラットやマウスの研究に基づいて,食欲の調整にかかわると考えられる物質の例を表4.1にまとめた.

また,消化管にも味覚受容体の存在が発見されている.これらの味覚受容体に食物から遊離したブドウ糖やグルタミン酸が結合すると,脳腸ホルモンやインスリンなどの放出が促進されることがラットを使った実験からわかっている(岩槻他,2011).われわれが食物を摂取したときに主観的に感じる「味」の大部分は味覚ではなく,嗅覚によるものである(坂井,2018).このことはたとえば,風邪をひいたり,花粉症を患ったりしたときに食物の味を感じにくくなることからも理解できるだろう.さらに,極端な例では食物の味の認知には味覚は必要ではないような事例(坂井,2016a)も報告されている.たとえば,ただの炭酸水に香料(レモン香料が多い)を入れただけで,「レモン味」の飲料として販売されている商品の存在がそのことをよく示して

表 4.1 食行動のコントロールにかかわる可能性が高いと考えられている神経ペプチドや脳腸ホルモンの例（Carlson, 2013に基づき作成）
ゴシック体は本文中で解説した物質、明朝体は本文中では触れなかったが食行動にかかわることが有力視されているものを示す。

脳神経系のペプチド

名称	産出場所	作用場所	他のペプチドとの相互作用	生理的・行動的効果
ニューロペプチドY（NPY）	弓状核	室傍核・外側野	グレリンにより活性化	食行動開始、代謝を抑制
アグーチ関連ペプチド（AGRP）			レプチンにより活性化	
コカイン・アンフェタミン調整転写産物（CART）	弓状核	室傍核・外側野、中心灰白質、交感神経系	レプチンにより活性化	食行動停止、代謝を促進
α-メラノサイト刺激ホルモン（α-MSH）				
メラニン凝集ホルモン	外側野	大脳新皮質、中心灰白質、毛様体、視床、青斑核、交感神経系	NPY・AGRPにより活性化、レプチンやCART・α-MSHにより抑制	食行動開始、代謝を抑制
オレキシン				

末梢性のホルモン

名称	産出場所	作用場所	生理的・行動的効果
レプチン	脂肪組織	弓状核のNPY・AGRP細胞を抑制、弓状核のCART・α-MSH細胞を活性化	食行動停止、代謝を促進
インスリン	膵臓		
グレリン	胃腸管	弓状核のNPY・AGRP細胞を活性化	食行動開始
コレシストキニン	十二指腸	幽門（胃）の神経細胞	食行動停止
ペプチドYY	胃腸管	弓状核のNPY・AGRP細胞を抑制	食行動停止

いる．これらのことも考えあわせると，味覚の真の役割は食物の味の認知ではなく，食物の身体への同化の促進という機能といえるかもしれない．

4.2.3 空腹感

そもそも空腹感とは何だろうか？　前項に述べたように，摂食行動は摂取した食物に含まれる栄養素が体内に吸収されたというシグナルによって停止され，前の食事からある程度の時間が経ったというシグナルによって再び開始される．消化管が食物によって満たされることを意味する満腹や，消化管に食物がないということを意味する空腹は 100 年前に提唱された食欲調整の末梢説では重要視されていた．現代に生きるわれわれも，おなかが空いたという表現をとることが多い．このような素朴心理学的な生理メカニズムとして，当時は空腹が大いに注目されていた．

しかしながら，現実世界でおなかが空になることがそれほど頻繁にあるだろうか？たとえば，健康診断や人間ドックの前に 12 時間以上の絶食が求められることがある．12 時間も経てば血糖が底を打った状態で一定になり，胃からはほとんどの食物がなくなるという医療的事実に基づくものである．これが空腹という状態であるなら，さて現代の人間生活では空腹とは現実的なものだろうか？　すなわち通常生活において，前の食事から 12 時間以上経たないと次の食事を食べることができないという状況が毎日ある人はいるのだろうか？　このように考えると，「空腹だから食べる」という論理は成り立たなくなってしまう．ではなぜ，「空腹」でないにもかかわらず，空腹感を抱いてしまうのであろうか？

まず空腹感は，生理的に知覚されるものというよりは経験によって形成された学習である可能性が高い（今田，1997）．ヒトは先読みをすることによって淘汰圧を耐えてきた動物の生き残りである．そのため，食行動だけでなく，いろいろな場面で先読みつまり予期の高い能力を活用する傾向にある．そのような中に，実際は消化管の中に食物が残っていても，次に食事をとるタイミングが制限されているときや目の前においしそうな食物が出されたときに，つい食べてしまうという能力も含まれるのであろう．時間や食物の見た目・においなどによって開始される食行動を外発的摂食と呼び，空腹シグナルなどに動機づけられて開始される食行動と区別することもある（Schachter & Rodin, 1974）．Wansink は，このような外発的摂食がどのような条件で喚起されるかということをさまざまな実験から確認した（レビューとして Wansink, 2004 あるいは Wansink, 2006）．結果として，アメリカ人は自分の食べたものの量がわからないとつい食べすぎてしまったり，目の前にお菓子があるとついつまんでしまったりすることが明らかとなった．反対に，人はおなかがいっぱいにならなくても，摂食を停止することもある．たとえば，目の前の皿にチョコレートが山盛り

になっていて，好きなだけ食べてよいといわれたとしよう．最初はチョコレートのおいしさに次から次へと口に運んでいても，そのうちにおなかがいっぱいになった気分になる．このとき，隣の皿にポテトチップスなど塩味の食物があると，チョコレート，ポテトチップス，チョコレート，と無限に食べられそうな気分になる．つまり，チョコレートでおなかがいっぱいになったから食べられなくなったわけではなく，チョコレートの味に飽きてしまって，それ以上食べられないと思ったのである．このような現象は感性満腹感（Rolls, 1986）と呼ばれており，食物のにおいを嗅ぐだけ（Rolls & Rolls, 1997），見るだけ（加藤・大竹，2012），さらには食物を摂取しているところを想像するだけ（Morewedge et al., 2010）でも，その食物に対する摂取量が低下することも知られている．

　さらに空腹・満腹がホメオスタシスのしくみで厳密にコントロールされているのであれば，病的な肥満や痩せなどはホメオスタシスに異常がない限りは生じないことになってしまう．しかしながら，実際には加齢に伴う肥満や若い人たちの痩せなどが健康問題となっている．このような矛盾はなぜ生じるのであろうか？　現時点ではこの矛盾を説明しようとするいくつかのモデルが存在する．たとえば，Pinelは「水漏れ樽モデル」を使ってそのメカニズムを説明しようとしている（Pinel, 2010）．このモデルでは身体に蓄えられた脂肪（エネルギー源）を樽に貯まっている水にたとえている．樽には水道からホースを使って水が注がれているが，これは摂取されたエネルギー量のたとえである．また，この樽には割れ目があり，そこから水が漏れている．この漏れた水は，消費されるエネルギー量を意味している．水を注げば，樽に水が貯まる．貯まった水は割れ目から漏れ出る．注がれる水の量が多ければ樽に貯まる水の量は増えるし，水が注がれなければ樽の中にある水の量は少なくなる．また，割れ目を塞げば水は貯まる一方だし，割れ目を大きくすると貯まる水の量は少なくなる．つまり，食物の摂取量が多ければ身体に貯蔵される脂肪量は増えるが，運動などでエネルギー消費量を増やせば身体に貯蔵された脂肪量は減るというわけである．Pinelの工夫は，水道につながっているホースの一部が樽によって踏まれているという設定をしたことであろう．このことによって，樽の中の水の量が増えるとホースにかかる圧力が増し，水道から樽に注がれる水の量が減るという特徴が生じる．つまり，注がれる水の量が増えた場合，樽の中の水の量は一時的に増えるが，ホースが押されることで入る水は調整され，水位の上昇に伴って割れ目から出る水の量も増える．結果として，樽の中の水の量はある程度増えたところで安定する．このようなモデルを設定すれば，水の量が一定のセットポイントに調整されず，ある値近傍に自然に収まってくる現象を説明できる．体重も水漏れ樽と同じようなしくみで，セットポイントに調整されるのではなく，自然とある値に安定していくのだとPinelは説明している．このモデルから

体重の増減を説明すると,摂取量が多少増減しても体重の急激な増減は生じにくいこと,そのため摂取量の多い状態が続くと気づかないうちにより重い体重周辺で安定してしまうことなどが理解できる.このモデルの詳細な解説については今田（2005）で論じられているので,詳しいことを理解したい方はそちらを参照されたい.

　本章では,アロスタシス（allostasis）という概念を用いたモデルを紹介しよう.アロスタシスとは生理的な機能を変化させることによってホメオスタシスを維持することを指す(McEwen & Lasley, 2002).たとえばヒトはストレスを感じるとコルチゾールやアドレナリンなどの分泌量を増やすことによって,心身を安定化させる.しかしながら,ストレスが過剰にあるいは頻繁に生じる場合,それらの物質が過剰になり,結果として不眠や皮下脂肪の蓄積,記憶障害など心身に不調をきたすようになる.この状態をアロスタティック負荷と呼ぶ.多くの研究のレビューから,コルチゾールなどのストレスホルモンの分泌量と腹部の体脂肪や肥満との間に強い関連性が見いだされている（Bjorntorp, 2001）.さらにコルチゾールなどの糖質コルチコイドはニューロペプチドYに起因する食行動を亢進させ,満腹信号であるレプチンに反応しない肥満を生じさせる可能性も示唆されている（McEwen & Lasley, 2002）.おそらくストレス誘発性のやけ食いなどはこのような生理的基盤によって生じているのであろう.

　さらに,アロスタティック過負荷という概念も提唱されている.アロスタティック負荷の状態になると,ストレスに対応する適切な量の食事（通常状態に比べると多い量）を摂取するようになり,脂肪などの蓄積が促進される.しかしながら,その行動と社会的な通念（痩せを良しとする風潮）とは相容れない.そのため,葛藤が生じ,その結果としてアロスタシス反応がさらに促進され,過剰になってしまうというのである（McEwen & Wingfield, 2003）.アロスタティック過負荷の状態は,肥満だけでなく,付随する生活習慣病（高血圧や糖尿病,動脈硬化）などの深刻な病気を引き起こしかねない.このように,肥満や生活習慣病は,日々のストレスに対してホメオスタシスを維持しようとするアロスタシス反応の副作用と考える研究者もいる.このアロスタティック負荷の状態は,実際にストレスに晒されなくとも,悪い状況を想像しただけでも促進されるともいわれている（McEwen & Lasley, 2002）.ただし,アロスタティック負荷が適度に作用すると,優れたパフォーマンスを導くため,その程度を適正なレベルに維持することが重要であると考えられている.

4.3　安全と安心の欲求と食行動

　マズローの欲求階層説に基づくと,「生理的欲求」に続く階層は「安全と安心の欲求」である.世話をしてくれる人であれば誰でもよいという新生児期を過ぎて現れる,よ

り慣れ親しんだ養育者に世話をしてもらいたいという欲求である．この欲求の階層にあてはめながら，ヒトの食行動を理解してみよう．

4.3.1　味覚による忌避

先にヒトは生得的に甘味やうま味，ある程度までの塩味は好むということを述べた．それらの食物は同化すべきものだからである．反対に，ヒトは強い塩味や酸味，苦味を生得的に好まない．これらの味溶液を口の中に入れられた新生児は口を尖らせたり，嫌悪の表情をうかべるなど，明らかに嫌がっている様子をみせる（Steiner et al., 2001）．この理由として，強い塩味をもつものは身体のミネラルバランスを崩し，脱水などの症状を引き起こすこと，酸味は腐敗したものや未熟なものが呈する味であること，苦味は神経などに作用する毒物が呈する味であることなどが考えられている．同じような行動は，脳の形成が不十分な子どもやラット，サルなどでもみられる（Steiner et al., 2001）ため，この行動は脳幹などで反射的に生じるものだと考えられている．つまり，強い塩味や酸味，苦味などを呈する食物は身体にとって危険で，そのような食物は同化すべきではないので，生得的に避けるシステムが備わっているというわけである．

ピータータンという造語をご存知だろうか？「（子供のまま大人にならない）ピーターパンのような舌（タン）」という意味だそうだ（原田，2015）．本来，新生児期にみられるこうした味の嗜好性は成長とともに変化し，やがて苦味を含む食物を克服するようになることが知られている（詳細は 5.3 節参照）．しかし近年では，ビールやコーヒー，菜の花やゴーヤなど，苦い食物を苦手とする若者が増えており，そのことが社会問題視されている．

4.3.2　食物新奇性恐怖

はじめて接する味に対する拒否もヒトを含めた雑食動物に広くみられる．このときの味は，味覚だけでなく，嗅覚や食感などを含めた広い概念である．この現象は食物新奇性恐怖と呼ばれている（レビューとして Dovey et al., 2008）．たとえば外国人がネバネバと糸を引く納豆が嫌いなことも，日本人の多くが昆虫を食べたくないと思うことも，この食物新奇性恐怖により説明できる．いうまでもなく，子どもは多くの食物がはじめて接する味のものであるため，食物新奇性恐怖が生じやすいが，一方で，後述するように胎児のときに母親が摂取したもの，母乳に溶け込んだ母親が摂取した食物の風味などに対しては新奇性恐怖が生じないことも報告されている（Mennella et al., 2001；5.3 節も参照）．

4.3.3 食物嫌悪学習

はじめて摂取したときに嘔吐をしたり，むかつくといった気分不快感を経験した場合，その食物に対して嫌悪を抱くこともある．この現象は食物嫌悪学習と呼ばれている（レビューとして坂井，2000；Chambers, 2015）．たとえば，筆者の場合，若い頃に飲み慣れない焼酎をしこたま摂取し，急性アルコール中毒になってしまった結果，25年以上経た今でも焼酎のにおいを嗅ぐと吐き気を催す．その一方で，ビールやワインなど飲み慣れたものであれば，飲みすぎて気分の悪くなる経験をいくら積んでも，味わっただけでは吐き気を催すことはない．

この食物嫌悪学習は，その食物が原因で嘔吐や悪心(おしん)が引き起こされたわけではないということを知っていても自動的に形成される．そのため，古典的条件づけの1パターンであると考えられている．しかしながら，典型的な古典的条件づけではみられないような1回の経験での獲得や，食物摂取と嘔吐・悪心の時間的遅延の長さ，摂取後のアレルギーや腹痛では生じない選択的連合などの特徴も備えている（坂井，2000）．これらの特徴は，身体を守るという観点からは重要なことであり，ヒトだけでなくラットやコヨーテなどでもみられる現象である．

食物新奇性恐怖や食物嫌悪学習などが子どもの偏食の原因であると考える研究者もいる（たとえば Blissett & Fogel, 2013）．実際，学生を対象に食物の好き嫌いを質問紙で調査すると，苦手な食物として食べたことのない食物や子どものときに食べて嘔吐した経験のある食物などがよくあげられる．どのようにすれば，それらの苦手な食物を食べられるようになるのだろうか．今までさまざまな研究がなされてきたが，結論としては，本人が自分でじっくりと味わうという経験を何度も繰り返すしかなさそうである．たとえば，新奇な食物や子どもが嫌いな食物を見せたり，においを嗅がせたりするだけでは嗜好は獲得させることができず，8～10回ほど提示し，自分自身でしっかりと味わわせてはじめて嗜好を獲得させることができたという報告がある（Birch et al., 1987）．一方で，実際の生活場面では，このような忌避の対象となる食物を目の前にして困っている子どもに対して，大人が強制的に食べさせようとする行動も多くみられる．そのような場合，強制されたというネガティブな感情とその食物とが連合されるため，食べることができるようになるどころか反対に，その食物に嫌悪を生じさせてしまうことさえある（Birch & Fisher, 1996）．実際，学生を対象とした質問紙では，嫌いな食物の理由として「学校給食のときに食べることを強制されたから」という回答が非常に多く見受けられる．

4.3.4 単純接触効果

ここまで食の忌避について述べてきたが，「安全と安心の欲求」に基づく食の好み

にはどのようなことが考えられるであろうか？　誰にでも共通する食物といえば「おふくろの味」や地域の味であろう．母親がつくってくれる安全なものは安心できる，母親をイメージさせてくれる食物を摂取すると母親と同化したような安心感を感じることができる，慣れ親しんだ地域の味と同化すると安らぎを覚えるなどである．

　このような嗜好の獲得の背後には単純接触効果[1]という現象（レビューとして宮本・太田，2008）があると考えられる．モネル化学感覚研究所のMennellaらは，ランダムに選出した妊娠中の母親を3つのグループに分けて実験を行った（Mennella et al., 2001）．Aグループの母親にはニンジンジュースを妊娠後期の間，積極的に摂取してもらった．Bグループの母親には授乳中にニンジンジュースを積極的に摂取してもらった．Cグループの母親には妊娠中も授乳中も積極的にはニンジンジュースを摂取してもらわなかった．テストでは，それぞれの子どもが6か月齢になったときに，離乳食としてニンジン味のシリアルを食べてもらった．その結果，子どものシリアルの摂取量はA＞B＞Cという結果になった．つまり，妊娠中に母親がニンジンジュースを積極的に摂取した子どもは，母親が積極的にニンジンジュースを摂取しなかった子どもに比べて，はじめて接するニンジン味のシリアルをたくさん摂取した．

　このような単純接触効果による嗜好の形成は大人でも獲得できる．筆者らが行った研究（Sakai et al., 2009）では，女子大学生に「ビタミンCが目に与える効果を測定する」という名目で，新奇な飲料（トロピカルフルーツのジュース）を毎日200 mL以上，5日間飲用してもらった．その結果，5日間の飲用によっておいしさ評定値が上昇し，その飲料に対する嗜好を形成させることができることが明らかとなった．このような嗜好は1か月ほどは継続したが，それ以上続くかどうかは確かめられてはいない．また，このような嗜好の変化は飲み慣れた飲料（市販の飲料）では形成できないこと，最初においしくないと評定された飲料ほど，飲用期間終了後のおいしさ評定値が高い（嗜好の形成が大きい）ことなども明らかとなった．この単純接触効果による嗜好の形成は，飲用するたびにおいしさや強度などの評定を行わせると生じないため，意識させないような条件のもとでの接触経験が重要である．食物に対する単純接触効果はラットなどの動物でもみられる．先に述べたように，ヒトや動物は摂取するものが安全か危険かを知らない状態では，その食物を摂取することを避ける．一方，単純接触効果のように，ある食物を摂取し，その後に不調が生じないことを何度も経験すると，その食物が安全であることを学習する．あるいは意識的な安全学習をしなくとも，その食物に対して敏感な状態（このことを感作という）ではなくなる（脱感作）．食物に対する単純接触効果は，安全学習や脱感作などの一形態である可能性が示唆される．

---

[1] 単純接触効果とは接触経験の多い人や物に対して，人は好意を抱くようになるという現象を指す．

4.3.5 食行動と学習

ここまで述べてきたように，第二階層の「安全と安心の欲求」に基づく食行動は，生得的な本能行動から学習性の行動への移行点にあると考えられる．つまり，口にできるもので必要な栄養素が含まれるものであれば何でもよかったという生理的欲求の階層から，できれば毒物を避け，より好ましい食物を摂取するというさらに環境に適応的な行動をとるしくみを獲得する過程だといえる．幼少時に限られた食物の摂取経験しかなかった子どもは偏食が多くなるといったことの原因のひとつは，この階層での学習の不十分さに帰することができるだろう．とはいえ，この階層においても，食行動の鍵を握っているのは食物である．われわれの食行動は，やはり食物に囚われているのであろうか？

4.4 愛と所属の欲求と食行動

他の人が食べているものを食べたい，あるいは他の人が食べていると食べたくなるという行動はマズローの欲求階層説の第三階層「愛と所属の欲求」に相当する欲求だと考えられる．「愛と所属の欲求」とは，誰かを愛し，誰かに愛されたいという欲求と，ある集団に所属したいという欲求をまとめたものである．たとえば子どもが「皆もっているから買って！」とねだっている様子や，若い女性が今流行りの服装を取り入れないと世間から置いてきぼりになってしまうような気がする様子を想像していただくと理解できるだろう．これまでの欲求階層では，食物を身体に取り込む（同化）ことを扱ってきたが，この階層では自己の社会への適応（同化）という概念へと変化することに注目していただきたい．

4.4.1 観察学習と同調

子どもに嫌いなものを食べさせるための方法としては，この段階の欲求を上手に利用することが有効である．たとえばピーマンの苦手な子どもを，ピーマンを食べられる子どもと一緒にして，ピーマンの入った給食を食べさせる経験を積み重ねると，苦手なピーマンを克服できる子どもは多い（Birch, 1980）．また，子どもにとって新奇な食物を養育者やよく知っている大人がおいしそうに食べていると，自分も食べてみようとする行動をみせる（Addessi et al., 2005；Blissett et al., 2015）．

同じような嗜好の変化は大人の実験参加者でも得られている．さまざまな食物の写真を提示するときに，その食物を食べようとしている人がその食物と一緒に写っている写真を用いると，食物単独の写真を提示したときとは異なる反応が生じることが報告されている（Barthomeuf et al., 2009）．たとえば，その食物を手にとって嫌な顔を

している人が写っている写真をみると，その食物を好きな人でも，その食物を食べたいという気持ちは低くなる．一方で，自分の嫌いな食物でも，写真に写っている人がその食物を手にとって笑顔をみせていると，その食物を食べたいという思いが強くなる．つまり，その食物に対する態度を写真に写っている人に同調させる傾向がみられたのである．

他者の食べているものが気になるのはヒトだけではない．ラットも，仲間のラットが食べた食物を好んで摂取するようになるし，新奇な食物に対して，自分自身で食べた経験がなくても，仲間がそれを食べた経験があることを知っているだけで，食物新奇性恐怖が低減することが知られている（菱村，2000）．従来，このような行動はその食物が安全であるということを観察学習しているものと考えられてきたが，最近，ラットの同調行動という観点から研究されるようになってきた（Galef & Whiskin, 2008；Jolles et al., 2011）．つまり，食物の好みの同調は，単なる食嗜好の変化というだけでなく，社会への同化という，社会的な行動のひとつとしての意味ももっているのかもしれない．

最近になって，このような食の好みの同調がどのようなしくみで生じるのかについての研究もみられるようになってきた．現時点ではミラーニューロンによる動作の同調説と，共食者による規範（どれを食べるべきか，どれを食べざるべきか）の設定説とが有力である．前者が真実であるとすれば，共食の様子をミクロに分析（一口一口何をどのタイミングで食べたかを記録し，比較）したときに，食べている食物が同じかどうかに関係なく食べるタイミングが同じになるはずである．一方，後者が真実であるとすれば，ミクロに分析したときに，時間的な同調ではなく食べる食物が同じものであることがわかるはずである．筆者らが女子大学生のペアを対象に共食をミクロに分析した結果，咀嚼のタイミングや回数が同期する傾向がみられ，前者を支持する可能性が示唆された（坂井，未発表）．一方で，思春期（12〜18歳）の女児と養育者のペアで解析を行った研究では，いつ食べるかという時間的な同調は生じず，何を食べるかという規範的に同調した結果が得られ，後者を支持する結果となった（Sharps et al., 2015）．今後の研究の蓄積と詳細な検討が必要とされる．

4.4.2 錯誤帰属

第3章で紹介されているように，人は誰かと一緒に食べるときには摂取量が増えたり，食への満足度が高まったりする．筆者らの最近の研究から，誰かと一緒に食べたときの食の満足感は，食物そのものへの満足感ではなく，食事の場の共有という満足感の錯誤帰属である可能性が示唆されている（山中他，印刷中）．一方で，食物のおいしさの評価をリアルタイムに行った場合，共食時と孤食時では明確な違いはみられ

ない．つまり，誰かと一緒に食べるときには「愛と所属の欲求」が満たされることによる満足感が生じる一方で，食物そのものへの注目度は低下する．その結果，食物に対する満足感の判断が，食事の場面の満足感と混合されるのかもしれない．

また，子どもの食物の嗜好は，他人とのコミュニケーションによっても形成される．たとえば，スナック菓子を提供するときに，「ごほうびにこのお菓子をあげましょう」といって子どもの行動の強化子としてそのスナック菓子を利用したり，「はい，お菓子」といいながらお菓子を与えた条件では，ロッカーに置いてあるお菓子を自由に食べてよいという条件やテスト時のみに摂取させるコントロール条件に比べて，そのスナック菓子に長く持続する嗜好を形成することができた（Birch et al., 1980）．

大人の実験参加者においても同じような傾向がみられた．スナック菓子を提示されるときに，「あなたにハッピーになってほしくて，このお菓子を選びました」という文言が添付されていると，そのスナック菓子に対する甘さやおいしさ判断は上昇する（Gray, 2012）．これらの研究結果からは，子どもでも大人でも，相手に気にかけられているというポジティブな感情がそのとき手渡しされたお菓子のおいしさを上昇させたといえる．ポジティブな感情の原因は相手に気にかけられているという認識であるはずだが，そのときもらったお菓子がおいしかったからと，誤って解釈され，記憶されるのである．このように，本来の原因ではないものに原因が結びつけられることを心理学では錯誤帰属と呼び，いろいろな場面でみられることが知られている．これらの研究結果は食物のおいしさの記憶においても錯誤帰属が生じる可能性を示唆している．

4.4.3 苦いビールを飲めるようになる理由

考えてみれば，「苦いビールを飲めるようになる」のはこの欲求の階層で解釈できるかもしれない．安全と安心の欲求の階層では苦い食物は毒がある可能性があるから，さらには慣れていない食物や飲料には新奇性恐怖があるから，ビールは忌避される．しかしながら，成人し，周りがビールを飲んでいると，周りへの同調（同化）によりビールを飲みたくなるし，おいしいと思うようになる．さらに，宴会の楽しい記憶がビールのおいしさに錯誤帰属されて，また飲んでみたいと思うようになるのではないだろうか．ただ，ビールを飲めるようになる理由はこれだけにとどまらない．ビールを飲むことができるようになる理由について次の欲求の階層でも引き続き考えてみよう．

4.5 承認と尊重の欲求と食行動

苦いビールを飲めるようになる理由には，大人しか飲むことを許されないものと

いったビールのイメージや，あの苦いビールを飲める大人はかっこいいなどの大人への憧れもあるだろう．苦いビールを少し舐めてみただけでも，「昨日ビールを飲んでみた」と友人にいえば，「お前大人だな」と尊敬の眼差しをもらえたという経験のある人もいるかもしれない．このような自尊心をくすぐられることを求めて食べるという場面が，この欲求の階層に相当する．この他に期間限定，プレミアム，高い値段設定なども，この階層の欲求に訴えかける条件である．

このように考えると，食物はもはや観念的なものとなり，外界と身体との同化という概念は関係のないように思われがちである．しかしながら，筆者はむしろこのような食行動こそ，人の外界と身体の同化と呼ぶにふさわしいものだと考えている．われわれ人は，理想やあるべき姿の自己をイメージし，それに同化しようとして発達していくものだからである．そのような同化には，単なる観念的な同化だけでなく，物理的な同化をも伴う食行動が象徴的な意味をもつと考えられる．

4.5.1　ブランドによる効果

筆者らが行った実験(坂井，2016b)の紹介からはじめよう．女子大学生にS社，T社，D社の3ブランドのコーヒー飲料を摂取させ，そのおいしさを評定させた．なお，評定において，ブランドを明示する条件とブラインドの条件を設けた．その結果，ブラインドではほとんど差がみられなかったが，ブランドを明示するとS社が顕著においしい，T社はもっともおいしくないと判断された．そこで，SD法を用いて，これら3ブランドに対する印象を調査したところ，おしゃれ感がおいしさを高めている要因として検出された．さらに，架空のおしゃれなブランドをつくり，同じような評定実験を行った結果，S社と同じ程度のおいしさと評定された．しかしながら，このテストのときには，実際に摂取したものはT社の飲料であった．これらの実験結果から，この実験に参加した女子大学生は，おしゃれというイメージをおいしさへ投影したことが示唆された．社会的な現象を取り入れて深く解釈すれば，S社などのおしゃれなカフェでお茶をしている自分は素敵だというイメージがあり，おしゃれなカフェのコーヒーを飲むことで，その素敵な自分像と同化させているともいえるかもしれない．

上記のような現象はハロー効果のひとつであると考えられるだろう．ハロー効果とは，あるポジティブで顕著な特性が，その商品や人のもつ別の特性にポジティブな印象を抱かせるようになることを意味する．上記の例もおしゃれというS社のもつポジティブ特性が，S社の別の特性（この場合コーヒー飲料のおいしさ）へと伝播したと考えることができるだろう．コーラ飲料におけるブランドの効果を認知神経科学の観点から検証した研究（McClure et al., 2004）でも，Cokeブランドのコーラは，ブ

ラインド条件ではPepsiと同程度の好まれ方であったが，ブランドを明示すると顕著に好まれることを明らかにしており，この好みの変化は脳の海馬や外側前頭前野の活性化と相関をみせることが明らかにされている．おそらく，Cokeに関連する記憶のポジティブな部分が，Cokeブランドのコーラの味に伝播したのであろう．

4.5.2 その他の認知的要因

この欲求階層では，他に季節限定や数量限定だとつい食べたくなり，食べるとおいしく感じるというような現象も理解できる．限定のものを入手できたということで，自己を特別な存在であると感じることができるからである．また，高級なものや手間のかかるものを求める欲求も，他者への優越感や威信を感じることができるということから理解できる．しかし，これらの欲求が食行動にどのような形で現れ，どのような形で食行動に影響を与えるかということについては，まだよく調べられていないのが現状である．これからより心理学的な観点からの研究が行われることを期待する．

おわりに

もう一度図4.1に戻ろう．この章では，マズローの欲求階層説に基づいて食行動を解説しようと試みた．生理的欲求の階層では主に味覚に基づいて栄養物を同化しようとする欲求に基づいた食行動がみられた．安全と安心の欲求の階層では生物学的な欲求から社会的な欲求への移行が生じ，同化してはいけないものの味覚に基づいた忌避から，母親や慣れ親しんだ文化への同化による安らぎを求める食行動がみられた．愛と所属の欲求の階層では，社会や集団へ同化したいという社会的な欲求が，ミラーニューロンや錯誤帰属などの認知的機能を通じて，食行動により実現されることを解説した．承認と尊重の欲求の階層では，他者に対する優越感や他者からの承認を求めながら，理想の自分へと同化する欲求を，食行動を通じて実現する過程をみた．基本的欲求（欠乏欲求）の最終段階である自己実現の欲求については本文で取り上げることはできなかったが，「蓼食う虫も好き好き」ということわざに集約されるとおり，食経験を通じて形成された自己表現につながっていくものともいえるだろう．このように，食行動のさまざまな側面を記述・理解するときに，マズローの欲求階層説はよい手引きとなる可能性がある．

一方で本章では述べなかったが，近年問題視されている肥満や摂食障害についても，この欲求階層説を用いて説明することも可能である．肥満については，本章でも簡単に触れたストレスに対する作用という生理的な側面もあるし，食物を摂取することで外界と同化し安心感を得たいという欲求もあるだろう．また，摂食障害においては，

母親との同化という側面は安全と安心の欲求で説明できるし，理想の自分像と歪んだ自己認知という側面は承認と尊重の欲求から説明できる．さらに，各個人のもつ独特の食に対する態度や哲学は，最上の階層である自己実現の欲求（ただし，食行動においてはその自己実現が生物学的に正しいとは限らない）で説明することも可能だと思われる．今後，この可能性を直接検証するような方向からの食行動研究が期待されるところである．

［坂井信之］

引用文献

Addessi, E., Galloway, A. T., Visalberghi, E., & Birch, L. L. (2005). Specific social influences on the acceptance of novel foods in 2-5-year-old children. *Appetite, 45*, 264-271.
Barthomeuf, L., Rousset, S., & Droit-Volet, S. (2009). Emotion and food. Do the emotions expressed on other people's faces affect the desire to eat liked and disliked food products? *Appetite, 52*, 27-33.
Birch, L. L. (1980). Effects of peer model's food choices and eating behaviors on preschoolers' food preferences. *Child Development, 51*, 489-496.
Birch, L. L., & Fisher, J. A. (1996). The role of experience in the development of children's eating behavior. In E. D. Capaldi (Ed.), *Why we eat what we eat : The psychology of eating* (pp. 113-141). Washington, D. C. : American Psychological Association.
Birch, L. L., McPhee, L., Shoba, B. C., Pirok, E., & Steinberg, L. (1987). What kind of exposure reduces children's food neophobia? *Appetite, 9*, 171-178.
Birch, L. L., Zimmerman, S. T., & Hind, H. (1980). The influence of social-affective context on the formation of children's food preferences. *Child Development, 51*, 856-861.
Bjorntorp, P. (2001). Do stress reactions cause abdominal obesity and comorbidities? *Obesity Reviews, 2*, 73-86.
Blissett, J., Bennett, C., Fogel, A., Harris, G., & Higgs, S. (2015). Parental modelling and promoting effects on acceptance of a novel fruit in 2-4-year-old children are dependent on children's food responsiveness. *British Journal of Nutrition*, doi : 10.1017/S0007114515004651.
Carlson, N. R. (2013). *Physiology of behavior* (11th ed.). New Jersey : Pearson.
Galef, B. G., & Whiskin, E. E. (2008). 'Conformity' in Norway rats? *Animal Behaviour, 75*, 2035-2039.
Gray, K. (2012). The power of good intentions : Perceived benevolence soothes pain, increases pleasure, and improves taste. *Social Psychological and Personality Science, 3*, 639-645.
原田　曜平（2015）．「ピータータン」な若者増加――苦味嫌い克服せず成長――　日本経済新聞　1月21日夕刊.
菱村　豊（2000）．ラットの食物選択に関する社会的学習研究の概観　動物心理学研究, *50*, 103-109.
今田　純雄（1997）．食行動の心理学　培風館

岩槻 健・市川 玲子・畝山 寿之（2011）．消化管における味覚受容について　*G. I. Research, 19*(3), 231-238.
Jolles, J. W., de Visser, L., & van den Bos, R. (2011). Male Wistar rats show individual differences in an animal model of conformity. *Animal Cognition, 14*, 769-773.
加藤 健二・大竹 恵子（2012）．食物の視覚呈示のみでも感性満腹感は生じるのか？　日本味と匂学会誌, *19*, 405-408.
Maslow, A. H. (1970). *Motivation and personality* (2nd ed.). Harper & Row.
　　（マズロー, A. H. 小口 忠彦（訳）（1987）．人間性の心理学――モチベーションとパーソナリティ――（改訂新版）　産業能率大学出版部）
McClure, S. M., Li, J., Tomlin, D., Cypert, K. S., Montague, L. M., & Montague, P. R. (2004). Neural correlates of behavioral preference for culturally familiar drinks. *Neuron, 44*, 379-387.
McEwen, B. S., & Lasley, E. N. (2002). *The end of stress as we know it.* Washington, D. C.：Joseph Henry Press.
　　（マキューアン, B. S. レスリー, E. N. 桜内 篤子（訳）（2004）．ストレスに負けない脳――心と体を癒すしくみを探る――　早川書房）
McEwen, B. S., & Wingfield, J. C. (2003). The concept of allostasis in biology and medicine. *Hormones and Behavior, 43*, 2-15.
Mennella, J. A., Jagnow, C. P., & Beauchamp, G. K. (2001). Prenatal and postnatal flavor learning by human infants. *Pediatrics, 107*, e88.
Morewedge, C. K., Huh, Y. E., & Vosgerau, J. (2010). Thought for food：Imagined consumption reduces actual consumption. *Science, 330*, 1530-1533.
Pinel, J. P. J. (2010). *Biopsychology* (8th ed.). Boston：Allyn & Bacon.
Rolls, B. J. (1986). Sensory-specific satiety. *Nutrition Reviews, 44*, 93-101.
Rolls, E. T., & Rolls, J. H. (1997). Olfactory sensory-specific satiety in humans. *Physiology & Behavior, 61*, 461-473.
坂井 信之（2000）．味覚嫌悪学習とその脳メカニズム　動物心理学研究, *50*, 151-160.
坂井 信之（2016a）．風味の快楽　基礎心理学研究, *35*(1), 21-24.
坂井 信之（2016b）．なぜブランドでおいしさ認知が変化するのか？　日本催眠学会誌
坂井 信之（2018）．味覚・嗅覚の相互作用　斉藤 幸子・小早川 達（編）　味嗅覚の科学, シリーズ〈食と味嗅覚の人間科学〉, 朝倉書店
Sakai, N., Sako, Y., & Wakabayashi, T. (2009). Mere exposure effect on long-term preferences of beverages. *8th Pangborn Sensory Science Symposium Delegate Manual.* P2. 1. 142.
Schachter, S., & Rodin, J. (1974). *Obese humans and rats*. Washington, D. C.：Erlbaum/Halsted.
Sharps, M., Higgs, S., Blissett, J., Nouwen, A., Chechlacz, M., Allen, H. A., & Robinson, E. (2015). Examining evidence for behavioural mimicry of parental eating by adolescent females. An observational study. *Appetite, 89*, 56-61.
Shizgal, P. B., & Hyman, S. E. (2012). Homeostasis, motivation, and addictive states. In R. E. Kandel, J. H. Schwartz, T. M. Jessell, S. A. Siegelbaum, & A. J. Hudspeth (Eds.), *Principles of neural science* (5th ed.). U. S.：McGraw-Hill Professional.

(Shizgal, P. B. Hyman, S. E. 高橋 英彦(訳)(2014). ホメオスタシス，動機づけ，および嗜癖状態　金澤 一郎・宮下 保司(監訳)　カンデル神経科学 (pp. 1071-1090)　メディカルサイエンスインターナショナル)

Steiner, J. E., Glaser, D., Hawilo, M. E., & Berridge, K. C. (2001). Comparative expression of hedonic impact : Affective reactions to taste by human infants and other primates. *Neuroscience and Biobehavioral Reviews, 25*, 53-74.

山中 祥子・長谷川 智子・坂井 信之(印刷中). だれかと食べるとたくさん食べる？だれかと食べるとおいしい？　行動科学, *52*(2)

参 考 文 献

Blissett, J., & Fogel, A. (2013). Intrinsic and extrinsic influences on children's acceptance of new foods. *Physiology and Behavior, 121*, 89-95.

Chambers, K. C. (2015). Conditioned taste aversion. In R. L. Doty (Ed.), *Handbook of olfaction and gustation* (3rd ed., pp. 865-886). Hoboken : Wiley Blackwell.

Dovey, T. M., Staples, P. A., Gibson, E. L., & Halford, J. C. G. (2008). Food neophobia and 'picky/fussy' eating in children : A review. *Appetite, 50*, 181-193.

今田 純雄(2005). 食べることの心理学　有斐閣

宮本 聡介・太田 信夫(2008). 単純接触効果研究の最前線　北大路書房

坂井 信之(2000). 味覚嫌悪学習とその脳メカニズム　動物心理学研究, *50*, 151-160.

坂井 信之(2012). 食行動と健康　阿部 恒之・大渕 憲一・行場 次郎・坂井 信之・辻本 昌弘・仁平 義明　心理学の視点24 (pp. 235-247)　国際文献社

Sakai, N. (2014). The psychology of eating : From the point of view of experimental, social, and applied psychology. *Psychology in Russia : State of the Art, 7*, 14-22.

Wansink, B. (2004). Environmental factors that increase the food intake and consumption volume of unknowing consumers. *Annual Review of Nutrition, 24*, 455-479.

Wansink, B. (2006). *Mindless eating*. New York : Bantam Book.
　(ワンシンク, B. 中井 京子(訳)(2007). そのひとクチがブタのもと　集英社)

第2部　食行動の生涯発達

　発達のプロセスは遺伝情報に組み込まれている．しかしその発現には環境との相互作用が必要である．食行動も例外ではない．食行動は単に身体の発達に依存してその様相を変化させるだけのものではなく，感情・認知の発達と連動し，ダイナミックに変化していく行動である．また食行動は，人生の後半，特に高齢期にかけても大きく変化していく．遺伝と環境という2つの大きな足場に立って変化し続けるのが食行動の発達である．第2部ではこのような個体発達の観点から食行動を理解していく．

5. 食行動の生涯にわたる変化
6. 食に関する理解の発達
7. 高齢者の食
8. ヒトの生物性と文化性を結ぶ食発達

05　食行動の生涯にわたる変化

5.1　生涯にわたる食行動の変化とは？

　幼少期から現在までを振り返ってみると，あなたには自分の食にどのような変遷があったのだろうか．幼稚園児の頃はチーズのにおいが嫌いで食べられなかったが，小学校での学校給食でスライスチーズが出され，ふと食べてみたら食べられるようになり，今やチーズは何でも大好物という若者，若いときはケーキならいくつでも食べられたが，今は1つ食べ終わる前に胃もたれしてしまうという中年女性，若いときからお肉中心の生活であり今も魚よりは肉を食べるという90歳の老人……何を食べてきたかは人それぞれ異なるであろうが，ひとりの人間の人生の中では多かれ少なかれ変化があったことだろう．

　人間の食のスタートは胎児期である．胎児期は母親の臍の緒を通して栄養分を摂取し，身体を成長させていく．また，羊水を飲み込むことによって呼吸の練習をするとともに，羊水の味とにおいを学習することによって，誕生後の乳や食物摂取の準備をする．出生後は母乳や調整乳を摂取し，生後5か月頃から離乳食がはじまる．その後1歳半頃までには大人が食べるものと同じようなものを食べられるようになる．その後はさまざまな環境の中で自ら食物を取捨選択し，摂取するようになる．

　本章では，人間の生涯において食の中でも特に食物選択，食物摂取がどのように変化していくのかをみていくこととする．食の生涯にわたる変化といっても1つの研究で生涯を追えるわけではない．さまざまな発達の時期を対象としたさまざまな手法に基づく膨大な研究が存在する．それらの研究の知見を断片としてつなぎあわせながらその全体像を俯瞰すると，次のような変化が浮かび上がる．まず胎児期における母親の羊水の中での味とにおいの学習は，乳児期の終わりから幼児期のはじめ頃に大人が食べるものと同じような食物をスムースに受け入れるようになるまでのプロセスの中できわめて重要な役割を果たす．幼児期から児童期では子どもが選択する食物の幅が拡がる．青年期前期になると，児童期と比較してファストフードやジャンクフードなどの不健康な食物をより多く食べるようになるが，青年後期になる頃には不健康な食

物の摂取が減る．成人期になると仕事などの多忙さ，結婚や子どもをもつなどのライフイベント上の変化や自身の健康上の問題などによって食物選択，食物摂取が変化する可能性をもつものの，基本的には大きな変化はないようである．このような変化がどのような要因によって生じるのか，次節より具体的に紹介していきたい．

　食物選択，食物摂取の研究では大きく次の2つのアプローチがある．1つ目は研究者がコントロールしている実験状況下において，参加者が実際にある食物を選択・摂取することによって食物選択，食物摂取に影響を与える要因を見いだそうとするものである．2つ目はインタビューを用いて，参加者が食物をどのように選択し，摂取するのかについて語ることである．実験的手法は，研究者の意図の範疇において参加者の個別性を限りなく排除することによって，得られた結果を研究対象となる発達の時期の特徴として普遍化することを目的とする．これに対して，インタビューを用いた研究では参加者の個別性に着眼し，一個人の生活者としての語りを通して食の「意味」を掘り下げようとする．本章では，胎児期から児童期までは実験に基づく研究を主に取り上げる．一方，言語的表現がより巧みになる青年期以降についてはライフコース理論をふまえたインタビューを用いた研究を取り上げることによって参加者の語りから食物選択，食物摂取の意味について検討していくこととする．

5.2　生涯にわたる食物選択行動：ライフコース

　われわれの人生では，就学や就職，転勤，転職，結婚，出産などさまざまなイベントを経験する．ライフコース（life course）とは一般的には個人が誕生してから死に至るまでの人生行路のことをいう．食物選択を生涯発達の視点からとらえるときに，ライフコース理論が用いられることがある．図5.1はライフコースから食物選択を説明するモデルである（Sobal et al., 2006）．食物選択が1つの「軌道」としてとらえられており，ある人の生涯を通じての持続的な考え，感情，方略と行為を含んでいる（Devine et al., 1998）．食物選択には，学校への入学・卒業，転職や離婚，他の地域や文化圏への移住といった「移行」が重要なターニングポイントとなり影響を与える．文脈にはライフコースの変化が生じる環境的な要因があり，マクロな要因（社会，文化，経済状況，政治の状況など）とミクロな要因（家族，友人，学校，職場，コミュニティなど）による影響が示されている．

　このような基本的な考え方をもとに，食物選択のライフコースモデルを理解するために具体的な例を2つみてみよう．

　1つ目は，自宅から長距離通勤をしているAさんの食物選択の成人期以降の変化である．独身のAさんは家族と同居しながら通勤に2時間ほどかけて会社に通って

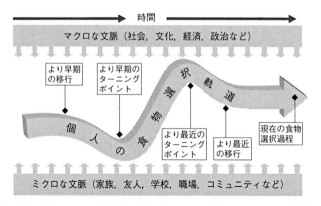

図5.1 ライフコースからみた食物選択のモデル (Sobal et al., 2006 を改変)

いた．日常的には，親が手づくりの食事を用意してくれ，それを食べていた．ところがAさんは仕事での残業が多くなり，自宅通勤が困難になった．そこで，会社の近所で一人暮らしをはじめた．会社の近くで暮らしても帰宅が遅いので，スーパーマーケットやコンビニエンスストアで弁当を購入して食事をとるようになった．この場合，仕事が忙しくなったことがターニングポイントとなりAさんの食物選択は変化した．Aさんのマクロな文脈としては簡便な食事を入手できる社会におけるフードシステムがあり，ミクロな文脈としては普段から家族に依存していた食事が得られなくなったということがある．それらの文脈がAさんの選択に影響したものと考えられる．

2つ目は，世代の差による食物選択の違いである．第二次世界大戦前に生まれた人たちは，戦中戦後の食物のない時代に育っている．そのような人たちは食物を粗末にすることはもっとも悪いことであり，子どもには「食物を残してはいけない」と厳しくしつけただろう．一方，高度経済成長の時代に育った今の親は学校教育での家庭科において食物栄養を学んでいるので，子どもに対しては健康維持のために栄養バランスよく食べることをしつけの中心におき，子どもが食物を残すことには目をつむるかもしれない．このような親のしつけの差は個人の差ではなく，歴史的文脈を背景にしたコーホート（cohort；共通のできごとを同時代に経験した人々の集団）による差とみなすことができるだろう．

このように，ある人の現在の食物選択は，ミクロかつまたはマクロな文脈に影響を受けながら，何らかのターニングポイントをきっかけとして変容するのである．

5.3 胎児期から青年期までの食の変化

5.3.1 胎児期から乳児期の味・においの発達についての基礎的知見

母親の子宮の中の羊水にいる胎児は，誕生後，母親から離れて自らの力で生きていくためにさまざまな準備をしている．特に，誕生後に乳を自ら飲むことは生きることを持続するために不可欠な行動であるため，食に関係する感覚器官の発達は著しい（図5.2）．最初の嗅覚細胞と神経，味覚芽が出現するのは胎芽期（胎齢4〜7週）である．成熟した味受容細胞は胎齢12週頃に現れ，胎齢20週を過ぎた頃から味覚反応が確認できる．一方，嗅覚についても鼻に化学的感覚が出現するのは胎齢27週頃からであり，胎齢30週までには羊水に溶けている味・においを感受している．

羊水には，ブドウ糖，果糖，クエン酸，脂肪酸，リン脂質，クレアチンリン酸，尿酸，種々のアミノ酸などさまざまな化学物質が含まれている．これらの成分は母親の妊娠周期によっても変化し，特に胎児が排尿する胎齢32週頃からその変化は著しくなる．また，羊水の味・においには母親の食事の風味が移行しており，ニンニクのような味・においの強いものであれば大人が感知できるほどである（Mennella et al., 1995）．こ

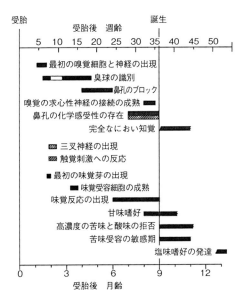

図5.2 胎児期における嗅覚，三叉神経と味覚システムの発達（Hudson & Distel, 1999を改変）

のようなことから，胎児は子宮の中で実に豊富な味・においを経験していることがわかる．

新生児期については，甘味・苦味・酸味・塩味の4つの味を基本味とし，それらの溶液の摂取量や摂取したときの顔の表情から，それぞれの味の好悪が研究されてきた．新生児は甘味を好み，苦味・酸味を嫌う（たとえばSteiner, 1977；Ganchrow et al., 1983；Rosenstein & Oster, 1990）．自然界においては，甘味は栄養やエネルギーに富むものが多い一方，苦味は毒を含み，酸味は腐敗しているものが多い．新生児期のこのような味の好悪は，栄養を摂取し，毒や腐敗したものを避けることにより，生きることへの指向性を意味するものである．その後，子どもの味の好みは，感覚システムの成熟とともに変化する．甘味は生涯を通して嗜好するが，子どものほうが大人よりも好む傾向にある．酸味については，乳児期は拒否するが，5〜9歳児は酸味のある食物の好みが高まる（Liem & Mennella, 2003）．苦味については，新生児期よりもむしろ生後6か月頃のほうが苦味の拒否が強いとする結果が得られている（Kajiura et al., 1992）．その後の変化については明確なデータが得られていないが，成長するにつれて，コーヒーや紅茶，ビールなど苦味を含む食物を好むようになってくる．塩味については，新生児期は蒸留水との識別がつかずニュートラルであるが，生後4か月頃から好むようになる（Cowart & Beachamp, 1986）．

5.3.2　胎児期から乳児期の風味経験がのちの食の好みに及ぼす影響

われわれは普段食物を食べるときには，実験で刺激として用いられるような味やにおいを単独で受け取るわけではない．食物を食べるときは味とにおいによる風味（フレーバー），温度，歯触り，舌触り（テクスチャー）などの体性感覚も作用する．このように食物が呈示する複合的な感覚により食味が成立する．

母親の食事の風味は，羊水だけではなく，母乳の風味にも移行しており，母親の食事の変化に応じて，胎児はさまざまな風味を経験している．胎児期からのこのような風味経験は，誕生後の子どもの食の好みに影響を与えることが知られている．

まず胎児期における風味経験のその後の影響についてみてみる．Schaal et al. (2000) では，母親が出産予定日15日前からアニス（セリ科のハーブ）の風味づけされた菓子やシロップを摂取した群（摂取群）と対照群を設け，生後8時間以内と生後4日目に新生児にアニスのにおいをかがせて比較した．その結果，摂取群の新生児はアニスのにおいに対して口をモグモグ動かしたりしてポジティブな表情をしたが，対照群の新生児は嫌がった反応をするか無表情であった．このような母親の妊娠中の食事の影響は新生児期にとどまらない．Mennella et al. (2001) では，母親が妊娠期か授乳期のいずれかの時期にニンジンジュースを定期的に摂取した群の乳児は，対照群

の乳児より，生後4か月齢においてニンジンの風味づけされたシリアルに対して，よりポジティブに反応していた．さらに後年への影響を検討した研究（Hepper et al., 2013）では，母親が妊娠中にニンニクを摂取していた群の子どもは，摂取しなかった対照群の子どもよりも，子どもが8, 9歳時点で実験場面においてニンニク風味のポテトグラタンをより多く食べた．両群の子どもたちについては，妊娠中の実験以降8, 9歳での実験までの日常の食生活における子どものニンニク摂取状況と，ある2週間の食事記録を比較している．結果として，両群ともこれまでニンニクおよびニンニク風味が添加された食物は摂取しておらず，日常摂取している食品群の摂取頻度においても2群間に差はなかったことから，妊娠中の母親のニンニク摂取が8, 9歳時点での子どものニンニク受容につながったと考えられる．

次に授乳期の風味経験のその後の影響をみてみる．Sullivan & Birch（1994）は4～6か月児を対象に新奇な食物の受容のプロセスを検討した（実験の詳細は長谷川, 2008参照）．その結果，母乳を摂取している乳児のほうが調整乳を摂取している乳児より新奇な食物の摂取量が多かった．この理由としては，次のようなことが考えられている．母乳には母親が摂取した食物の風味が母乳中に現れるために母乳は日々風味が変化している．そのように風味が変化する母乳を毎日飲んでいる乳児は，日頃から多様な風味経験をしているから，新奇な食物への受容が高いということである．このような母乳を摂取した乳児の新奇な食物への受容の高さは他の研究でも示されている（Maier et al., 2008；Hausner et al., 2010）．

一方，調整乳摂取の乳児については，母乳摂取の乳児と比較すると新奇な食物への受容の幅の狭さが指摘されることが多いが，調整乳の種類によっても新奇な食物の受容が異なることが示されている．たとえば，Mennella & Beauchamp（2002）では，4, 5歳児を対象として，乳児期に摂取した調整乳の種類に応じて，①生後一般に広く飲まれているミルクの調整乳（少し甘味がある），②大豆の調整乳（甘味もあるが酸味と苦味があり，草の香りがする），③タンパク加水分解質の調整乳（苦味と酸味があり，大人にとっては不快な味と感じる）の3群に分類し，3種類のリンゴジュース（風味づけなし・酸味の風味・苦味の風味）の好みを検討した．その結果，タンパク加水分解質の調整乳を摂取していた子どもはミルクの調整乳の子どもに比べて酸味風味のリンゴジュースを好むこと，大豆の調整乳の子どもはミルクの調整乳の子どもに比べて苦味風味のリンゴジュースを好むことが示された．さらに，日常の食生活における食物の好みについての母親の報告から，大豆の調整乳，タンパク加水分解質の調整乳の子どもは，ミルクの調整乳の子どもと比較してブロッコリーをより好むことが明らかとなった．

以上のことから，授乳期の乳が母乳であろうと調整乳であろうと，授乳経験自体が

その後の食物の好みに影響していることがわかるだろう．

5.3.3 幼児期の食行動が児童期，青年期の食行動へ及ぼす影響

幼児期は本格的に自分で食具を用いて食べるようになるとともに，家族だけでなく幼稚園や保育園で仲間と一緒に食べるなど多様な場面で多様な食物とであう機会が増加する．Birch らは，幼児期の食物嗜好に影響を与える要因について，実験による研究を数多く実施してきている（レビューとして長谷川，2008 参照）．それらの結果から，食物嗜好や摂取に影響を与える社会的要因として，特定の食物を特定の時間に摂取するという社会文化的ルールの獲得（Birch et al., 1984），食物を与える際に会話をしながら与えられる社会-感情的文脈（Birch et al., 1980），大人や仲間のモデリング（Birch, 1980）などが指摘されている．幼児期における食物嗜好の変化を検討する研究のほとんどは数か月程度の短期間の変化に着目しており，長期にわたる嗜好の変化についてはほとんど扱われていない．そのような中，Nicklaus et al.（2004, 2005）は，2〜3 歳時の食事と 4〜22 歳の間の食行動（食物嗜好，および食物新奇性恐怖と食物多様性希求）の関連性について，フランスにおいて調査を行っている．

Nicklaus et al.（2004, 2005）の調査概要は次のとおりである．調査時期は，対象者が 2〜3 歳時と調査時点（4〜7 歳，8〜12 歳，13〜16 歳，17〜22 歳の 4 つの年齢群のいずれか）の 2 つの時期であった．2〜3 歳時には保育園における昼食時（カフェテリア形式で自ら食物が選択できる）に実際に選択された食物のデータが収集されており，それらと調査時点の食行動の関連性が検討された．調査時点での食行動として，食物嗜好（Nicklaus et al., 2004），食物新奇性恐怖と食物多様性希求（Nicklaus et al., 2005）に関する質問紙調査が実施された．食物嗜好の対象となった食物はおやつになる甘い食物を除く 80 種類であり，5 つの大きなカテゴリーと 18 のサブカテゴリー，すなわち，①野菜（サラダの中の野菜単品，サラダの中で混ぜあわさった野菜，調理した単品の野菜，調理して混ぜあわさった野菜，果物），②動物性食品（赤身の肉，卵，魚，冷たい魚，ソーセージ，ドライソーセージ），③チーズ（スプレッドチーズ，熟成チーズ），④デンプン質の食物（パン，サラダの中のデンプン質の食物，温かい料理の中のデンプン質の食物，豆），⑤混合の食物（サブカテゴリーはなく，食物としてクロックムッシュ，キッシュ，チーズタルトなど）であった．

まず，2〜3 歳時と調査時点の食物嗜好の一致をみたところ（Nicklaus et al., 2004），動物性食品とチーズはどの年齢群も 2〜3 歳時と嗜好が類似していた．一方，野菜，デンプン質の食物，混合の食物は異なり，野菜は 4〜16 歳では嗜好が類似していたが 17〜22 歳では嗜好が異なっていること，デンプン質の食物は 4〜7 歳のみ嗜好が類似していること，混合の食物は 2〜3 歳時と嗜好が類似した年齢群が他にみられな

いことが示された．また，年齢が高くなるに従って，野菜と混合の食物嗜好は高くなった一方で，女子のみにおいてチーズとデンプン質の食物，動物性食品への嗜好は低下した．野菜については，青年期後半から嗜好が高まっており，このことについて，Nicklaus et al. (2004) は感覚システムの成熟だけではなく，特に女子においては，健康や体重への関心が強くなるというような外的な要因が影響していると推測している．

次に，調査時の年齢で摂取している食物の数から食物多様性希求を数値化（食物全体と下位カテゴリーとしての野菜，動物性食品，乳製品，デンプン質の食物，混合の食物）するとともに質問紙の回答から食物の新奇性恐怖の程度を算出した（Nicklaus et al., 2005）．その結果，2~3歳時で食物多様性希求が高かった者は年齢が高くなったときも同様であった．また，新奇性恐怖については，4~7歳と8~12歳の間，8~12歳と13~22歳の間において新奇性恐怖が減少した．一方，食物多様性希求は食物全体と下位カテゴリーの野菜において17歳以降で高まった．このことは，年齢が高い者ほど多様な食物を摂取する機会が多いので，食物への親しみが嗜好を増加させ，そのことが摂食頻度を高めることを示唆している．しかしながら，13~16歳は，それ以前と以降の年齢よりも食物多様性希求がわずかながら低かった．次項でも論じるように，青年期前期は，食物選択に偏りが生じる時期でもあり，友達関係など社会的な要因も食物選択に影響を与える．青年期後期での食物多様性希求の高まりは，食物への態度が再構成される時期ともとらえられるかもしれない．

5.3.4 青年期の食物摂取の推移と食のもつ意味

中学生から高校生にかけての青年期前期は，第二次性徴による心身の変化が大きい時期である．これまでに親などの大人から良しとされてきた振る舞いに対して懐疑的になり，既存の価値観に反抗する．また，仲間関係もよりいっそう親密化し，自分が属する仲間集団への同調が高まると同時に，排他的になる（長谷川，2013）．

青年期前期の食も児童期までと比較して変化がみられる時期である．特に高エネルギー，高脂肪，高塩分あるいは砂糖過多のスナック菓子やファストフードの摂取が増えてくる．このような変化には，次の2つが関係する．1つ目は，児童期までは親が許容した範囲内で子どもが食べることが多かったが，青年期前期になると子ども自身による食物選択の機会が増し，安価で手軽に入手しやすい食物に親しみやすくなることである．2つ目は，青年期前期になると児童期よりも子どもの行動範囲が広がり，仲間との関係性が親密となることによって，仲間と一緒にスナック菓子を食べたり，ファストフード店に行ったりする機会が増えることである．欧米や日本の子どもたちは児童期にはスナック菓子やファストフードは控えるべきものであることを知識とし

てもっている．しかしながら，青年期は健康を考えた望ましい食と実際の行動が乖離しやすいのが現状であり，青年期のそのような食習慣は成人期以降も継続され，生活習慣病などを患いやすい（Tirosh et al., 2011）．本項ではまず，そのような乖離が生じやすい背景にある心理特性について検討し，次に青年期にとっての食の意味について考えていこう．

a. 青年期の食物摂取の推移

Tăut et al. (2015) は，青年期の食物摂取の推移について自己調整（self-regulation）という概念を用いて検討した．自己調整とは，個人的に価値づけされた長期的な目標の展望において，自分の思考，感情，願望，行為を変えるための努力をいう（Carver & Scheier, 1998）．Tăut et al. (2015) では，ヨーロッパ9か国の10～17歳の子どもを対象に健康的な食のための自己調整方略を測定する尺度として TESQ-E（Tempest Self Regulation Questionnaire for Eating）を用い（表5.1），食の自己調整方略と自己報告による果物，野菜，不健康なスナック菓子の摂取が年齢によってどのように推移するか検討した（図5.3）．その結果，3つの食の自己調整方略についてはすべて10歳の子どものほうが14～17歳の子どもよりも高く，食物の摂取については10～12歳が14～16歳より果物と野菜の摂取量が多く，不健康なスナック菓子の摂取量が少なかった．また，食の自己調整方略と実際の食物摂取の関連については，目標に向けた取り組みは果物，野菜の摂取と関連が強く，誘惑への取り組みは不健康なスナック菓子の摂取との関連が強いことが示された．Tăut et al. (2015) は，発達的にとらえると，14～16歳はそれよりも年齢が低い子どもたちや年齢が高い子どもたちよりも高リスクで向こう見ずな行動をとる年頃であり，大脳皮質における自己調整を司る領域と情動プロセスを司る領域との間の成熟のギャップからこのような行動が生じている可能性を指摘している．さらにこのような結果をふまえて，この年代の子どもたち

表 5.1 TESQ-E の概要（De Vet et al., 2014 を改変）

方　略	下位方略	質問項目の例
誘惑への取り組み	誘惑の回避	スーパーに行ってもキャンディ売り場を避ける
	誘惑の制御	テレビを見るときは，クリスプを手に届く範囲に置かない
誘惑の心理的意味の変更	気をそらす	何か食べたくなったら，かわりに友達に電話する
	抑圧	不健康なものを食べたくなったら，自分に「ダメ！」と言う
目標に向けた取り組み	目標とルールセッティング	学校に果物を持っていくことにする
	目標熟慮	スナック菓子を食べたくなったらスナック菓子は体に悪いことを自覚しようとする

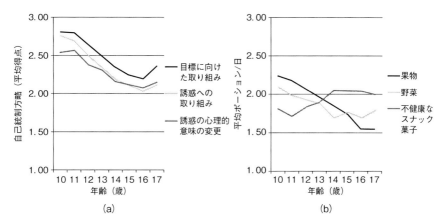

図 5.3 食物の自己調整方略と食物摂取の年齢による推移 (Tăut et al., 2015 を改変)

には食の自己調整のスキルの向上や使用を促すことが有益であるとしている．

b. 青年期の食の意味

青年期にとっての食の意味とはどのようなものなのだろうか．ここでは，単に摂取にとどまらない，より幅広い観点からとらえていく．青年期になると単純な質問に対する回答ではなく，インタビューにおいてあるテーマについて深く語ることが可能となる．ここでは，青年を対象とした食のもつ意味について，インタビューに基づいた研究を2つ紹介する．

1つ目として，高校生のファストフードのもつ意味を考えていく．Mattsson & Helmersson (2007) は，スウェーデンの 16, 17 歳の高校生がファストフードをどのようにとらえているのか検討した．高校生のファストフードに対する考えをできるだけ具体的に把握するため，2つの方法でデータが収集された．1つ目は，遠く離れた友人によるファストフードに関する質問に対して手紙を書くという架空の状況を設定した．2つ目は学校の昼食時にファストフード店で食事をとった男女混合グループを観察し，インタビューを実施した．対象者が在籍した学校では，昼食を校内で給食を食べてもよいし，校外に出て食事をしてもよいことになっていた．これら2種類のデータを分析した結果，男女いずれもファストフードの欠点として脂肪と糖分が多いため体によくないということ，利点として手早く簡便に食べられることをあげた．一方，ファストフードのとらえ方には性差もみられた．女子は，幅広い文脈でファストフードをとらえていた．たとえば，ファストフードの利点について言及するとき，女子は購入時から後片づけまでの一連のプロセスを視野に入れた時間効率を考えているのに対して，男子はすぐにおなかがいっぱいになるという視点のみであった．10 年後は

ファストフードを昼食として食べているかどうかについては，女子はよりよいファストフードを食べたり，健康のためになり脂肪の少ないものを食べることによって改善しているだろうと予測していたが，男子は変化がないものととらえていた．また，昼食時に学校給食を食べるかファストフード店に出向くかは学校給食のその日のメニューとその日の仲間の状況によって即座に決定されており，仲間の中にお金をもっていない者がいてもお金を貸してもらうことによって仲間と行動をともにしており，自分が属する仲間集団がどのような行動をとるかという社会的な状況を判断基準として，日々の食物選択を決定していることがわかる．

Neely et al.（2014）は食についてのインタビューを実施した論文26本（論文の調査対象者の年齢に10〜24歳を含んだもの）に対して質的側面からのメタ分析を行い，青年期の社会的関係性の中での食の意味を検討している．ここでの食とは，食実践（food practice）と呼ばれるもので，食べることに関する準備から後片づけまでを含む一連の行動を指している．メタ分析では，青年が社会的関係性を営むためにどのようなアプローチで食を意味づけているか最終的に8つのテーマが抽出された．すなわち，①世話（日常生活において自分や家族の食事を準備する，母の日などのイベントに特別なプレゼントとして食事を準備することを通して，家族に関心や共感を示すことによって情緒的絆，自己効力感などを促進する），②会話（食事をしながら考えや感情を他者と共有する），③共有（食事準備作業を共有したり，互いの食物を受け入れたり，共有することによって関係性を深める），④相互性（誰かが何かをしてくれたお返しに自分が料理をつくったり，食物を買ったりする），⑤信頼（人との信頼関係を築くときに食が媒介する），⑥交渉（普段は家族と食事をしているが友達と外食したい，そのようなときに新しいルールや規準をつくるために話しあうなどして，独立への欲求と家庭への愛着との間でバランスがとれるようにする），⑦統合（新しい環境に移ったときに，新しい環境になじむために食を変化させる），⑧所属（すでに存在しているグループにおける絆を維持したり強化したりするために同じ食物を食べる）であった．青年期における社会関係は実に繊細であり，不安定な感情や自己意識などが複雑に絡むものである．メタ分析で抽出された8つのテーマの境界は明瞭ではなく，相互にかさなりあっている．これらの食実践から，若者が他者と交流したり，気遣ったり，あるいは信頼を築いたりなど自分の気持ちを表現するために食物が媒介となっていることがわかるだろう．加えて，食実践には日課や儀式的なできごとも含まれており，それらが社会との相互作用を安定したものにするのであろう．

5.4 成人期の食物選択に影響を与える要因

　成人を対象としてライフコースが食物選択に影響を与える要因についてさまざまな検討をしているのは，アメリカの研究者 Devine らである．Devine らの食物選択研究は，単に個人の健康を推進する目的のみによるのではなく，より長期間にわたる個人の食物選択の連続性や変化を多様な側面からとらえるために実施されている．Devine らの一連の研究では，調査対象者に食についての半構造化されたインタビューを行い，そのデータをもとにグラウンデッド理論に基づいた質的分析が行われている．以下に Devine らの主要な研究を概観しよう．

5.4.1　ライフコースにおける食物選択の軌道についての持続性と変化

　Devine et al. (1998) は，健康に必要な果物と野菜の摂取にライフコースがどのように影響を与えているか検討した．調査対象者は多様な民族の 18〜80 歳の 86 名の男女であり，収入は低〜中程度の者であった．インタビューの内容は，現在と過去の食物と栄養の役割，食物選択，食事行動における変化，果物と野菜へのアクセス，民族アイデンティティであった．その結果，果物と野菜の摂取の軌道は，たいていの人の人生において長期にわたって比較的安定していた．果物と野菜の摂取パターンに影響を与えた移行の数は 2〜4 程度であり，摂取パターンが急激に移行することは少なく，たいていは徐々に移行していた．本研究の参加者の果物と野菜の摂取の軌道として，主に 7 つのタイプが明らかとなった．すなわち，①食物についての生育歴（幼い頃から果物と野菜について好ましい経験をしている人は，生涯を通して果物と野菜の摂取が多い），②役割と役割移行（結婚，出産，離婚，雇用などの役割移行によって果物と野菜への期待が修正される），③健康と身体的ウェルビーイング（急性・慢性の病気のはじまり，妊娠のようなライフイベント・加齢のようなライフプロセスを伴う身体的変化，家族や友人の健康），④民族の伝統とアイデンティティ（民族アイデンティティによって，重要とみなされる食物，構成される食事，祝日や民族グループの同盟強化のために用いられる食物がある），⑤資源（知覚された知識とスキル，利用可能な時間・場所・経済力，社会的ネットワークと支援，文化社会的スキル），⑥場所（居住地域が変わると入手できる食物が変わる）と⑦フードシステム（ここでの具体例は，新奇な健康情報，調理道具，料理の文化的トレンドなど）である．これら 7 つのうち特に①〜③，すなわち幼い頃の果物と野菜についてのポジティブな経験，役割移行と健康が現在の食物選択に大きな影響を与えていた．

　Devine et al. (1998) でみられたような食物摂取の軌道に関する安定性は，

Edstrom & Devine（2001）の中高年の女性への縦断的なインタビュー（1988年と1998年の2回；2回目の年齢が44～75歳の17名）でも同様であった．調査対象者はその10年間における食物と栄養に関する思考，信念，方略に一貫性があり，自分や家族の健康，社会や食物の環境，社会的役割において予期せぬものを含んだ変化があっても，17名中14名は自分の食物と栄養の方向づけについては安定しているととらえていた．一方，残りの女性は，病気や仕事や家族の役割の移行によって，食物や栄養の方向づけが変化していた．このように中高年女性の多くが食物や栄養についての方向づけが長期間にわたり安定していることから，健康を推進する方向づけに寄与する要因を見いだすためには，人生の早い時期の食物と栄養についての経験を手がかりにする必要があることが示唆される．

5.4.2　時間欠乏と食物選択

現代社会に生きるわれわれは，普段から多忙で時間がないと感じることが多い．このような時間のなさの感覚を時間欠乏という．時間欠乏とは，厳密には「1日のうちで人がやりたいと思っていることすべてに対して十分な時間がないという知覚または感情に関する時間飢餓，時間圧力」（Godbey et al., 1998）と定義される．時間欠乏は，共働き家庭，単身家庭，貧困家庭などでより顕著である（Jabs & Devine, 2006）．ここでは，仕事をもつことによる時間欠乏が食物選択にどのように影響を与えるのかみていくこととする．

近年，職場メンタルヘルス研究においてスピルオーバーという概念が注目されている．スピルオーバーとは，一方の役割における状況や経験が他方の役割における状況や経験にも影響を及ぼす状態であり，複数の役割従事による負担や葛藤などのネガティブな感情だけでなく，ポジティブな感情にも焦点をあてたものである（島津, 2014）．ネガティブ・スピルオーバーとは人間がもつ時間や能力は有限であり，役割が増えると1つの役割に割く時間や能力が足りなくなる状態をいうのに対して，ポジティブ・スピルオーバーとは仕事や家庭生活など複数の役割をもつことで相互の役割に良い影響を及ぼしあうことである．ネガティブ・スピルオーバーとポジティブ・スピルオーバーは，いずれも家庭から仕事，仕事から家庭の両方の方向性がある．

Devine et al.（2003）は，Devine et al.（1998）の調査対象者のうち仕事をもつ18歳以上の男女51名（低～中程度の収入）について仕事から家庭，食物選択へのスピルオーバーについて検討している．本調査対象者のうち34名は女性，44名は50歳以下，家族構成は，未婚・既婚，子どもがいる者・いない者がおり多様であった．調査対象者の仕事の状況および家族役割，食物選択の状況として，①職務上の要求が厳しく，仕事に追われ，時間がないために家族役割が果たせず食物選択に制約がある場

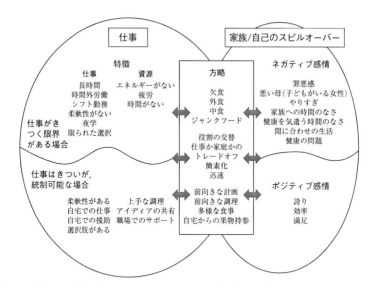

図 5.4 仕事から家族／自己へのスピルオーバーと食物選択方略（Devine et al., 2003 を改変）

合，②職務上の要求はあるが，時間にゆとりがあるために家族役割，食物選択をマネージできる場合，③いずれも問題がない場合の3つに分かれたが，たいていの対象者は自分が①にあてはまると述べた．Devine らは，特に仕事が多忙な①，②のタイプの労働者のインタビューをもとに仕事から食事の方略，家族・自己へのスピルオーバーについて図 5.4 のようなモデルを構築した．①のネガティブ・スピルオーバーの者は，簡便な食を営み，家族役割が果たせていない罪悪感や，自分の健康を気遣う時間がないことについてのネガティブ感情をもっていた．一方，②のポジティブ・スピルオーバーの者は，食物選択においても健康的な食を営んでおり，家族役割においてもポジティブ感情をもっていた．③のいずれも問題がない対象者は，仕事に対しても家族役割，食物選択に対してもポジティブ，ネガティブいずれの感情もなく，ニュートラルであった．従来の研究では労働者の視点のみで食物選択と健康についてとらえられてきたが，本研究では，労働者の食物選択は，他の多様なプロセス（たとえば，個人の感情や家族の責任）にも影響を与えることが見いだされたのは新たなアプローチであるといえる．

5.5 生涯にわたる食行動の変化についてのまとめと展望

5.3 節と 5.4 節において，生涯にわたる食行動，特に食物摂取と食物選択について

概観してきた．これらのことから次の4点が指摘できる．

　第一に，胎児期からの羊水の中での風味学習は，大人と同じ食物を受容するための橋渡しとなるだけでなく（Beauchamp & Mennella, 2009），地方文化のアイデンティティが個人の習慣や好みを形成する最初のものであるといえる（Myers, 2015）．すなわち，母親が摂取する食物は，母親の居住地域の文化を反映しており，単に母親の嗜好だけでなく，文化をも世代間伝達していることとなる．また，このような風味学習は授乳期のスムースな母子相互作用を促進しており，食が人間関係の構築の媒介となっている．

　第二に，幼児期から児童期は選択する食物の幅がより広がるが，青年期前期にはいったんファストフード，ジャンクフードなどの不健康な食に偏っていく．このような変化は食物選択の変化そのものにとどまらず，人間関係について親をはじめとした大人への従属から脱し，仲間との強い同盟関係に移行していることが影響を与えている．さらには，子どもたちが自覚的であるかどうかは不明であるが，このような変化は，まさに子どもたち自身が食を単に栄養としてのみとらえているのではなく，食への意味づけが広がっていく過程であるともいえる．

　第三に，青年期前期にいったん不健康な食に偏った食物選択は，その後青年期後期に再構成され，成人期にはよほどの大きなライフイベントがない限り，食物選択には大きな変化がみられない．すなわち，自分が経験した食が家族にも再現される可能性が示唆される．ただし，現代社会は多忙であり，多忙さと個人の役割の間で葛藤が生じる場合，食をどのように位置づけるか，社会のフードシステムをどのように利用するかによって，家族に提供する食が異なってくる．

　最後に，これらの知見からあらためて青年期に至るまでの食経験の重要性を指摘したい．青年期後期における食物選択の再構成，および成人期における多忙と食の駆け引きには，子どもの頃の食経験の豊かさが影響を与えるのではないだろうか．ここでの食経験の豊かさとは，単により多くの食物と接してきたという意味にとどまらない．自分で食事を整えられる調理技術，食卓を囲んで人が語らい，楽しい食事の原風景が伴うこと（長谷川，2012）もより大きな影響を与えるものと考える．　　　　[**長谷川智子**]

引用文献

Beauchamp, G. K., & Mennella, J. A. (2009). Early flavor learning and its impact on later feeding behavior. *Journal of Pediatric Gastroenterology and Nutrition*, 48, S25-S30.
Birch, L. L. (1980). Effects of peer models' food choices and eating behaviors on preschoolers' food preferences. *Child Development*, 51, 489-496.
Birch, L. L., Billman, J., & Richards, S. S. (1984). Time of day influences food acceptability.

Appetite, 5, 109-116.
Birch, L. L., Zimmerman, S. I., & Hind, H. (1980). The influence of social-affective context on the formation of children's food preferences. *Child Development, 51,* 856-861.
Carver, C. S., & Scheier, M. F. (1998). *On the self-regulation of behavior.* New York: Cambridge University Press.
Cowart, B. J., & Beauchamp, G. K. (1986). The importance of sensory context in young children's acceptance of salty tastes. *Child Development, 57,* 1034-1039.
De Vet, E., De Ridder, D., Stok, M., Brunso, K., Baban, A., & Gaspar, T. (2014). Assessing self-regulation strategies: Development and validation of the tempest self-regulation questionnaire for eating (TESQ-E) in adolescents. *International Journal of Behavioral Nutrition and Physical Activity, 11,* 106-120.
Devine, C. M., Connors, M., Bisogni, C. A., & Sobal, J. (1998). Life-course influences on fruit and vegetable trajectories: Qualitative analysis of food choice. *Journal of Nutrition Education and Behavior, 30,* 361-370.
Devine, C. M., Connors, M. M., Sobal, J., & Bisogni, C. A. (2003). Sandwiching it in: Spillover of work onto food choices and family roles in low- and moderate-income urban households. *Social Science and Medicine, 56,* 617-630.
Edstrom, K. M., & Devine, C. M. (2001). Consistency in women's orientations to food and nutrition in midlife and older age: A 10-year qualitative follow-up. *Journal of Nutrition Education, 33,* 215-223.
Godbey, G., Lifset, R., & Robinson, J. (1998). No time to waste: An exploration of time use, attitudes toward time, and the generation of municipal solid waste. *Social Research, 65,* 101-140.
長谷川 智子 (2012). 食発達からみた貧しさと豊かさ ── 飢餓と肥満を超えて ── 発達心理学研究, *23,* 384-394.
長谷川 智子 (2013). 仲間・友だちと食 根ケ山 光一・外山 紀子・河原 紀子 (編) 子どもと食 ── 食育を超える ── (pp. 147-160) 東京大学出版会
Hausner, H., Nicklaus, S., Issanchou, S., Mølgaard, C., & Møller, P. (2010). Breastfeeding facilitates acceptance of a novel dietary flavour compound. *Clinical Nutrition, 29,* 141-148.
Hepper, P. G., Wells, D. L., Dornan, J. C., & Lynch, C. (2013). Long-term flavor recognition in humans with prenatal garlic experience. *Developmental Psychobiology, 55,* 568-574.
Hudson, R., & Distel, H. (1999). The flavor of life: Perinatal development of odor and taste preferences. *Schweizrische Medizinische Wochenschrift, 129,* 176-181.
Jabs, J., & Devine, C. M. (2006). Time scarcity and food choices: An overview. *Appetite, 47,* 196-204.
Kajiura, H., Cowart, B. J., & Beauchamp, G. K. (1992). Early developmental change in bitter taste responses in human infants. *Developmental Psychobiology, 25,* 375-386.
Liem, D. G., & Mennella, J. A. (2003). Heightened sour preferences during childhood. *Chemical Sences, 28,* 173-180.
Maier, A. S., Chabanet, C., Schaal, B., Leathwood, P. D., & Issanchou, S. N. (2008). Breastfeeding and experience with variety early in weaning increase infants'

acceptance of new foods for up to two months. *Clinical Nutrition, 27*, 849-857.

Mattsson, J., & Helmersson, H. (2007). Eating fast food: Attitudes of high-school students. *International Journal of Consumer Studies, 31*, 117-121.

Mennella, J. A., & Beauchamp, G. K. (2002). Flavor experiences during formula feeding are related to preferences during childhood. *Early Human Development, 68*, 71-82.

Mennella, J. A., Jagnow, C. P., & Beauchamp, G. K. (2001). Prenatal and postnatal flavor learning by human infants. *Pediatrics, 107*, E88.

Mennella, J. A., Johnson, A., & Beauchamp, G. K. (1995). Garlic ingestion by pregnant women alters the odor of amniotic fluid. *Chemical Sences, 20*, 207-209.

Myers, K. (2015). Why do we eat what we eat? In N. M. Avena (Ed.), *Hedonic eating: How the pleasure of food affects our brains and behavior* (pp. 9-37). New York: Oxford University Press.

Neely, E., Walton, M., & Stephens, C. (2014). Young people's food practices and social relationships: A thematic synthesis. *Appetite, 82*, 50-60.

Nicklaus, S., Boggio, V., Chabanet, C., & Issanchou, S. (2004). A prospective study of food preferences in childhood. *Food Quality and Preference, 15*, 805-818.

Nicklaus, S., Boggio, V., Chabanet, C., & Issanchou, S. (2005). A prospective study of food variety seeking in childhood, adolescence and early adult life. *Appetite, 44*, 289-297.

Schaal, B., Marlier, L., & Soussignan, R. (2000). Human foetuses learn odours from their pregnant mother's diet. *Chemical Senses, 25*, 729-737.

島津 明人 (2014). ワーク・ライフ・バランスとメンタルヘルス―― 共働き夫婦に焦点を当てて ――　日本労働研究雑誌, *653*, 75-84.

Sobal, J., Bisogni, C. A., Devine, C. M., & Jastran, M. (2006). A conceptual model of the food choice process over the life course. In R. Shepherd, & M. Raats (Eds.), *Frontiers in nutritional science No. 3 The psychology of food choice* (pp. 1-18). Oxford: CABI.

Sullivan, S., & Birch, L. (1994). Infant dietary experience and acceptance of solid foods. *Pediatrics, 93*, 271-277.

Tăut, D., Băban, A., Giese, H., De Matos, M. G., Schupp, H., & Renner, B. (2015). Developmental trends in eating self-regulation and dietary intake in adolescents. *Applied Psychology: Health and Well-being, 7*, 4-21.

Tirosh, A., Shai, I., Afek, A., Dubnov-Raz, G., Ayalon, N., Gordon, B., ...Rudich, A. (2011). Adolescent BMI trajectory and risk of diabetes versus coronary disease. *New England Journal of Medicine, 364*, 1315-1325.

参 考 文 献

Ganchrow, J. R., Steiner, J. E., & Daher, M. (1983). Neonatal facial expression in response to different qualities and intensities of gustatory stimuli. *Infant Behavior and Development, 6*, 189-200.

長谷川 智子 (2008). 食行動の発達心理学的研究の展望 (1) ――Birch らの乳幼児期の食物嗜好と食物摂取の調節に関する研究―― 大正大学大学院研究論集, *32*, 424-404.

Rosenstein, D., & Oster, H. (1990). Differential facial responses to four basic tastes in

newborns, *Child Development, 59,* 1555-1568.
Steiner, J. E. (1977). Facial expressions of the neonate infant indicating the hedonics of food-related chemical stimuli. In J. M. W. Weiffenbach (Ed.), *Taste and development: The genesis of sweet preference* (pp. 173-188). Bethesda, Md.: NIH-DHEW.
Wheaton, B., & Gotlib, I. H. (1997). Trajectories and turning points over the life course: Concepts and themes. In I. H. Gotlib, & B. Wheaton (Eds.), *Stress and adversity over the life course: Trajectories and turning points* (pp. 1-25). Cambridge: Cambridge University Press.

06 食に関する理解の発達

　子どもと食事する際，親や園の先生は「ほうれん草食べると強くなるよ」「食べないと風邪ひいちゃうよ」など，食の効用を盛んに口にする．3歳頃になれば，子どもから「野菜食べると風邪治る？」と話すようにもなる．幼児のこうした発話は，どの程度の理解によって裏づけられているのだろうか．本章では，食に関する理解の発達を概観する．

　食は動物にとって必要不可欠である．その重要性のために，食には特別な学習システムが備わっているという考え方がある．6.1節ではまず，この点をみていきたい．6.2節では食の生物学的理解に関する研究を取り上げる．子どもは体系的な教育を受ける前から「食べる→大きくなる」といった単なる関連性を超えた理解を有するようになる．しかし，食に関する理解はこれにとどまらない．"You are what you eat"（われわれは食べたものでつくられている）という言葉があるように，食はその人そのものでもある．われわれの身体だけでなく精神もまた，食によってつくられている．6.3節では，こうした全人的理解が児童期半ば頃から徐々に明確になってくることを述べたいと思う．

6.1 特別な学習システム

　知識の中には生きていくために絶対に必要なものもあれば，そうともいえないものがある．食べなければ死んでしまうのだから，食に関する知識はきわめて重要性が高い．しかし人間の赤ん坊は生まれてすぐ，自分で食べ物を探し求めなければいけないわけではない．これらのことは，発達初期における理解の発達とどう関連するのだろうか．

6.1.1 味覚嫌悪学習

　雑食動物はさまざまな食べ物を摂取する必要があるが，環境内には生命を脅かす毒物もある．そのため，彼らは味覚や嗅覚，社会的な情報（同じ種の他個体の食行動を観察するなど）を手がかりとして慎重に毒物を避け，食べるにふさわしいものを選択

していく．しかし万が一，身体に危害を及ぼすものを摂取してしまった場合，その過ちを二度と繰り返さないための学習システムを備えている．これが味覚嫌悪学習である．Garcia & Koelling（1967）が発見したことからガルシア効果とも呼ばれるが，たとえばこれは食べ物を摂取したあと吐き気といった内臓の不快感を経験すると，その味（食べ物）に対する嫌悪が速やかに形成される現象を指す．

味覚嫌悪学習は従来の古典的条件づけとは異なり，条件刺激（味刺激）と無条件刺激（身体不調）との時間間隔が数時間以上あいても，条件刺激と無条件刺激との対経験が一度だけでも，その味刺激に対する忌避反応が速やかに学習される．そしてひとたび学習されると，容易には消去されない．

6.1.2 本質的な属性に対する注意

生態学的重要性の高いことがらについては，スムースな学習を成立させる特殊なメカニズムが備わっているのではないか．このアイデアは，発達心理学でも近年注目を集めている．Spelke（2000）は，進化において本質的役割を果たすいくつかの領域については，「核知識システム（core knowledge system）」と呼ばれる特別な学習メカニズムが生得的に備わっているのではないかと主張している．このシステムは，当該領域に特徴的な属性を分析し，その属性に注意を振り向け，属する対象を特定し，さらなる知識獲得を援助する．物理的事物，数，行為，空間，社会的な他者についてその可能性が検討されてきたが（Spelke & Kinzler, 2007），最近では，食べ物領域（the domain of food）にも注目が集まっている（Shutts et al., 2009）．

では，食べ物領域において特徴的な属性は何だろうか．複数の対象が同じ食べ物かどうか判断する際，何を手がかりにするかを考えてみればよい．形だろうか，それとも色やにおいだろうか．りんごは切ってしまえばその形は変わるが，色やにおいは保たれる．食べ物領域では形よりも色やにおいのほうが重要なのだ．このことに幼児が気づいているという研究結果がある．

Lavin & Hall（2002）では，北米の3歳児が，事物を食べ物として提示した場合とおもちゃとして提示した場合とで，異なる属性に注目することが示されている．この研究では次のような実験を行った．まず，子どもが見たこともない事物（ターゲット）を聞いたこともない名称（たとえば「ダックス」）をもつものとして紹介する．ここで2つの条件をつくるのだが，食べ物条件では「私ね，これを食べるの大好きなの」と，ターゲットを食べ物として紹介する．もう一方のおもちゃ条件では「私ね，これで遊ぶの大好きなの」と紹介する．そのあとで，形やにおい，色などの属性を統制した2つの事物を提示し「どっちがダックスかしら？」と質問するのである．ターゲットと同じ形・違うにおいの事物Aと，違う形・同じにおいの事物Bが提示された場

合，もしそれが食べ物なら形よりにおいが重要な属性になるので，ダックス＝事物 B と考えるのが適切である．一方，おもちゃとして提示された場合には形のほうが重要なので，事物 A と考えるのが適切である．実際，3 歳児はこのように判断したのだった．

6.1.3　乳児の認知

研究法の発展に伴い，発達心理学では近年，生後数か月，場合によっては生後数時間の新生児の認知能力が検討できるようになった．その結果，数や物理的事物，空間，行為といった領域については，生後半年頃までにかなり洗練された認知能力があることがわかってきた（外山・中島，2014 に解説あり）．これらの研究結果と照らしあわせると，3 歳児のデータでは食べ物領域における核知識の存在を支持する強力な証拠にはならない．3 歳という年齢は特別な学習システムを主張するには"遅すぎる"からである．

では，より年少の子どもについてはどうなのだろうか．Shutts et al.（2009）は，注視時間を指標とした馴化法という手続きを用いて，北米の 9 か月児についてこの問題を検討した．この研究では 9 か月児対象の実験に先立って，アカゲザル（成体）を対象に次のような実験を行った．まず新奇な事物（ターゲット）を人間が食べている場面を映像で示す．これを 3 回繰り返し，アカゲザルがこの映像を見る時間が減少したところで（刺激に"馴れた"ことから馴化という），2 種類の映像（テスト）を見せる．ひとつはターゲットと同じ形だが色が違うもの（A）を，もうひとつはターゲットと違う形だが色が同じもの（B）を食べるというものである．もしあなたがアカゲザルの立場だったら，どちらのテスト映像により驚くだろうか．あなたはすでにターゲットが食べられることを知っている．この情報を頼りに判断するならば，色が異なる A よりも色が同じ B のほうが食べられると判断するのが適当だろう．したがって，食べられないと推測されるもの，つまり A を食べる映像により驚きを覚えるはずである．実際，アカゲザルは A の映像をより長く注視したのである（つまり，驚いたと解釈できる）．しかしこれと同じ結果は，9 か月児には認められなかった．人間の 9 か月児は食べ物領域の推論についてアカゲザルほどには洗練されていなかったのだ．

この結果をどう解釈したらよいのだろうか．人間の子どもは生後半年ほどで離乳期に入るが，他の動物とは異なりこの時期に食べ物を選ぶ役割は養育者が担っている．これはなにも現代に限ったことではない．したがって，適切な食べ物を選択する能力は乳児期には必ずしも必要とされない．こうした事情をふまえると，次のように考えることができるかもしれない．食べ物領域に特別な学習システムはあるものの，乳児期にはそれを働かせる必要性が低い．そのため，9 か月児にはそれが認められないものの，2〜3 歳以降には出現してくる（Shutts et al., 2009）．

新奇性恐怖の発現時期に関する研究結果は，この推測に沿うものとなっている．雑食動物は一般的に，新奇性恐怖（なじみのない食べ物を警戒する）という行動様式を備えており，これは毒物摂取を回避する生存戦略のひとつと考えられている（外山，2008a）．人間の場合，新奇性恐怖は2〜4歳頃にとりわけ強くなるが，それ以前はほとんど認められない（Cashdan, 1994）．このこともまた，2歳以前は自分で食べ物を探す必要性が低いことと関係しているのかもしれない．

6.2 食の生物学的理解

食べ物領域における特別な学習システムの存在については明確な結果が示されていないものの，食が生物学的に重要であることは論ずるまでもない．では，食の生物学的機能に関する理解はどのように発達していくのだろうか．

6.2.1 食の多様な意味づけ

食の第一義的意味は生命・健康の維持にあるが，その一方で食は快楽を満たすものであり，社交という機能ももっている．現代では多くの社会で1日に3回食事することが一般的であることから，食は生活そのもの，「時間になったからするもの」でもある．食は文化ともいえる．これら多様な意味を子どもはどのように理解しているのだろうか．

Raman (2011a) は，北米の5歳児，7歳児，9歳児，大人（大学生）を対象として，朝食・昼食・おやつ・夕食のそれぞれについて「なぜ（朝食を）食べるのか」を聞いた．答えとして，①生物学（生理学）的必要性（おなかがすいたから，健康でいるため），②社会的必要性（友だちと一緒に食べるため，家族と一緒に食べるため），③心理的必要性（楽しいから，悲しいから），④生活の一環（食事することになっているから）を提示し，それぞれについて肯定／否定の判断を求めたところ，どの年齢グループでもおやつを含めたすべての食事について①生物学的必要性と④生活の一環を肯定する判断が多数を占めた．食事は「空腹を満たすため」「健康を維持するため」であると同時に，「時間になったからするもの」とも考えられており，この点について幼児から大学生までの範囲で大きな変化はない．ただし，判断理由には年齢差がみられ，「食べ物から栄養やエネルギーが取り込まれる」といった生物学的説明は5歳児には認められなかった．ここからRamanは，幼児は摂食が食欲の満足や健康維持と関連することには気づいているものの，両者を媒介する生物学的メカニズムには理解が及ばないと結論づけた．

6.2.2 幼児の理解は生物学的か？

Raman のこの結論は，幼児の理解を正しく反映しているのだろうか．食や成長，病気といった生物現象について幼児がどの程度深い理解を有しているのかは，素朴生物学研究の中で重要な問題である．素朴生物学 (naïve biology) とは，成長や病気，遺伝といった生物固有の現象に関する素人の理解であり，これまでに多くの研究がなされている (Inagaki & Hatano, 2002 に概観)．

素朴生物学研究の先駆となった Carey (1985) は，生物現象に関する幼児の理解は生物学的ではないとした．10歳以前の子どもは，食物摂取 (入力) が成長や健康といった望ましい身体状態 (出力) を引き起こすことは知っていても，入力と出力を媒介するメカニズムを生物学的には理解していないと主張したのである．では，どのように理解しているのかというと，欲求 (食べたいから) や意図 (大きくなりたいから) など，生物現象には適用してはいけない因果 (「意図的因果」) に依拠しているとしたのである．その意味で Carey によれば，幼児の理解は生物学的とはいえない．

児童期以降の子どもや大人と比べたら，幼児の理解は確かに未熟である．しかし，単なる入出力関係の気づきにとどまっているともいえない．Wellman & Johnson (1982) は，北米の6歳児，9歳児，12歳児を対象として，体重や活発さ，身長，健康，力強さが異なる2人の人物（太っている／やせている，活発でエネルギーがいっぱいである／活発でなく寝てばかりいる，健康である／病気にかかりやすい，強い／弱くて重いものを持ち上げられない）を提示し，何がこの違いをもたらしたのか説明を求めた．その結果，体重・健康・力強さについては，6歳児でも食べ物の違いをあげることが多く，この点について年齢差は認められなかった．さらに6歳児は大人と同じように，食べ物を「良い食べ物」と「悪い食べ物」に分けており，野菜の摂取量が多い人は健康で力強く活発でいられるが，甘いもの（デザート）を多く食べる人は病気にかかりやすく，弱くて不活発だと判断することが示された．

幼児は，ただ「食べれば大きくなる」と考えているわけではなく，健康への影響という評価的側面から食べ物について細分化された理解をもっていることがわかる．ただしこの研究でも年齢差が認められており，年齢が上がるほど，身長を食べ物と切り離して考えるようになること，逆に，活発さのように必ずしも身体的とはいえないものが食に関連づけられるようになることも示されている．

6.2.3 「良い食べ物」「悪い食べ物」

食べ物には「良い食べ物」「悪い食べ物」という分類の他に，「野菜」「果物」「肉」のような分類学的カテゴリー，「朝ご飯に食べるもの」「おやつに食べるもの」のようなスクリプトに基づくカテゴリーもある．主観的だが「おいしいもの」「まずいも

の」とも分類できるだろう．カテゴリー化能力の発達を検討した研究では，幼児でも複数の基準に沿って食べ物を分類する能力をもつことが示されている（Nguyen & Murphy, 2003）．では，「良い食べ物」「悪い食べ物」に関する子どもの分類は大人とどの程度一致するだろうか．

　Nguyen（2007）は，北米の3歳児，4歳児，7歳児，大人を対象として，合計70種類の食べ物を健康に良いか・悪いか（原語では healthy or junky）判断してもらった．その際，「良い（悪い）」食べ物は「それを長い間たくさん食べると私たちの身体に良い（悪い）ものです」という説明を与えた．具体的には，バナナやほうれん草，リンゴなどを「良い食べ物」として，チョコレートやポテトチップス，チートス（スナック菓子）を「悪い食べ物」として示した．その結果，大人の判断と3歳児の判断には59％の一致が認められた．ただし，4歳児では73％，7歳児では78％と，年齢が上がるにつれて一致率は高くなった．それでも3歳児において60％近い一致がみられたという結果は，良い食べ物・悪い食べ物という評価的分類が速やかに学習されることを示している．この研究では，判断理由を説明する際に，4歳児が大人と同じように「病気になっちゃうから」や「食べると強くなるから」など，健康面への影響に言及することも示された（3歳児は説明を産出できなかった）．

6.2.4　情報源に対する選択的信頼

　子どもは小学校に入学する以前から，食べ物についてかなりの知識をもつようになることがわかる．日本に限ったことではないが，先進国の多くでは飽食の時代を迎え，食に関する情報があふれている．グルメ情報はもちろんのこと，「身体に良い」「ダイエットになる」「長生きする」など健康効果をうたうものも多い．子どもの場合，家族や園・学校の先生からも多くの情報がもたらされる．たとえば，母親や先生は食事のたびに「これ，食べると強くなるよ」といった言葉かけを行う（外山，2008b）．

　他者からもたらされる情報は主要な知識源となるが，すべての情報が信頼できるわけではない．大人でも「食べ物についてはAさんに，旅行のことはBさんに聞こう」など，情報源を使い分ける．これと同じことを幼児が行っているという研究結果もある．言葉の意味を学習する場面において，3歳児，4歳児は過去に不正確な情報をもたらした人よりも正確な情報をもたらした人をより信頼し，学習を進めていくのである（Koenig et al., 2004；Koenig & Harris, 2005）．

　では，食に関する情報源として，子どもは誰に信頼を寄せるのだろう．Nguyen（2012）は，北米の3・4歳児を対象として，食べ物が健康に良いか（healthy）・悪いか（unhealthy），おいしいか（yummy）・まずいか（yucky）知りたいときに誰に聞くかを問うた．8タイプの情報源（マンガのキャラクター，子ども，母親，先生，椅子，岩，

ピエロ,知らない人)を提示し,それぞれについて「○○に聞くかな?」と判断を求めたところ,他の情報源より母親(70〜80%以上)と先生(60〜70%)に対する肯定判断が特に多かった.しかしここで興味深い結果は,3・4歳児は盲目的に母親と先生を信じているわけではないということだ.「エイリアン」や「おもちゃ」についてわからないときには母親や先生に聞くという判断は40%程度にとどまったのである(他の情報源に比べればやや多かった).つまり幼児は,母親や先生といった身近な大人を食べ物に関する情報源として選択的に信頼を寄せているのである.

6.2.5 消化に関する理解

摂取された食べ物は動物の身体内部で分解される.この過程を消化というが,次に消化に関する理解をみていきたい.

実際にチョコレートを食べてもらい,そのチョコレートが身体のどこにいくのか,ブラジルの4・6・8・10歳児に絵を描いてもらったというユニークな研究がある(Teixeira, 2000).図6.1に4歳児,6歳児,10歳児の描いた絵を示した.4歳児は腹部を空洞とみているようだが(a),6歳(識字能力あり)になると,腹部にいくつかの部分ができてくる(b).さらに10歳になると,体内臓器がチューブ状につながって描かれるようになる(c).この研究では,絵と言語反応データをふまえ,消化に関する理解を次の3つのモデルを経て発達していくとした.第一のモデル:食べ物はすべて身体内部にとどまっている(4歳頃),第二のモデル:食べ物はすべて身体の外に排出される(6歳頃),第三のモデル:食べ物の一部は身体内部にとどまるが,残りは排出される(10歳頃).これに基づくと,消化という考えは10歳前後にならないと認められないことになる.

幼児は消化について,素朴だが的確な理解を有することを示唆する結果もある.Toyama (2000)は日本の5歳児および7歳児を対象として,「私たちは毎日食べるよね.じゃあ,食べたものは身体の中でどうなるのかな?」と質問し,提示した答えの中から「もっとも良い」説明を選んでもらった.このような手続きをとると,自分で説明を産出するほどには明確でなくても,ぼんやりとした気づきを取り出すことができる.提示した選択肢は,①機械的説明(身体の中で食べ物は身体の部品である血や肉に変わると説明するもの:「おなかに入ったあと,食べ物は身体の色々なところに行って肉や血に変わるんだよ」),②機能的説明(身体内における変化を健康維持や成長という生物学的目標と関連づけて説明するもの:「食べ物には,私たちが大きくなったり健康でいるために大事なものが入っているの.その大事なものがおなかの中で食べ物からとられるんだよ」),③知覚的説明(食べ物の色や温度など知覚的側面の変化に焦点をあてたもの:「おなかに入ったあと,食べ物はその色が変わったり,あたた

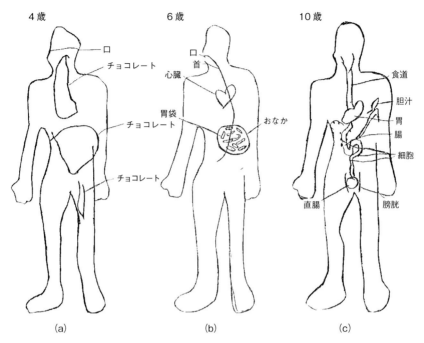

図 6.1 食べたチョコレートは身体のどこにいくのか？ 子どもが描いた絵（Teixeira, 2000 の Figure 1a, 1b, 1c（左より）を一部改変）

かくなったりするんだよ」）の 3 つである．これら 3 つの説明はどれも消化のある側面を取り出したものであり，正しいといえるが，生物学的観点に立った場合には，もっとも科学的な説明は機械的説明，逆にもっとも稚拙な説明は知覚的説明といえる．実験の結果，7 歳児は機能的説明も機械的説明も「良い説明」として選んだが，5 歳児は機械的説明を「良い説明」とはみなさなかった（機能的説明は「良い」とした）．5 歳児にとって「おなかの中で食べ物は血や肉に変わる」という説明はあまりピンとくるものではないが，「健康でいるために大事な何かが食べ物からとられる」という説明には納得できるようなのだ．

6.3 食の心身相関的理解

食は確かに生物学的に必要不可欠だが，身体的な健康にだけ関係しているわけではない．「健全なる精神は健全なる身体に宿る」というように，われわれは心と身体を相互依存的にとらえており，食べ物から得られるものも心と身体の両面にわたってい

る．前節で述べたように5歳児でも食べ物に「成長や健康に大事な何か」が含まれていることに気づいているが（Toyama, 2000），その「大事な何か」は児童期半ば頃から心身相関的な意味をもつようになる．本節ではこの点を取り上げるが，そのためにはまず生気論的因果に触れる必要がある．

6.3.1 生気論的因果

稲垣と波多野は，幼児期における生物現象の理解を生気論的因果（vitalistic causality）に依拠したものと特徴づけた（Inagaki & Hatano, 1993, 1999）．生気論的因果とは，①生物現象が本人の意図ではなく体内臓器に付与された主体性（agency）によって引き起こされる，したがって②生物現象は本人の意図と独立に生じる，③体内臓器は生命や健康の維持に不可欠な活力（vital force）の生成や循環を司る，という3点を柱とする因果である．

生気論的な理解はこれまで，日本だけでなく英語圏の子どもにも報告されているが（Morris et al., 2000；ただし，Miller & Bartsch, 1997 ではこれと反対の結果も示されている），最近では，食べ物や栄養に関する理解を検討した北米の研究でも言及されるようになっている．Slaughter & Ting（2010）は，北米の5歳児，8歳児，11歳児，14歳児と大人（大学生）に対して，「私たちはなぜ食べなければいけないのか」「食べなかったらどうなるのか」「1日に1食しか食べなかったらどうなるのか」などと質問し，得られた回答を①生物学的連想（因果説明はなく，ただ病気や健康との関連性を述べたもの），②心理的説明（好みや欲求に言及した説明），③生気論的説明（エネルギーや力，活力が食べ物に由来すると説明するものであり，稲垣と波多野のいう生気論的因果にあたる），④機械論的説明（物質が食べ物に由来すると説明するもの），⑤生理学的説明（特定の生理学的プロセスに言及した説明）に分類した．「何のために食べるのか」と食の目的を聞いた質問では，5歳児の説明の58%が生物学的連想だったが，8歳以降では生気論的説明が多く認められた（8歳児，11歳児ではそれぞれ46%，14歳児では35%，大人では39%）．

6.3.2 生気論の質的変容

生気論的因果は児童期半ば頃から徐々に変質していく．児童期以降の子ども，そして大人は生気論的因果を異なる文脈で使うようになるのである（Toyama, 2010, 2011, 2013）．Toyama（2013）は日本の5歳児，8歳児，11歳児，大人（大学生）を対象として，心因性の身体反応（「心配で腹痛になる」など）に関する理解を検討した．身体性の不調（「腐ったものを食べて吐いた」など）と心因性の不調（「緊張して吐いた」など）について，なぜそれが生じたのか説明を求めたところ，5歳児および8歳児は，

身体性の不調を説明する際に生気論的概念を用いる（「腐ったものを食べると元気がなくなる」など）ことが多かった．一方，大人は心因性の不調を説明する際に生気論的概念に言及することが多かった．たとえば，「心配ごとがあるとエネルギーが枯渇して身体機能も低下する」のように，「力」や「元気」，「エネルギー」といった生気論的概念が心と身体の間を行き来するものとして描かれ，心因性の不調の説明に使われるのである．

大人にとっての活力は「栄養のあるものを食べる」とか「よく眠る」といった身体的活動だけでなく，「音楽を聴く」「楽しいことを考える」「おしゃべりする」といった精神的活動からも摂取・蓄積され，「心配」や「ストレス」によって奪われるものとして概念化されているのである．一方，子どもにおいては，活力の摂取源は食べ物（野菜や肉，魚）や休息，睡眠であり，活力はもっぱら身体にかかわるエネルギーとして理解されている．

6.3.3 心と身体をまたぐ食

食が心と身体両面の活力を得る場であるという理解を直接的に検討した研究がある．食は「おいしい」とか「おいしくない」といった主観的な味覚経験をもたらすが，味覚経験の相違は身体状態に影響を及ぼすだろうか．このことに関する理解を，Toyama（2016）は Raman（2011b, 2013）の研究手続きを発展させ，日本の4歳児，7歳児と大人（大学生）について検討した．この研究では，食べ物や味覚経験の異なる2人の登場人物を提示し，どちらのほうが大きくなるか・風邪をひきやすいか判断を求め，その理由も説明してもらった．課題は2種類あり，2人の登場人物が，①ともに健康に「良い」食べ物（ほうれん草など）を同じ量食べるが，一方はそれをおいしいと感じ，もう一方はおいしくないと感じているという課題（おいしさ相違課題）と，②ともに「おいしい」と感じているが，一方の人物は健康に「良い」食べ物（ほうれん草など）を，もう一方の人物は健康に「悪い」食べ物（ポテトチップスなど）を食べているという課題（食べ物相違課題）である．味覚という主観的な心的経験が身体にも影響を及ぼすと考えるなら，おいしさ相違課題では同じものを食べても「おいしい」と感じている登場人物のほうがより大きくなるし，風邪をひきにくいと判断されるはずである．実際，こうした心身相関的な判断は，すべての年齢グループで一定程度認められた．ただし，その理由説明には年齢差があった．大人は「おいしいと元気がでて，治りやすい」のように生気論的概念に基づく説明を多く産出したのである．こうした説明は，大人では説明の39%を占めたが，7歳児では15%，さらに4歳児では5%にとどまった．

6.2.2項で紹介した研究を思い出してほしい．Wellman & Johnson（1982）では，

野菜のような「良い」食べ物を摂取すると「活発でエネルギーがいっぱい」になるという考え方が，年齢が上がるとともに強くなっていった．英語圏でも生気論的因果への依拠が報告されているが，その意味は日本とは異なる可能性もある．この点の検討は今後の課題だが，Wellman らが報告した「良い」食べ物を食べると「活発になる」という理解もまた，生気論的概念が素地となっている可能性がある．

お わ り に

　食については，その生態学的重要性のために，スムースな学習を成立させる基盤が発達初期から認められる．子どもはその基盤の上に，環境内の情報を主体的に取捨選択しながら理解をつくりあげていく．幼児期の理解は粗削りだが生物学的エッセンスをふまえたものであり，それが次第に，身体と心の両面にわたるスコープの広いものへと変化する．

　食に関する理解の発達からみえてくるのは，食が動物にとってどれだけ本質的で重要な営みなのか，同時に人間の食は他の動物と比較してどこが異なるのか，そして食がどれほど多様な意味を担っているのか，である．　　　　　　　　　　　　［外山紀子］

引 用 文 献

Carey, S. (1985). *Conceptual change in childhood*. Cambridge：MIT Press.
　（小島 康次・小林 好和（訳）(1994). 子どもは小さな科学者か　ミネルヴァ書房）
Cashdan, E. (1994). A sensitive period for learning about food. *Human Nature, 5*, 279-291.
Garcia, J., & Koelling, R. A. (1967). A comparison of aversions induced by X-rays, toxins, and drugs in the rat. *Radiation Research Supplement, 7*, 439-450.
Inagaki, K., & Hatano, G. (1993). Young children's understanding of the mind-body distinction. *Child Development, 64*, 1534-1549.
Inagaki, K., & Hatano, G. (1999). Young children's understanding of mind-body relationships. In M. Siegal, & C. Peterson (Eds.), *Children's understanding of biology and health* (pp. 23-44). Cambridge：Cambridge University Press.
Koenig, M., Clément, F., & Harris, P. L. (2004). Trust in testimony：Children's use of true and false statements. *Psychological Science, 15*, 694-698.
Koenig, M. A., & Harris, P. L. (2005). Preschoolers mistrust ignorant and inaccurate speakers. *Child Development, 76*, 1261-1277.
Lavin, T. A., & Hall, D. G. (2002). Domain effects in lexical development：Learning words for foods and toys. *Cognitive Development, 16*, 929-950.
Miller, J. L., & Bartsch, K. (1997). The development of biological explanation：Are children vitalists? *Developmental Psychology, 33*, 156-164.
Morris, S. C., Taplin, J. E., & Gelman, S. A. (2000). Vitalism in naïve biological thinking.

Developmental Psychology, 36, 582-595.
Nguyen, S. P. (2007). An apple a day keeps the doctor away: Children's evaluative categories of food. *Appetite, 48*, 114-118.
Nguyen, S. P. (2012). The role of external sources of information in children's evaluative food categories. *Infant and Child Development, 21*, 216-234.
Nguyen, S. P., & Murphy, G. L. (2003). An apple is more than just a fruit: Cross-classification in children's concepts. *Child Development, 74*, 1783-1806.
Raman, L. (2011a). Why do we eat?: Children's and adults' understanding of why we eat different meals. *The Journal of Genetic Psychology: Research and Theory on Human Development, 172*, 401-413.
Raman, L. (2011b). Does "yummy" food help you grow and avoid illness?: Children's and adults' understanding of the effect of psychological labels on growth and illness. *Child Development Research*, Article ID 638239, 10 pages.
Raman, L. (2013). Children's and adults' understanding of the impact of nutrition on biological and psychological processes. *British Journal of Developmental Psychology, 32*, 78-93.
Shutts, K., Condry, K. E., Santos, L. R., & Spelke, E. S. (2009). Core knowledge and its limits: The domain of food. *Cognition, 112*, 120-140.
Slaughter, V., & Ting, C. (2010). Development of ideas about food and nutrition from preschool to university. *Appetite, 55*, 556-564.
Spelke, E. S. (2000). Core knowledge. *American Psychologist, 55*, 1233-1243.
Spelke, E. S., & Kinzler, K. D. (2007). Core knowledge. *Developmental Science, 10*, 89-96.
Teixeira, F. M. (2000). What happens to the food we eat?: Children's conceptions of the structure and function of the digestive system. *International Journal of Science Education, 22*, 507-520.
Toyama, N. (2000). What are food and air like inside our bodies?: Children's thinking about digestion and respiration. *International Journal of Behavioral Development, 24*, 222-230.
外山 紀子 (2008a). 発達としての共食　新曜社
外山 紀子 (2008b). 食事場面における1～3歳児と母親の相互交渉　発達心理学研究, *19*, 232-242.
Toyama, N. (2010). Japanese children's and adults' awareness of psychogenic bodily reactions. *International Journal of Behavioral Development, 34*, 1-9.
Toyama, N. (2011). Japanese children's and adults' reasoning about the consequences of psychogenic bodily reactions. *Merrill-Palmer Quarterly, 57*, 129-157.
Toyama, N. (2013). Children's causal explanations of psychogenic bodily reactions. *Infant and Child Development, 22*, 216-234.
Toyama, N. (2016). Japanese children's awareness of the effect of psychological taste experiences on biological processes. *International Journal of Behavioral Development, 40*, 408-419.
Wellman, H. M., & Johnson, C. N. (1982). Children's understanding of food and its functions: A preliminary study of the development of concepts of nutrition. *Journal of*

Applied Developmental Psychology, 3, 135-148.

参 考 文 献

Inagaki, K., & Hatano, G. (2002). *Young children's naïve thinking about the biological world.* New York：Psychology Press.
　（稲垣 佳世子・波多野 誼余夫（2005）．子どもの概念発達と変化　共立出版）
Nguyen, S. P. (2008). Children's evaluative categories and inductive inferences within the domain of food. *Infant and Child Development, 17*, 285-299.
外山 紀子・中島 伸子（2014）．乳幼児は世界をどのように理解しているのか　新曜社

07　高齢者の食

7.1　高齢者にとっての食事の役割

　食事は身体の成長や健康の維持・増進のために欠かせないものである．高齢者においては，病気や身体の障害がある期間が極力短く，死の直前まで元気でかつ機能的に自立した状態で長寿を達成することが理想的である（Campion, 1998）．そのため，高齢者が自分らしく，健康で生き生きと過ごすには身体や生活機能を維持・増進させ，いかに老化を遅延させるかが重要となる（柴田，2002）．しかし，経時的に進行する老化に伴って身体機能は低下する．この低下は食欲，摂取，咀嚼，嚥下（えんげ），消化・吸収，排泄など食べることと関連するさまざまな事柄に変化をもたらすため（松岡，1990），低エネルギー摂取や低栄養[1]状態は，病気のリスクを増大するだけでなく，生活の質（quality of life；QOL）にも影響を及ぼしかねない．適切な栄養状態を確保するということは，元気で機能的な自立を長期間保ち，疾病の予防・治癒・改善のために寄与し，健康余命の延伸につながるであろう．

　高齢者にとって食事は「楽しみのひとつ」でもあり，身体面のみならず心理面においても重要な役割を担っている．誰かと一緒に食べることによって人間関係および社会性を高め，QOL向上をも期待できるであろう．しかし，実際の食物選択には種々問題点があり，理想的な食物選択とはなっていない．これはいかなる理由からであろうか．

　そこで本章では，高齢期の人々の食物選択がどのような要因の影響を受けているかについて述べる．次に，食物選択を抑制する事柄や食物を選択する理由など，食物選択について高齢者がどのように認知しているのかについて取り上げる．なお，厚生労働省は65歳以上を高齢者として分類しているが，一括りに高齢者といっても，70代，

---

[1] 生物が生命活動を営む上で必要とされる栄養素，ならびにエネルギーを産生・利用するための代謝関連物質の需要・貯蔵状態を評価する総合的な指標を「栄養状態」という．一般的に全体的な摂取カロリー不足，または，ある種の栄養素の摂取不足により，健康上何らかの支障がある栄養状態を低栄養という（栄養不良，栄養失調と同義）（大内・秋山，2010）．

80代，90代の人では，嗜好や食欲のみならず，食の意味や身体機能の低下の程度もそれぞれ異なる．本章では，要介護ではない，地域で生活する高齢者の食物選択について説明する．

7.2 加齢に伴って変化する食物選択

高齢期の食物選択は，加齢に伴う身体機能の低下や，高齢者の生活を取りまく社会的要因，精神的・心理的要因の影響を受ける．

7.2.1 身体的要因と食物選択

高齢期に身体上の障害が生じると，買い物をする，料理をつくる，食べる，後片づけをするなどの一連の調理操作が不自由となり，ひいてはつくるのが面倒，さらには食べることさえ億劫になってくることがある．とりわけ，加齢に伴う身体機能の低下は食べる機能に大きな影響を及ぼし，食物選択にも影響を及ぼす．

a. 味覚・視力・嗅覚の低下

加齢によって舌の表面にある味蕾の数が減少すると味覚が衰える．甘味については，閾値，知覚強度ともに高齢者は若者と変わらず安定しているが，塩味は閾値レベルで感受性が低下し，酸味，苦味は閾値，知覚強度ともに感受性が低下するといわれている（佐藤，2010）．塩分の感知力が鈍ってくると，濃い味を好み，無意識のうちに塩分の摂りすぎになる．食塩の過剰摂取は，高血圧，心臓病，胃がんなどの発症の原因となるともいわれている．しかし，突然減塩すると食事がおいしく感じられなくなり，このことは食欲減退やストレスの原因となる（鈴木，2000）．

視力の低下は，視覚的に食べ物の外観をとらえることに影響し，料理の見た目のおいしさが損なわれてしまい，食欲や食事の楽しさが薄れる（湯川，2000）．加えて，視力の低下は商品の説明書を読むことを困難にさせる（Callen & Wells, 2003）．

嗅覚では加齢とともににおいに対する感受性やにおい識別能力が低下することが指摘されている（大村・坂田，1996）．食物のもつ特徴を際立たせ，人々にそのおいしさを伝える上で，においの担う役割は大きいといえる．しかし，加齢とともに嗅覚細胞の萎縮が起こるため，においを感じる閾値が上昇しにおいに対する感覚が鈍くなる．高齢者においては味覚，視覚，嗅覚などの感受性はいずれも個人差が大きいが，これらの感覚の感受性低下は摂食低下をもたらす可能性がある．

b. 口腔機能の低下

戸田他（2008）は，高齢者は若者よりも生野菜，加熱野菜のどちらにおいても咀嚼回数が多く，咀嚼時間も長く要することを報告した．加齢に伴う残存歯数の減少

や義歯の装着による口腔機能の低下は，野菜の摂取を困難にするだけでなく（一宮, 1995），食習慣やバランスよく食べること（池田他, 1991），栄養素摂取量（宮崎, 2008），テクスチャー評価（Kremer et al., 2007）にも影響を及ぼす．また，歯の喪失が多数あり食べにくい場合には，柔らかい食物を選択し，柔らかく仕上げる調理法となり，さらには，咀嚼機能の低下によって，栄養素やエネルギー摂取に支障をきたすこともある（宮崎，2008）．高齢期に歯が失われていくということは，食べること（咀嚼）を困難にするだけでなく，本人が噛みにくい食物を避けるなどの食行動への影響をもたらし，その結果，エネルギーや栄養素の摂取不足につながるおそれがある．

　莨原他（2008）は，65歳以上住民の基本健診において「物が食べにくくなった」という症状をもつ人は，生活機能・運動機能の低下，低栄養，閉じこもり，認知症，およびうつや口腔内の症状（歯が痛む・しみる，口臭，歯が浮く，歯並び・噛みあわせの異常，義歯の不調など）と強い関連があったと述べている．また，高齢期には，唾液分泌量の低下に伴ってドライマウス（口腔乾燥症）になることがある．ドライマウスは口の中がカラカラする，ネバネバする，舌がヒリヒリする，しゃべりづらい，乾いた食品が食べにくいなどの症状を示し，その原因は自己免疫疾患（シェーグレン症候群），基礎疾患，放射線治療や薬剤（抗うつ剤，抗不安剤，血圧降下剤，利尿剤など）の副作用，ストレス，加齢などである（伊藤, 2007）．高齢者のドライマウスに主に影響するのは基礎疾患と服薬であるが，精神的要因や咀嚼機能低下（義歯不適合や咀嚼筋力低下など）も関与する（山村，2011）．唾液は，消化作用，粘膜の保護作用，抗菌作用，洗浄作用があり，食塊形成，食塊移送に重要な役割を担っているため，唾液分泌量が低下すると，齲蝕や感染症，嚥下障害を引き起こすリスクが増大する(伊藤，2007)．また，味覚の低下や変化も生じる（Atkinson et al., 2005）．

　さらに，口腔状態と嗅覚の感受性との関連では，Kremer et al.（2007）は，高齢者は若者よりもカスタードデザートのチェリーやバニラのにおいの強さの程度を有意に低いと評価したと述べ，若者よりも感受性が劣るとしている．しかし，高齢者を嗅覚感受性別に分類（におい識別試験の得点によって高，中，低の識別能力別で3群に分類）して比較すると，フレーバー（食物の風味全般のこと．呈味，テクスチャー，においが相互に複雑に関与している）強度の評価に有意差はみられなかったということである．これは対象となった高齢者の大部分は義歯を使用し，咀嚼力が低下していたことが原因と考えられる．摂食時における後鼻孔での良好な風味認知のためには，嗅覚感受性が良好であることが必要である．しかし，それだけでは十分ではなく，咀嚼力，口腔の健康状態，舌の動き，自然歯かどうかなどの要因が，口から嗅覚レセプターへのにおい分子の放出や後鼻孔移動に影響を及ぼすからである（Kremer et al., 2007）．また，嗅覚の感受性が低下した高齢者では，感受性が低下していない高齢者や若者よ

りも不快臭のある新奇な食物の摂取を試すことをいとわない（Pelchat, 2000）．実生活の中で，高齢者が腐敗した食物を誤って摂取してしまうこともあり，これは嗅覚感受性の低下が原因といえるであろう．このように高齢になって生じる口腔内の機能低下や症状の悪化は，食物の咀嚼や嚥下困難，風味認知の低下につながり，結果としてQOLの低下やさまざまな健康状態の悪化へと悪循環を生じると考えられる．

c. 健康問題

高齢期は唾液腺，胃腺および種々の消化酵素の分泌腺の委縮に伴う消化・吸収機能の低下により下痢，便秘を生じやすい．また，カルシウムの吸収も低下するため，加齢による骨密度の低下と相まって骨粗鬆症を起こしやすい．さらに，胃炎，糖尿病，心臓病などの高齢期に生じやすい健康問題は食事内容の変更を強いる（Callen & Wells, 2003）．食欲不振，服薬による味覚変化，認知症による摂食異常，うつなどは，必要なエネルギーおよび栄養素摂取を妨げ，低栄養を引き起こす背景となることが考えられる（大内・秋山, 2010）．関節炎などがあると身体状況は移動や動作が不便となり，食事づくりや食品の包装を開封することが困難となる（Callen & Wells, 2003）．

このように，高齢期に生じやすい健康問題は食事内容の変更や低栄養のリスクを高めるだけではなく，食事づくりや食べる動作にも支障を生じさせる．さらには，病気に配慮した食事づくりを他者に依頼しなければならないと思うことが食物選択に影響する（Fey-Yensan et al., 2004）．

7.2.2 社会的要因と食物選択

加齢に伴う身体状況だけではなく，性別，同居家族の有無，生活困窮の程度や学歴などの社会人口統計学的要因もまた，高齢者の食物摂取に影響を及ぼす．

a. 家族構成，性別

高齢者においては配偶者との死別などによって独居となり，孤食や食生活上の問題が生じることがある．食物摂取の多様さや栄養素摂取について，同居家族との関連をみると，たとえば，独居男性群は，エネルギー，タンパク質，糖質およびカリウムの各摂取量が低値であり，食物数，食物群数も他群に比べて少なく食事内容が乏しかったということである（熊江他, 1986）．また，男性高齢者においては，津村他（2003）が1日の孤食回数が多いものほど牛乳・乳製品・海藻・小魚（2群），野菜類（3群），果物類（4群）の充足率が低かったことを，岩佐（2015）が食物摂取の多様性得点や「食生活に対する満足度」が低かったことを指摘し，独居者で孤食の者は充足率も食の満足度も低く，問題のある食生活となっている．加えて，渡辺（2015）は卵類，肉類，魚介類，大豆・大豆製品，牛乳，緑黄色野菜，海藻類，果物類，いも類，油脂類の10種類の食物群別摂取頻度について「毎日食べる」〜「ほとんど食べない」の4段

階で尋ね，独居群と非独居群の比較を行っている．いずれの食物群においても「ほとんど食べない」と回答した割合は，非独居群よりも独居群のほうが高かった．特に，社会的孤立群（「独居」かつ「体調を崩した際に付き添いや買い物を頼める人がいない（手段的サポートがない）」かつ「心配事や悩み事の話し相手がいない（情緒的サポートがない）」）で高く，とりわけ男性の独居高齢者の食物摂取の多様性が低下しやすいことを指摘している．

　独居男性では，十分な食事を自分のために準備することが困難であること，また，独居女性に比べて外食頻度が高い（外食率は男性24％，女性4％）ことなどの状況が食事の質にも影響していると報告されている（Davis et al., 1985）．独居女性では独居男性よりも質の高い食事摂取をしていること（Davis et al., 1985）や，独居女性は独居男性よりも共食の機会を多くもつことから（Torres et al., 1992；武見・足立，1997），男性と比べて独居状況が食物摂取に及ぼす影響は少ないともいわれている．配偶者と同居している人では男女ともに良好な食事パタンであり，特に，男性高齢者の場合，配偶者と同居する人は質的に良い食事をしているといわれている（Davis et al., 1985；熊江他, 1986）．また，食事づくりを積極的に行わない女性高齢者では，嫁または娘に食事づくりを任せている場合には食物摂取状況は良好であった（武見他, 1996）ということである．しかし，独居であっても「家族などと食べている」ケースや，一方，同居者がいる場合でも「ひとりで食べる」ケースがあり，誰と食事をするかと居住形態とは必ずしも一致せず（岩佐, 2015），各食物群の充足率と家族形態との関連は明確ではない（津村他, 2003）．ただし，女性の準備する食事に依存してきた男性高齢者の場合，独居となったときに食物摂取への影響が顕著に現れやすいこと，食事づくりをしてくれる女性家族の存在は食物摂取状況を良好に保つ可能性があるということであろう．

b. 経済状況

　高齢者の食事の状況に関連する要因としては誰と同居しているかよりも経済状況の影響が大きい．Fey-Yensan et al.（2004）は，収入が限られていると食物選択に影響を及ぼすことを指摘し，Davis et al.（1985）は「低収入」の独居男性高齢者は，エネルギーや栄養素摂取，食物摂取の多様性，乳製品，果物，野菜，肉などの摂取が不十分であったことを明らかにした．また，女性高齢者においては「低収入」は，同居家族の状況よりもより強く食事パタンと関係し，貧しい男性高齢者よりも貧しい女性高齢者のほうが質の悪い食事をしている（Davis et al., 1985）と報告されている．Conklin et al.（2014）は，社会経済状況を調整し，高齢者の自己評価による経済的困窮程度が果物や野菜の摂取量（g/日）と多様性（品数/月）へ及ぼす影響を分析している．男性の場合は，困窮程度の自己評価と果物や野菜の摂取量とは関連がみられな

かったが，果物も野菜も自己評価が低いほど多様性は低下するという結果であった．これに対して，女性では，野菜の摂取量や多様性には影響を及ぼさず，果物の摂取量や多様性が低くなるということであった．男女とも困窮程度が高いと感じている人ほど摂取する果物の多様性が低下すると考えられる．しかし女性の場合は，困窮程度が高いと感じている人でも野菜の摂取量や多様性への影響はみられないため，困窮に対する自己評価と食事の質や摂取内容とは一致しない場合もある．

食物購入時に重視する認知的な事柄について尋ねた研究（加藤，2012, 2013）では，地域在宅高齢者からは使い切れるもの，食材を無駄にしないこと，利用範囲が広いことなど食材の経済性を重視した回答がみられる．その中で年金生活者では家計費の範囲でまかなえることや，低価格かつ品質の良いことを重要視し，食費を節約しながら日々の食材を考慮しているということであった．これに対して高額な有料老人ホームに入所し，食事サービスを利用している人（健常者）では，「価格の高いほうが品質が良いから高いほうを買う」と考え，お金をかけて品質を重視する選択を行っていた．Conklin et al.（2014）は，「請求書の支払いが難しい」というようなかなり経済的困窮にある高齢者はより費用のかかる食事を避けるかもしれないと述べている．住宅費や公共料金に生活費のかなりの割合を費やす必要があるからである．したがって，個人がなぜその食物を選ぶかを決定づけるときに，経済的な余裕が食物選択を左右するといえるであろう．

しかし，このような経済的余裕のない状況が食物選択へもたらす影響は高齢者に限ったことではない．他の世代との大きな違いは，高齢者は機能障害を発生しやすく，虚弱に陥りやすい発達段階であるということかもしれない．Klesges et al.（2001）は，機能障害のある高齢女性（認知的障害はない人たち）において，低栄養の生化学的マーカーであるヘモグロビン値，アルブミン値，コレステロール値と食物入手時の経済的困難感（はい・いいえで回答）との関連をロジスティック回帰分析で検討している．その結果，ヘモグロビン値（オッズ比＝2.87），アルブミン値（オッズ比＝1.27），コレステロール値（オッズ比＝1.35）の低さは食物入手時の経済的困難感を高めるという結果を報告した．低栄養リスクのある者は食物入手時に経済的困難をより感じるという予測を実証できたのである．この食物入手時の経済的困難感は，もっと大きな経済的困難を感じさせる事柄である医療費や月々の請求書の支払いをうまく処理することとも関係し，さらに，心理的状況（抑うつ状態），健康状態（歩行速度の低さや病態の悪化）などの要因とも関連していた（Klesges et al., 2001）．

つまり，限られた経済状況で生活をする場合，通常の生活費に加えて，高齢者では医療費や介護費といった支払いも考慮しなければならない．元気な状態であれば，うまくやりくりして，多様な食物を摂ることも可能である．しかしながら，機能障害が

生じ，自分の思うように移動ができないと食物の獲得もままならず，気分の落ち込み，食欲低下，栄養素の不足といった悪循環に陥り，病態の悪化や低栄養につながってしまう．このような状態に経済状況の制限は拍車をかけ，栄養素摂取を妨げる要因となり，健康上のデメリットをもたらすといえるであろう．

c. 学　歴

湯川（2000）は，都市部（東京都小金井市）在住の健康老人の学歴（旧制小学校，旧制中学校・高等学校，旧制大学・大学の3区分）とエネルギー充足率との関連を報告している．エネルギー充足率とは，実際に摂取した総エネルギー量の，エネルギー所要量（性，年齢，年齢別基礎代謝基準値，生活活動強度を考慮に入れて算出された．なお現在ではエネルギー所要量という表現は用いず，推定エネルギー必要量と表現する）に対する割合である．その結果，高学歴ほど高エネルギー摂取（充足率が100%以上）の割合が高く，低学歴になるほど低エネルギー摂取（充足率が99%以下）の割合が高く，学歴がエネルギー充足率と関連することが認められている（湯川，2000）．熊谷他（1992）は，高学歴者の食物摂取のパタンは，低学歴者に比べて副食（副食とは主食に対する言葉で「おかず」のこと）に肉類をよく摂取するパタンであったことを指摘した．また，修学年数と野菜摂取との関連（加藤他，2014）では，修学年数の長い人のほうが食物選択時に「栄養バランス」を重視する傾向があり，その結果，野菜をよく摂取する傾向が明らかにされている．

上記の例は，高学歴者の食物摂取状況がより良いということを示唆するものである．なお，学歴は職業，知的水準，経済水準などの社会的要因と関連することから，食物摂取には学歴だけでなく，こうした要因の影響も考慮する必要があるであろう．

7.2.3　精神的・心理的要因と食物選択

加齢とともに抑うつの人は増加し（新野，2002），心配，不安感，孤独感，疲労感などの精神的な健康問題が発生する．こうした問題は，身体状況，居住状況，経済的問題，社会的孤立など身体的，社会的要因を通して食物選択にも影響する．また，配偶者との死別は女性高齢者の食事づくりに対する意欲や食物摂取の質を低下させるともいわれている．

a. 抑うつ

抑うつは食欲低下に加えて，食事そのものへの意欲低下をもたらし，低栄養の危険リスクとなる（大内・秋山，2010）．抑うつは孤食を招く一要因であることが指摘されており，年齢が高いほど（オッズ比＝1.03），女性ほど（オッズ比＝2.84），抑うつ者ほど（オッズ比＝1.61），食物摂取が多様でないほど（オッズ比＝0.76）孤食になりやすく，年齢や性別とは独立して孤食に影響する（Kimura et al., 2012）．なお，孤

食が食物選択に影響する社会的要因であることは，7.2.2項で述べたとおりである．

また，抑うつの人（対象はノルウェー人男女，46〜74歳）の食事の質（野菜，果物，低脂肪乳，全粒粉，魚，未加工の赤身肉の6種の食物群の摂取得点を加算し，得点が高いほど食事の質を高いと評価）は低いことが報告されている（Jacka et al., 2011）．抑うつ男性（対象はオーストラリア人，35〜80歳）では，頻繁に医療やサービスを利用していること，現在喫煙していること，結婚をしていないこと，これまでに不眠や不安の診断を受けていることなどとともに，不健康な食事（エネルギー密度が高く，食物繊維含量が少ない食物から構成される食事）をしているという特徴がみられる（Atlantis et al., 2011）．

食事パタンと抑うつ発症リスクとの関連をみると，たとえば，Ruusunen et al. (2014) の研究（対象はフィンランド人中高年男性，46〜65歳）では，健康的食事パタン（生野菜や調理野菜，果物，全粒粉パン，低脂肪のチーズ，魚など）は抑うつ発症リスクが有意に低いのに対して，欧米型の食事パタン（ソーセージ，肉，甘いスナック，チョコレート，ソフトドリンク，加工食品，高脂肪のチーズや卵など）は抑うつ発症リスクが有意に高い．

したがって，抑うつは，食事の質を低下させてしまう食物選択と関連しており，その結果，低栄養に影響を及ぼすといえるであろう．抑うつの原因や症状は一様ではなく，抑うつの人が抑うつ発症リスクの高い食物選択を継続しているかどうかを実証することは難しい．また，後期高齢者になるほど抑うつ傾向者の割合は高いといわれており（新野，2002），栄養介入に加えて抑うつへの対処や情緒的なサポートが必要であろう．

b. 配偶者との死別

高齢者にとって身近な人との死別はしばしば経験するものであるが，特に配偶者との死別直後は食行動や栄養素摂取への変化が現れる．配偶者との死別直後の暮らしは，食事や栄養の質を低下させ，食行動も一般に良好ではない状況となる．特に，女性高齢者においては配偶者と死別した後，低栄養リスクが高まるという結果が示されている．こうした死別の及ぼす影響を検討した研究は数多くある．

Rosenbloom & Whittington (1993) は，配偶者と死別して2年以内の人（死別群；男性3名，女性47名，平均結婚年数44年）の食行動や栄養摂取について，死別していない人（結婚群；男性3名，女性47名，平均結婚年数43.1年）との比較研究を報告している．対象者は死別群，結婚群いずれも女性の割合が94%を占め，平均結婚年数が長い人たちである．この研究によると，摂取エネルギー量（死別群1432 kcal，結婚群1845 kcal），摂取エネルギー量に占める炭水化物から得られたエネルギーの割合（死別群48%，結婚群51%），タンパク質から得られたエネルギーの割合（死別群

16%, 結婚群 17%) はいずれも死別群で低く, 脂質から得られたエネルギーの割合 (死別群 36%, 結婚群 32%) は死別群で高い傾向が認められる. また, 死別群は, 本来とるべき食事に対して食欲がなく, 高カロリーで, 栄養価の低い食物に対して食欲がわくため, 食事を摂取せず, 脂肪分または糖分の多い間食を摂取する頻度が高くなっているということである. 脂肪分や糖分の多い食物を摂取しても, 死別群の摂取エネルギー量は低く, 不足していることが明らかである. また, 高カロリーで栄養価の低い間食では無機質やビタミンなどの栄養素の摂取を期待することができないと考えられる.

また, Rosenbloom & Whittington (1993) は, 死別群の 72% の人は死別後の食事時間が「孤独である」と感じ, 食事の社会的側面でもある「楽しさ」が減少し, 単に食べなければならないから食べているような傾向が認められると報告している. さらに, 調理などの食行動に対して死別群は, かつては調理することや食事をすることを「楽しんでいた」人であっても, 彼らの調理の効用を認める人が死亡したことにより, 「雑用」と感じてしまっているという結果も報告している.

Charles & Kerr (1988) は, 女性は, 「適切な食事」の提供とは家庭での女性の役割の重要な側面であり, 結婚したら料理は女性の家事の重要な一部とみなされているととらえていることを報告した. また, 女性は他者に対して調理することを「楽しみの資源」として考えていること (Sindenvall et al., 2000), 女性にとって「調理して提供する食事」は友人や身近な人と一緒に食べることができるという「価値」であり, 「他者への贈り物」であるととらえていること (Sindenvall et al., 2001) も報告されている. したがって, 女性が独居となると調理は「フレンドシップの表現」としての意味をなくし, 食事を楽しむことが減少し (Lyon & Colquhoun, 1999), 自身の食事内容の悪化や食事量低下へとつながりかねない. 特に, 夫を亡くしたばかりの女性は調理する動機を欠いてしまう (Sindenvall et al., 2000) ともいわれている.

一方, Falk et al. (1996) は, 女性高齢者は「食事の準備という責任」から解放されたがっていること, 料理を厄介なものとしてとらえ, ひとりになったときそれを放棄したいと考えていると指摘している. Sobal et al. (2006) は, 「家庭の食の管理者というべき人たちは, 家族の食べ物の好き嫌いや癖に気を使い, 家主, 同僚, 客のいる状況下では, 役割と関係性が食物を選択する際に優先される. また, 個人の食事に対する必要性と好みは, 関係性を築いたり, 保ったり, 修復したりするために曲げられることが多い」と指摘している. 加藤 (2013) は, 夫のいる女性高齢者の中には, 夫の好みや体調を優先的に考えて食物選択や調理を行い, 「そうしなければならない」という規範をもっている人がいると述べている. このような女性高齢者においては, 普段は夫の好みやニーズを優先して関係性を維持し, 栄養的にもより良い食事を準備

しようと行動するが，夫の食事を準備する必要がなく，自分ひとりの食事ならば簡単な食事ですませてしまうということであった．

こうした研究からわかるように，女性高齢者の場合，夫のための調理や食事の提供を介して自身の役割を果たし，関係性を保ってきたという人も多いと考えられる．それゆえ夫との死別直後には，役割が喪失し，夫との関係性を保つ必要性がなくなることによって調理への意欲を欠き，栄養面への配慮が薄れてしまうという結果もうなずける．

一方，多くの男性高齢者は，自身の食事に関して家族や配偶者に依存的であるが，Falk et al.（1996）は，晩年配偶者と死別しひとりになった男性高齢者の中には，新たな責任として食事の準備をするようになり，料理を楽しいもの，新しい挑戦ととらえ主体的に取り組む人も存在することを指摘した．また，前述した Rosenbloom & Whittington（1993）は，死別群の中でも，調査時に食事を楽しんでいると答えた女性は，食事の質や食行動得点[2]が高く，食欲もあり，加えて，深い悲しみからうまく立ち直った経験のある親友という形での社会的なサポートがあったことを報告している．

以上より，配偶者との死別によって，男性高齢者では食事を依存する相手が喪失し，女性高齢者では食事を取り巻く活動（食事計画，買い物，調理，配膳）への興味や食事に関する自分の役割を喪失する．また，男女ともに長く続けてきた配偶者との共食や食事中の親密なかかわりを喪失し，孤食となり孤独を経験する．しかし，男性高齢者では新しい挑戦として食事の準備をとらえること，女性高齢者では役割として果たしてきた日常のきまり切った仕事としての食のとらえ方から脱却し，他の楽しみを見いだすことなどによって上手に対処していくことが可能である．このように自分を取り巻く環境や役割感を変化させることができれば，食行動や食事の質がより良いものとなると考えられる．加えて，死別直後の自身のグリーフワークの程度が良い状態であること[3]，また，グリーフケア（深い悲しみから立ち直れるようにそばにいて支援

---

2) 1日3食中の孤食回数，3日間の欠食回数，朝食でのタンパク質を多く含む料理数，摂取した食物の多様さの4項目についてそれぞれ得点化して加算した．0〜10点の範囲で点数が高いほうがより良い食行動といえる．

3) グリーフワークとは，悲嘆から立ち直っていく過程での行為（作業）のことである．Rosenbloom & Whittington（1993）の研究では，グリーフワークの程度を GRI（grief resolution index）(Remondet & Hansson, 1987) を用いて測定している．GRI は，夫と死別した女性の悲しみの解釈と社会移行を成功させる行動に焦点をあてた質問で構成されている．①夫の死を受け入れたか，②"私たち"というのをやめたか，③他者に手を差しのべることができるようになったか，④号泣し乗り越えられたか，⑤夫にさようならといったか，⑥自分にとって夫の死が意味することを考え抜くことができたか，⑦新しい生活を得られたか，の7つについて，「とても不十分である」〜「とてもうまくできた」の5段階でその程度を評価させ得点化する．得点が高いほど，深い悲しみから立ち直った状態を示す．

すること）をしてくれるソーシャルサポートが存在することによって，配偶者と死別した高齢者の栄養摂取や食行動もより良い方向へ変容することができるであろう．

7.3 食物選択の理由

7.3.1 健康的な食事・食物に対する認識

　食物選択の際には，食物中の栄養的な事柄よりもその食物のもつ価値（利便性，経済性，快楽など）を重要視することがある．また，高齢者には健康志向が強い傾向があるがゆえに，個別食物や栄養素の健康への効果を過大評価した食物選択や，特定の食物への偏った信念をもって選択する場合には，結果として健康的な食事や食物選択にならないことがある．

　Kwong & Kwan（2007）は，香港在住の中国人高齢者896名（76±7.48歳，60～98歳）に対して身体活動，健康的な食事およびストレスに関する健康増進行動（13項目）の実践状況について4段階で尋ね，「よく行う」と回答しなかった人（529名）に対して，どのような理由が実践の妨げとなっているかを尋ねた．中でも本人が健康的な食事実践を妨げていると自覚している理由は，「健康的でない食物の享楽」（233名），「健康的な食習慣の知識不足」（182名），「健康的でない食物の準備の簡単さ」（100名），「健康的でない食物は安価」（14名）などであった．不健康と思う食物は快楽をもたらし，準備が簡単で安いと考えている人が多かったと述べている．また，健康的な食物に関する知識のあることも重要であるが，気分，利便性，経済事情などの理由から選択された食物は，結果として不健康な食物選択となっていることを指摘した．高齢者に限らずわれわれは，健康的な食習慣がどうあるべきかの知識不足を認知し，習慣的に摂取している食物が健康的ではないとわかっていたとしても，準備が簡単で安いという理由から，あるいは摂取することによって楽しみが得られることなどを期待して摂取してしまう．つまり，多くの高齢者は他の年齢層の人たちと同様に，個人の欲求や重視する事柄が満たされるように食事の意思決定を行い，その選択は食物の栄養的な内容物よりもむしろ，その食物のもつ価値に影響される可能性が高いといえるであろう（Kim, 2016）．

　足立他（2004）の報告によると，高齢者（対象は155名）は健康についての関心が非常に高く，91名（58.7%）は健康や栄養に関して新聞，雑誌，テレビなどの情報を「よく見る」ということである．137名（88.4%）が何らかの健康食品や，ビタミン剤・カルシウム剤などのサプリメントを利用しており，きな粉やプルーンなど体に良いといわれている健康食品を利用している人は137名中86名，サプリメントを利用している人は51名であった．個別事例をみると，健康に良いと考えて毎朝のウォーキン

グを行い，朝食前にはちみつを入れた自家製ヨーグルトと，きな粉入りココアを必ず摂取するという女性の栄養素摂取状況は，カルシウム，鉄，ビタミンA，ビタミンCの4つが不足し，タンパク質と脂質は過剰であった．この女性は，「嫌いな野菜は無理して食べなくてもよい」「好きなものを好きなだけ食べる」という考えをもち，「夫婦それぞれで（別々に）自由に食事を楽しむこと」を重視していた．高血圧と糖尿病対策としてカロリーと塩分を摂りすぎないように食事制限に細心の注意を払っているという別の女性では，炭水化物，カルシウム，鉄，ビタミンB_1の不足が明らかとされた．さらに，高血圧，糖尿病を患い食事を制限していたが脳梗塞で倒れたという男性では，毎日摂取していた食事量を自分では食べすぎと思っていたが，結果として脂質，カルシウム，鉄，ビタミンB_2などの栄養素が不足し，入院先の医師には栄養不足を指摘されていた．このように，高齢者は，健康への高い関心をもちマスメディアから健康情報を取り入れ，健康に良いといわれる食物を積極的に食べたり飲んだりする傾向がみられる一方で，健康のことを気にするあまりもっと重要な食事から得られるであろうエネルギー量や栄養素の質および量に関して無頓着になり，実際の食事では栄養バランスを崩しているということであった．また，「年をとっても好きなもの，おいしいものを食べたい．これが健康の秘訣である」とか，「粗食が健康に良い」という誤った思考に陥りがちである（足立他，2004）．自由で気楽な食事，独自の考え方による食物摂取は，本人が良いと思っていても実際には偏った栄養摂取を引き起こし，健康的な食事を保障できない場合も起こりうるということであろう．

　さらに，車を所有していないとか，高齢になって運転ができなくなった場合，移動手段は公共交通機関に限定される．あるいは身体障害者であるとか，機能的な障害があるというような高齢者においては，移動はもちろんのこと買い物そのものが困難である．このような状態は，栄養摂取や健康的な食物摂取に悪影響を及ぼすということになりかねない（Pierce et al., 2002）．

　Hughes et al.（2004）は，独居男性高齢者39名（74.8±8.21歳，62～94歳）の調理技術と「健康的な食事」との関連を検討している．調理技術が「堪能」な男性高齢者は，調理技術が「不十分」な男性高齢者よりも野菜の摂取得点は高かったが，エネルギー摂取と調理技術とは負の相関関係が認められ（$r(34) = -0.336$），調理技術が「堪能」な人のほうが「不十分」や「十分」という人よりエネルギー摂取量は少なかったということである．Hughes et al.（2004）は，調理技術が堪能ならば，野菜の摂取量を増加することがたやすいことから，ビタミンCなどの微量栄養素の摂取量の増加が見込め，さらに主観的健康感もより良い結果となることを期待できるかもしれないが，それをもって推奨されるエネルギー量の摂取を保証するものではないことも指摘した．

7.3 食物選択の理由

　野菜を上手に調理することができれば，健康に良いとされる野菜を多く摂取でき，満腹感も得られるかもしれない．しかし，そのことによって脂質や炭水化物やタンパク質を多く含む主菜や主食の摂取量を抑制してしまうことが生じ，必要なエネルギー量を満たせず，結果として，「健康的な食事」とはならないこともある．野菜や果物の摂取を促進することはもとより重要であるが，高齢者の場合，食事から得られるエネルギーやタンパク質量が不足すると低栄養リスクを高め，自立度にも影響しかねない．

　McKie et al.（2000）は，スコットランドの都会と田舎に住む 75 歳以上の高齢者計 152 名を対象に，「健康的な食事」をどのようにとらえているかについて尋ねた．対象者は，「買い物も調理もほとんど自分で実施している人」(65 名，43%)，「買い物や調理を自分自身でほとんどせず頼っている人」(37 名，24%)，「サポートが必要な人」(50 名，33%) などであった．分析の結果，高齢者における「健康的な食事」の概念は，「適正な食事（proper meals）」（肉または魚，じゃがいも，野菜を含む料理を 1 コースとした場合少なくとも 2 コースから構成される伝統的な食事のこと），「適正な食物（proper foods）」（新鮮な肉や野菜など加工されていない食物のこと），「食の多様性」（多様な食物を食べること），「節度ある食事」（食べすぎないこと），「食事ルーチン」（同じ食事を規則的にとること）であり，これらの概念は他の年齢層と同様であったということである．

　上記の研究では，研究者側は，高齢期の食事は「低栄養予防や老化による機能低下を防ぐための特別な栄養上の予防策」を行うことが重要であり，このため「健康的な食事とはタンパク質とエネルギーを十分に摂取できる食事から構成されるべきである」ととらえている．ところが，高齢者側は「健康的な食事とは，適正な食事や適正な食物（新鮮な肉や野菜とパン）で構成されているべきである」という見解をもち，どの年齢層にもあてはまる意味でしかとらえていなかったのである．高齢期における健康な食事は，食物をバランスよく摂取することに加えて生活機能を維持するために，低栄養を招かないような食事構成とすべきである．その一方で，一般成人と同様に生活習慣病への対策も必要であることから，他の世代と同様に健康的な食事をとらえていても不思議ではない．強いていうならば，健康的な食生活を実践する際，高齢期には感覚器の感受性の低下や疾病対策の食事内容への移行，服薬など，適切な食物選択に影響を及ぼす要因が多々発生し，低栄養になるリスクが高いことを意識する必要があるということであろう．

　また，高齢者に限らず人は，食物と健康を結びつけてとらえることが多い．その際，食物を体に「良い」「悪い」と非常に単純に決めつけて利用する場合や，フードファディズム（food faddism）に陥ることがある．フードファディズムとは，ある食べ物

の栄養素が健康に与える影響を過大に評価したり，また，その食べ物や栄養素に固執したりすることである（Kanarek & Marks-Kaufman, 1991）．食物は摂取後すぐに良好な健康状態が導かれるわけではなく，1種類の栄養素だけで健康が左右されるわけでもないが，健康志向の高い高齢者は健康への効用があるとされる食物を選択している．また，科学的に正しい効果を認識した上で食物選択をするのではなく，根拠の確かでない情報に振り回されて選択をする人や，健康的であるかよりも利便性や快楽をもたらすかどうかで食物を選択する人もいる．しばしば人は，それまで得てきた知識や経験にあうように，また，未来の自分についてより良い可能性を反映させるように判断して食物選択をしている（今田，2002）．つまり，自身の都合や価値観や信念にあうように食物選択をしているということであろう．

7.3.2 高齢者の食物選択における個々の食物

食物選択動機と食物選択との関連では，今田（1997）は，摂取拒否の動機として，おいしくない，まずいといった「味」に対する不快感情によるものと，危険である，健康を害する，太るといった結果予期によるものと，食物ではない，食べるべきものではないといった知識・信念などの認知判断に基づくものがあると述べている．それでは，高齢者はどういった食物をどのような動機で選択しているのだろうか．個々の食物について，いくつか具体例をあげてみたい．高齢者の場合，老化に伴い咀嚼や嚥下が難しくなる口腔機能低下は，果物や野菜の摂取を抑制してしまう．それとは別に，Fey-Yensan et al.（2004）は，高齢者は「果物や野菜を摂取するとおならや腹痛を引き起こす」というように認知していることを指摘した．このような認知もまた，高齢者が果物や野菜を摂取することを抑制する．反対に，「腸機能」を重視する高齢者では野菜摂取が促進される（Lucan et al., 2010）ようである．

加藤・長田（2008）は，高齢者を対象とした調査において，食物を選択する際「低カロリー」を重要視する人は，日常的に「卵」の摂取が少ない傾向を明らかにした．卵には脂質（1個あたり約5g）やコレステロール（卵黄1個あたり約200 mg）が多く含まれる（香川，2015）ことから，コレステロールに対する偏った考え方（例：コレステロールの多い食物を食べると血中のコレステロール値が上昇し脳卒中になりやすいと考える）が卵摂取を抑制するのではないかと考察している．

また，加藤・長田（2008）は，海藻類は「栄養と健康」を重要視する高齢者で摂取頻度が高いことを指摘した．海藻類は，無機質や食物繊維が多く栄養の価値が高い食材であり，日本では，古くから食用にする習慣があるため，「栄養と健康」を重要視している人においては，海藻類の摂取頻度が高くなったと考えられる（加藤・長田，2008）．一方，欧米社会においては「食べ物ではない」と認知されており，海藻類を

摂取する習慣がない（今田, 1991）．このように，食習慣の違いや栄養的価値の認知が，日本では海藻類の選択を促進し，欧米社会では抑制する結果となっている．

次に，ファストフードは高カロリーで低栄養食の象徴であり（Binkley, 2006），肥満問題と関連する食物とされ（Morris et al., 1995），栄養効果に関して否定的な評判をもつ食物である．しかし，その名称のとおり，注文してすぐに食べることができ，持ち帰ることもできる便利な食物である．また，外食や惣菜も利便性の高い食事方法や食物である．そこで，高齢者にとってのファストフードや外食・中食を研究した事例を以下に示す．

加藤・長田（2008）は，「入手の容易さ」を重要視する高齢者では，ファストフードや外食の摂取頻度が高くなることを指摘した．Reynolds et al.（1998）は，高齢者がファストフード店を頻繁に利用する理由は，利便性，サービスのスピード，価格であることを，また，Morris et al.（1995）は，ファストフード店の常連客となっている高齢者がファストフード店を利用する理由は，調理をしなくてもよいこと，行きやすいこと，経済性が高いこと，社交場であることを，さらに，Lucan et al.（2010）は，高齢者（低収入者）の自宅の近隣にファストフード店が遍在しているということが，ファストフード店の利用を高めていることを指摘した．藤井他（2001）は，高齢者は自宅から近かったり，買いたい惣菜を販売する店を利用していることを報告している．

伊達他（2001）も日本人を対象に研究を行い，大学生と高齢者のファストフードを利用する理由は，いずれも，利便性，経済性，地理・環境であったと指摘している．しかし，伊達他（2001）は「後片づけが簡単である」「手軽に利用できる」「自分で料理する時間がない」という理由は大学生のほうが割合が高く，利便性の重要度は高齢者では他の理由に比べ低いことも指摘した．高齢者はレトルトの食物や半調理のフライやハンバーグなどの「便利な食材」の利用頻度が低く，加工食物に多い「油もの」を好まないという状況があり，これらは，高齢者自身が長年築きあげてきた生活の中に取り入れる必然性が低いためや，加齢に伴う食嗜好の変化のためである（壁谷沢・長沢, 1988）．したがって，ファストフードは大学生にとっては利便性の高い食材でも，日本人高齢者にとっては食習慣や食嗜好にあわない食材であり，「利便性」の重要度は低く評価されたと考えられる．

以上より，高齢者にとって咀嚼や嚥下の困難な食物，摂取することで体調に悪影響をもたらすととらえられている食物，新しい商品や使い慣れない食材など食習慣や食嗜好にあわない食物に対してはその購入が抑制されてしまうと考えられる．また，高齢者は調理にかかる労力や時間に加えて，後片づけに要する労力や時間をなるべく減らしたいと考えているため（加藤, 2013），準備だけでなく，後片づけが大変な調理や食物の摂取は抑制されてしまう．「栄養と健康」「低カロリー」「利便性」などを重

視する人では，食物選択の結果，これらが満たされると判断した場合には摂取が促進される．店が自宅から近いことや，購入や調理や配膳が簡便なことや，すぐに食べられることを重視すると，ファストフードや惣菜を利用する頻度は促進されると考えられる．もし，若いときや熟年期にファストフードをよく利用していた人たちが高齢者となった場合には，慣れ親しんだ食物に分類されその摂取は促進されるであろう．

7.4 高齢者はなぜ食べるのか

本章では，高齢者の食物選択に影響を及ぼす要因，食物選択の理由について先行研究をもとに述べてきた．最後に，以上をもとに「高齢者はなぜ食べるのか」を考えてみたい．

高齢者は他の年代と同様に生きるために食べている．しかし，老化遅延のため，社会生活機能を維持するため，健康のため，疾病の予防・治療・改善のためなど，他の年代とは異なったことを食べる目的として重視していることもある．さらにそれ以外にも多様な理由が明らかにされている（加藤，2013を参照）．

食物を選ぶときには，複数の理由が並立し個人の中で葛藤が起こる．そのときの重要性に応じて個人の中で駆け引きをし，各種の方略を用いて食物の選択は行われるのである．たとえば，自分あるいは家族の好みのものだから，欲求を満たすものだから，噛みやすいものだから，といった理由で高齢者はその食物を選択するかもしれない．あるいは一緒に食べる人がいるから，家族が準備・調理してくれたから，自宅から近い店で買えるから，調理や後片づけが簡単だから，これまでに慣れ親しんできたものだから，残存する機能で摂取可能であるから，その食物を食べるかもしれない．いずれにしても，ひとりひとりの高齢者が，これまでに経験し取得した知識や情報をもとにして，自分の現在の状況において有益と判断したものを食べていると考えられよう．

［加藤佐千子・長田久雄］

引用文献

足立 己幸・松下 佳代（2004）．NHKスペシャル　65歳からの食卓――元気力は身近な工夫から――（pp.58-103）　NHK出版

Atkinson, J. C., Grisius, M., & Massey, W. (2005). Salivary hypofunction and xerostomia: Diagnosis and treatment. *The Dental Clinics of North America, 49*, 309-326.

Atlantis, E., Lange, K., Goldney, R. D., Martin, S., Haren, M. T., Taylor, A., ... Wittert, G. A. (2011). Specific medical conditions associated with clinically significant depressive symptoms in men. *Social Psychiatry and Psychiatric Epidemiology, 46*(12), 1303-1312.

Binkley, J. K. (2006). The effect of demographic, economic, and nutrition factors on the frequency of food away from home. *The Journal of Consumer Affairs, 40*(2), 372-391.

Callen, B. L., & Wells, T. J. (2003). Views of community-dwelling, old-old people on barriers and aids to nutritional health. *Journal of Nursing Scholarship, 35*(3), 257-262.

Campion, E. W. (1998). Aging better. *New England Journal of Medicine, 338*(15), 1064-1066.

Charles, N., & Kerr, M. (1988). *Women, food and families* (pp.17-38). Manchester: Manchester University Press.

Conklin, A. I., Forouhi, N. G., Suhrcke, M., Surtees, P., Wareham, N. J., & Monsivais, P. (2014). Variety more than quantity of fruit and vegetable intake varies by socioeconomic status and financial hardship. Findings from older adults in the EPIC cohort. *Appetite, 83*, 248-255.

伊達 久美子・西田 頼子・中村 美和子・西田 文子・小森 貞嘉 (2001). 循環器疾患患者の食行動の実践と認識　山梨医大紀要, *18*, 61-67.

Davis, M. A., Randall, E., Forthofer, R. N., Lee, S. E., & Margen, S. (1985). Living arrangements and dietary patterns of older adults in the United States. *Journal of Gerontology, 40*(4), 434-442.

Falk, L. W., Bisogni, C. A., & Sobal, J. (1996). Food choice processes of older adults: A qualitative investigation. *Journal of Nutrition Education, 28*(5), 257-265.

Fey-Yensan, N. L., Kantor, M. A., Cohen, N., Laus, M. J., Rice, W. S., & English, C. (2004). Issues and strategies related to fruit and vegetable intake in older adults living in the Northeast region. *Topics in Clinical Nutrition, 19*(3), 180-192.

藤井 昭子・新澤 祥恵・坂本 薫・峯木 真知子・石井 よう子・川井 考子・金谷 昭子 (2001). 食環境の市場変化と消費者行動のかかわり――中食の流通と消費――　日本調理科学会誌, *34*(2), 165-180.

Hughes, G., Bennett, K. M., & Hetherington, M. M. (2004). Old and alone: Barriers to healthy eating in older men living on their own. *Appetite, 43*, 269-276.

一宮 頼子 (1995). 成人女性の口腔内状況と食生活との関連性　口腔衛生学会雑誌, *45*, 196-214.

池田 順子・永田 久紀・工藤 充子・樹山 敏子・苗村 光廣 (1991). 80歳老人の食生活の実態　日本公衆衛生雑誌, *38*(6), 446-455.

伊藤 加代子 (2007). 摂食・嚥下に関与する諸因子1　唾液と摂食・嚥下　才藤 栄一・向井 三惠 (監修)　摂食・嚥下リハビリテーション (pp.94-97)　医歯薬出版

今田 純雄 (1991). 食物選択の動機付け　異常行動研究会誌, *31*, 15-28.

今田 純雄 (編) (1997). 食行動の心理学　現代心理学シリーズ16 (p.72)　培風館

今田 純雄 (2002). 心理学による消費者の食行動予測　荒井 総一 (編)　フードデザイン21 (pp.365-373)　サイエンスフォーラム

岩佐 一 (2015). 高齢者における食生活と心の健康の関連　臨床栄養, *126*(1), 37-42.

Jacka, F. N., Mykletun, A., Berk, M., Bjelland, I., & Tell, G. S. (2011). The association between habitual diet quality and the common mental disorders in community-dwelling adults: The Hordaland Health Study. *Psychosomatic Medicine, 73*(6), 483-490.

壁谷沢 万里子・長沢 由喜子 (1988). 家事サービスの利用要因に関する構造的分析 (第1報) 基本的属性を視点として　日本家政学会誌, *39*(11), 1141-1153.

香川　芳子（監修）（2015）．食品成分表 2015（pp. 196-197）　女子栄養大学出版部
Kanarek, R. B., & Marks-Kaufman, R. (1991). *Nutrition and behavior : New perspectives*. New York : Van Nostrand Reinhold.
　（カナレック, R. マーク・カウフマン, R. 高橋 久仁子・高橋 勇二（訳）（1994）．栄養と行動——新たなる展望——　アイピーシー）
加藤　佐千子（2012）．生活機能の高い高齢者における「食物選択動機」の構造　医学と生物学, *156*(7), 486-499.
加藤　佐千子（2013）．生活機能の高い高齢者における食物選択動機の様相　京都ノートルダム女子大学研究紀要, *43*, 15-28.
加藤　佐千子・長田　久雄（2008）．地域在宅高齢者の食品選択動機と食の多様性および食品摂取との関連　日本食生活学会誌, *19*(3), 202-213.
加藤　佐千子・渡辺　修一郎・芳賀　博・今田　純雄・長田　久雄（2014）．女性高齢者の食物選択動機と野菜選択，健康度自己評価，個人属性との関連　日本食生活学会誌, *25*(3), 191-202.
Kim, C. O. (2016). Food choice patterns among frail older adults : The associations between social network, food choice values, and diet quality. *Appetite*, *96*, 116-121.
Kimura, Y., Wada, T., Okumiya, K., Ishimoto, Y., Fukutomi, E., Kasahara, Y., ... Matsubayashi, K. (2012). Eating alone among community-dwelling Japanese elderly : Association with depression and food diversity. *The Journal of Nutrition, Health & Aging*, *16*(8), 728-731.
Klesges, L. M., Pahor, M., Shorr, R. I., Wan, J. Y., Williamson, J. D., & Guralnik, J. M. (2001). Financial difficulty in acquiring food among elderly disabled women : Results from the women's health and aging study. *American Journal of Public Health*, *91*(1), 68-75.
Kremer, S., Bult, J. H. F., Mojet, J., & Kroeze, J. H. A. (2007). Food perception with age and its relationship to pleasantness. *Chemical Senses*, *32*(6), 591-602.
熊江　隆・菅原　和夫・木下　喜子・町田　和彦・島岡　章（1986）．高齢者の栄養素摂取に及ぼす家族構成の影響　日本公衆衛生雑誌, *33*(12), 729-738.
熊谷　修・柴田　博・須山　靖男（1992）．在宅中高年の食品摂取パタンとその関連要因　老年社会科学, *14*, 24-33.
Kwong, E. W., & Kwan, A. Y. (2007). Participation in health-promoting behavior : Influences on community-dwelling older Chinese people. *Journal of Advanced Nursing*, *57*(5), 522-534.
Lucan, S. C., Barg, K., & Long, J. A. (2010). Promoters and barriers to fruit, vegetable, and fast-food consumption among urban, low-income African Americans : A qualitative approach. *American Journal of Public Health*, *100*(4), 631-634.
Lyon, P., & Colquhoun, A. (1999). Home, health and table : A centennial review of the nutritional circumstances of older people living alone. *Aging and Society*, *19*, 53-67.
松岡　緑（1990）．ねたきり老人の食事　教育と医学, *38*(2), 52.
McKie, L., MacInnes, A., Hendry, J., Donald, S., & Peace, H. (2000).The food consumption patterns and perception of dietary advice of older people. *Journal of Human Nutrition and Dietetics*, *13*, 173-183.
宮崎　秀夫（2008）．歯の健康力——日本人高齢者の口腔健康状態と栄養との関連性——

FOOD STYLE 21, *12*(6), 25-28.

Morris, J., Schneider, D., & Macey, S. M. (1995). A survey of Americans to determine frequency and motivations for eating fast food. *Journal of Nutrition for the Elderly, 15* (1), 1-12.

新野 忠明（2002）．沖縄の高齢者の精神的健康度 抑うつ症状の有病率と関連要因について．崎原 盛蔵・芳賀 博（監修），健康長寿の条件——元気な沖縄の高齢者たち——（pp. 61-66）ワールドプランニング

大村 裕・坂田 利家（1996）．脳と食欲——頭で食事する—— ブレインサイエンス・シリーズ3（pp. 241-242） 共立出版

大内 尉義・秋山 弘子（2010）．新老年学（第3版，pp. 579-590） 東京大学出版会

Pelchat, M. L. (2000). You can teach an old dog new tricks：Olfaction and responses to novel foods by the elderly. *Appetite, 35*, 153-160.

Pierce, M. B., Sheehan, N. W., & Ferris, A. M. (2002). Nutrition concerns of low-income elderly women and related social support. *Journal of Nutrition for the Elderly, 21*(3), 37-53.

Remondet, J. H., & Hansson, R. O. (1987). Assessing a widow's grief：A short index. *Journal of Gerontological Nursing, 13*(4), 31-34.

Reynolds, J. S., Kennon, L. R., & Kniatt, N. L. (1998). From the golden arches to the golden pond：Fast food and older adults. *Marriage & Family Review, 28*(1-2), 213-224.

Rosenbloom, C. A., & Whittington, F. J. (1993). The effects of bereavement on eating behaviors and nutrition intakes in elderly widowed persons. *Journal of Gerontology, 48* (4), S223-S229.

Ruusunen, A., Lehto, S. M., Mursu, J., Tolmunen, T., Tuomainen, T. P., Kauhanen, J., & Voutilainen, S. (2014). Dietary patterns are associated with the prevalence of elevated depressive symptoms and the risk of getting a hospital discharge diagnosis of depression in middle-aged or older Finnish men. *Journal of Affective Disorders, 159*, 1-6.

佐藤 しづ子（2010）．味覚障害・高齢者における"うま味感受性"（〈総説特集〉摂食機能と味覚・うま味の関連-6） 日本味と匂学会誌，*17*(2)，117-126.

柴田 博（2002）．8割以上の老人は自立している（pp. 64-65, 129） ビジネス社

Sindenvall, B., Nydahl, M., & Fjellström, C. (2000). The meal as a gift：The meaning of cooking among retired women. *Journal of Applied Gerontology, 19*, 405-423.

Sindenvall, B., Nydahl, M.,& Fjellström, C. (2001). Managing food shopping and cooking：The experiences of Swedish women. *Aging and Society, 21*, 151-168.

Sobal, J., Bisogni, C. A., Devine, C. M., & Jastran, M. (2006). A conceptual model of the food choice process over the life course. In R. Shepherd, & M. Raats (Eds.), *The psychology of food choice* (pp. 1-18). Oxfordshire：CABI.

鈴木 隆雄（2000）．日本人のからだ——健康・身体データ集——（pp. 302-303） 朝倉書店

武見 ゆかり・中村 里美・平山 裕美・足立 己幸（1996）．食行動・食態度の積極性と食品摂取状況との関連——埼玉県M町骨密度検診受診成人女性の事例—— 女子栄養大学紀要，*27*，57-73.

武見 ゆかり・足立 己幸（1997）．独居高齢者の食事の共有状況と食行動・食態度の積極性と

の関連　民族衛生, *63*(2), 90-110.

戸田　貞子・高松　美穂・香西　みどり・畑江　敬子（2008）．高齢者の口腔内状態の分類と野菜の食べやすさ　日本家政学会誌, *59*(12), 969-978.

Torres, C.C., McIntosh, W.A., & Kubena, K.S. (1992). Social network and social background characteristics of elderly who live and eat alone. *Journal of Aging and Health*, *4*(4), 564-578.

津村　有紀・荻布　智恵・広田　直子・安田　絵里・曽根　良昭（2003）．食品群別摂取状況からみた高齢者の食生活について　日本生理人類学会誌, *8*(4), 207-211.

渡辺　修一郎（2015）．2015年問題から2025年問題へ　臨床栄養, *126*(1), 8-23.

山村　幸江（2011）．日常診療におけるドライマウスの取扱い　口腔・咽頭科, *24*(1), 39-44.

葭原　明弘・高野　尚子・宮崎　秀夫（2008）．65歳以上高齢者における全身状態と口腔健康状態の関連——特定高齢者判定項目から——　口腔衛生学会雑誌, *58*, 9-15.

湯川　晴美（2000）．11. 都市部在住の健康老人における食品摂取状況——エネルギー摂取とその関連要因および食品摂取の加齢変化——　東京都老人総合研究所，中年からの老化予防総合的長期追跡研究（1991-2001），175-191.

参　考　文　献

加藤　佐千子（2013）．生活機能の高い高齢者における食物選択動機の様相　京都ノートルダム女子大学研究紀要, *43*, 15-28.

08 ヒトの生物性と文化性を結ぶ食発達

8.1 食の生物性

　食行動には生物レベル（生理・神経科学），個体レベル（学習，動機づけ，感情，認知），社会文化レベル（集団，社会，文化）の3水準がある（今田，1997）．また食行動は，年齢に伴って質，量ともに発達する．食は呼吸と並んで，生を支えるもっとも根源的な行為である．ヒトは他の生物と同じく，環境から資源を取り入れて身体を維持し，その結果としての老廃物を環境に排出して生きている．またその老廃物を資源として活用して生きている生物もいる．植物を動物が食べ，その便を植物が栄養源とするというのはその典型である．

　そうであるならば，何をどう食べるかを通じてヒトという存在が理解できると考えることも可能である．本章ではそういう観点から，特に身体・生命を支えるもっとも生物的な原点であるという側面と，そうでありながらも文化によって大きく修飾もしくは規制されているという側面を背中あわせにもつというヒトの食の独自性について，個体の関係性発達の観点を折り込みながら，筆者なりのささやかな考察を試みたい．

8.1.1 身体と食性（生物的観点）

　生物にはそれぞれの種に，栄養源として何をどのように摂るかに関して独特のスタイルがある．むしろそのように，環境資源の種類とその取り込み方を種によって異にする方向に進化することを通じて，他の生物と地球環境で棲み分けてきたといったほうが正しいかもしれない．それが食性である．

　霊長類は基本的に雑食傾向が強いが，主に昆虫を食べるもの（原猿と呼ばれる小型の霊長類に多い），植物の葉を食べるもの（比較的大型の霊長類に多い），果物を食べるもの（霊長類全体に広くみられる）に大別される（Fleagle, 1988；中野・太田, 1996）．類人猿では上野（1999）が諸食と呼んだような食性の多様性がみられる．昆虫は小さく敏捷で捕まえにくいため，栄養源としては大型の霊長類には向かない．ま

た，チンパンジーの雄は小動物の狩猟を行うのに対して，雌はシロアリ釣りをするという性差がある (McGrew, 1992)．葉は環境に豊富に存在しており移動しないため，動きの緩慢な大型の霊長類でも食べられるが，それで栄養をまかなおうとすると大量に食べなくてはならない．しかも植物の葉には消化しにくい繊維があるため，葉を主な栄養源とする霊長類には特殊な消化器官が進化した．

8.1.2 ヒトの食の多様性

霊長類は樹上に適応した哺乳類で，両眼視（両眼で1つのものがとらえられること），拇指対向性（親指が他の指と向きあうこと），新脳化（新しい脳の部位が増大すること）などを特徴とする．手と足で枝などを握ることができるため，かつて四手類と呼ばれたこともある．ヒトのヒトたるゆえんは直立二足歩行にあるが，後足だけで立って歩けるようになったことで，ヒトは自由になった手を道具の製作と使用に用いることが可能になった．そして同時に直立姿勢が脳の大型化を可能にしたこともあって，ヒトは積極的に環境に働きかけ，それを自分にとってより好ましいものへと改変するようになった．

『もの食う人びと』の中で辺見 (1994) は，ヒトがいかに多様なものを食べてきたかを活写している．またご当地の海の幸，山の幸によるうまいもの紹介は，テレビの旅番組での定番企画である．ヒトは，特定の信条の持ち主は別として，通常は動物も植物も隔てなく食べる．ヒトに近縁のオランウータンやゴリラは主に植物食で，肉食の報告はほとんどない (山極, 1994)．チンパンジーは肉食を行うが，その頻度は限られている．それに比べると，ヒトは哺乳類から魚類まで，日常的に多様な動物を食べてきた．動物の身体だけではなく，それがつくりだす乳やその加工品も貴重な栄養資源であった．

しかし，ヒトはもともとサイなどと同じく草食（植物食）傾向が強かったことが，発掘された原生人類の歯の表面に残るキズの特徴から推測されている (Lewin, 1984)．ヒトが石器や火の使用を開始したのは160万年前のホモ・エレクトゥスあたりからとされ，それはのちに飛び道具や罠，釣り針，耕作器具などとして狩猟採集や農耕牧畜に活用された．そして雑食化はそれによって大いに進展した．ヒトの食は，素材をそのまま摂取するということもあるが，多くは火や調味料などを用いて，食材，食品への調理という形で物理的，化学的，美的な加工が施される．食材から多様な食をつくりだし，舌と目でその多様性を楽しむのである．食物の舌触り，喉ごし，色，形，におい，味などの組合せや，さらには食べる文脈などを無限につくりだし，味わいを楽しむことができるのがヒトの食の大きな特徴とされる (上野, 1999)．まさにヒトはグルメのサルといえる．

ヒトの食の特徴は，そのような食物自体の多様性にあるだけではなく，それをさまざまな器に盛りつけ，箸やスプーンなどの食具，テーブルを飾るマットや花，照明も食事の演出として楽しむ．また調理加工過程には鍋釜やナイフ，包丁などの道具や，保存・調理のための冷蔵庫や電子レンジ，ガスコンロなど，これまた多様な道具が関与する．このようにヒトの食は，口で取り込み嚥下するという常識的な意味での行為のみならず，それ以前の配膳，調理加工，購入，狩猟採集，栽培，農耕牧畜などにさかのぼり，嚥下後も消化，吸収の過程が続く，多岐にわたる行為群である（根ケ山，1996；今田，1997）．

現代のヒトの食は身体の制約から解き放たれ，生産，流通，保存，衛生管理，テレビやインターネットなどの料理番組やレシピ，料理学校や食物学教育，家電製品や食器の製造と使用，広告，販売などまで，日々の食卓を支えるバックアップシステムの裾野は膨大な広がりをもっている．道具や個体間の多重的な関係をふまえた〈ヒト-モノ〉システムとして成り立っているのがヒトの食なのである．そこには，その様式を洗練，分化させてきた社会文化的な過程があり，生物・身体性と社会・文化性の両面にまたがった時間軸が横たわっている．

8.2 個体関係を支える食

食べられたものは消化吸収されて血肉となり，食べた主体の身体を構成することになるし，また目や耳，脳神経を形づくり，さまざまな化学物質ともなって心の働きも支える．もともと環境の側に客体として存在していた栄養資源を主体化する行為が食であるというのはそういうことであり，それは本質的に自他の問題とかかわっている．またヒトの食における供給者と受給者も自他の問題といってよい．たとえば母乳を与えることは，母親の身体に属していた資源を子どもの資源となるように提供することである．

8.2.1 哺乳・離乳

食をめぐるその親子の身体の連結状態というのは，哺乳においてより顕著である．乳は母親の乳腺でつくられる母親の身体資源であって，それが乳頭を介して子どもに移動し，子どもを構成する栄養となる．妊娠中はもっと直接的に，胎盤を介して母体の栄養が子どもに渡る．ちなみにそれを媒介する胎盤は発生的には子ども側の組織であるため，子どもの主導性がその授受を導いていることになる．このように，母子の間身体性に深く根を下ろしていることが，関係発達において食がもつ重要性である．

歯が生えはじめるのは生後6〜8か月であるが，その頃に哺乳中の乳頭を子どもが

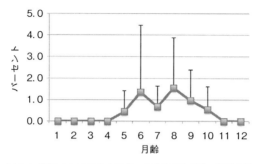

図 8.1 哺乳中に子どもが母親の乳首を噛む行動の発現変化

噛むという行動がみられることがある．図 8.1 は，筆者が行った 7 名の乳児の 1 年間にわたる家庭におけるビデオ観察の中で，その行動生起率の月ごとの平均と標準偏差である．母親は痛くて子どもの口を離す．哺乳自体は，与える人と受け取る人の調和的な関係であるが，その中にあってこの行動は対立的である．乳首を噛むと哺乳を拒まれるので，乳への依存度が下がっていることがこの行動の背景にあるが，それと同時に，単に親に依存するだけではなく親の反応を予測し，その実際の結果を確認している子どもの姿がそこにはある．ただし，母親を困らせるその行動は，生後 1 年を迎える直前には消えていく．親子が活発に交流するという性質を，摂乳場面が徐々に失っていくことの反映であろう．

8.2.2　離乳における親子対立

巷に桶谷式断乳という離乳のスタイルがある．民間伝承の離乳法をもとに助産師の桶谷そとみが確立した手法であって，基本は 1 歳を過ぎた時点で乳房にこっそり顔の絵を描いて子どもに見せ，それ以降母乳を吸わせないというやり方である．子が求めても与えないので「断乳」なのだが，実はその実施時期は子どものレディネスをチェックして決められるので，単純な親主導ではない．

桶谷式断乳を実施した母親 133 名を対象に筆者が行った質問紙調査の結果，その離乳方法を用いると子どもの多くが数日という驚くほどの短期間で，まるで憑き物が落ちたように母乳を求めなくなり（図 8.2），離乳後に子どもの自立が進むことが報告されている（根ケ山，未発表）．母乳を断たれるというだけではなく，子ども自身にも親に依存しないで自立することへの志向性を想定しないと，この驚くほどの変化を合理的に説明することは難しい．食が生活体としての自律性獲得の基本であることを強く示唆する事実である．

桶谷式断乳は通常は乳房に怖くない顔の絵を描くが，描かないで行う場合もあり，

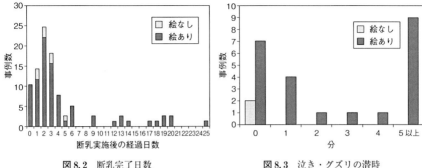

図 8.2　断乳完了日数　　　　　　　図 8.3　泣き・グズリの潜時

図 8.2 をみる限りその効果はあるとしても絵なしの断乳と比べ顕著とはいえない．しかし実際に家庭で桶谷式断乳を行う様子を観察すると，事例数は限られているものの，顔の絵がある場合に比べてない場合は泣きの潜時が小さい傾向がうかがわれた（図 8.3）．断乳には，悪味のする物質を乳首に塗ったり，乳首に絆創膏を貼ったりして子どもを拒否するスタイルもあるが，それに比べると桶谷式断乳は，断乳とはいえ負のインパクトが緩和された離乳スタイルといえる．さらにヒトの離乳には断乳以外に，親からは拒否をいっさいしないスタイルもある．ラ・レーチェ・リーグ（La Leche League；母乳支援の国際ボランティア団体）がその典型であり，子どもが自分で離れるときを待つ「卒乳」である．このようにヒトの離乳には親主導的要素の強い断乳と，子主導性要素の強い卒乳という異なるタイプの離乳法が併存している（根ケ山, 2002）．

8.2.3　共　　感

もうひとつヒトの食供給における個体関係を特徴づけるのは，共感的口唇行動である．共感的口唇行動とは，食供給時，子どもの口の開閉に連動して供給者の口が開閉する行動である．鯨岡（1999）はそれを「成り込み」と呼び，「情動の舌」が親から子どもの身体に伸びることだと表現したが（鯨岡, 1999），食の場合はまさにその「舌」の向かう先が子どもの口だということになる．

川田（2014）は，通常の食事場面の観察から母親の供給による摂食と子自身による自発摂食とを分類し，それぞれにおける母親の共感的開口を比較した．その結果，共感的開口は母親の供給時に多発し，その傾向は生後 15 か月に至るまで一貫して高いことがわかった．また Negayama（1998-1999）は，①母親自身が供給する場面，②父親が供給するのを母親がそばで見ている場面，③父親の供給を母親が離れて見る場面を設けて，3 場面における母親の共感的開口の発現を比較したところ，この行動は

①の母親自身が供給するときに有意に多発することがわかった．行為主体としての能動性が引き起こす行動なのである．

　この主体性が混ざりあうような不思議な行動は，なぜ生じるのであろうか．食べるのは子どもであるが，母親は食べさせつつ，食べさせられる立場の子どもの行動を自身の対応する身体部位である口唇に発現させる．それは親子が相似な身体をもっていることを離れては説明できない現象で，その同型性を基盤にして自ずと成立する疎通性である．ミラーニューロンはサルにも存在するが（Rizzolatti & Craighero, 2004），にもかかわらずこの行動は他のサルには観察されない．他者と自分を同一視できるというヒト独特の能力がそれに関与しているためであろう．しかし単に反響的な受け身の行動として相手の開口に誘発されるのではなく，自らの供給の能動性が存在し，それが子どもの開口とであうところに，あうんの呼吸で発現する行動である．

　食供給は，母親-子-食物で構成される三項関係の場面である．しかしその第三項としての食物は，ただのモノではなく親が供給し子に摂取してほしい（子の身体の一部になってほしい）モノである．また母親と子どもの身体の相似性から，食物は親も味や口唇の感覚を推測できる対象であり，母子の身体は食物によってつながりあう．さらにさかのぼれば，子どもへの母乳授乳は文字どおり両身体のつながりの場面である．「他者が自分に同調的に反応してくれるという体験は，自他の同型性を認識する上で重要な役割を演じるだろう．反対に，同調的であった他者が同調的でなくなることは，子どもにある種の自他のズレの感覚を生じさせ得るかもしれない．共感的開口が生じる社会的セッティングが減少するということは，乳児にとって自己とは異なる他者というものを発見する契機となっている可能性もあるだろう」という川田（2014）の指摘は示唆的である．

　食物は口や手で直接食べられることもあるが，スプーンやフォーク，箸，あるいは器などの道具が子ども自身の食に組み込まれて，四項関係にも五項関係にもなる．それにつれて徐々に供給者と受給者の身体的距離と心理的距離が広がっていくのである．共感的口唇行動は，食物をめぐって与える人と受け取る人の間に自他の混交が発生するということを強く示唆するものである．川田（2014）は，眼前でレモンを食べる大人を見ている生後1年未満の乳児に「酸っぱさ」の表情がみられるという「疑似酸味反応」を考察している．つまり食を介して自他の混ざりあったような状態が出現するのである．

　離乳は親の反発性として，栄養資源を子どもに横取りされることへの拒否だというのがTrivers（1974）の考え方であった．しかしながらヒトの親子の反発性は親からの拒否というよりもむしろ，ここで述べた共感反応の減衰，あるいは子どもの受動食の拒否というかたちをとって現れ，それによって食の自律性が達成される．自らの自

立を求める子どもの能動性が食発達を推進するのである．

8.2.4 食供給における意図の読み取り

調理だけではなく，相手に「食べさせる」という行為もヒト的である．食肉目（イヌ・ネコの仲間）の動物では，自分が食べないで子どもに食べさせるということはありうるし，子どもに吐き戻して半消化された食べ物を与えることもある（Malm & Jensen, 1993）．しかし，それはヒトの1スプーンごと，1箸ごとの食供給とは異なる．そのようなスムーズな食べ物の供給は，子どもの嚥下に応じた絶妙な親の差し出し行動と，それに呼応した絶妙な子どもの開口とが対になって成立するものである（Toyama, 2014）．餅つきの2者のタイミングがうまくあわなければこね手がケガをするように，食も親子の呼吸がうまくあわなければ誤嚥や窒息の危険が伴う．ヒトの親子における1スプーンごとの食物の運びは，与え手と受け手の間に，相手の状況や意図を読み取りあう力があってはじめて可能となる．

ここに示唆的な観察エピソードがある．家庭で母親と乳児の食事場面を撮影した際，あえて姉（2歳）に赤ん坊（妹）への食供給役をお願いしてみた．姉は妹に上機嫌でその役割を遂行しようとするのだが，うまく妹の意図が読み取れないで呼吸があわず（図8.4左上），ついに妹を泣かせ（図8.4右上），また自らも，食供給する手を苛立った妹に噛まれて（図8.4左下）泣かされてしまった（図8.4右下）．このようにヒト

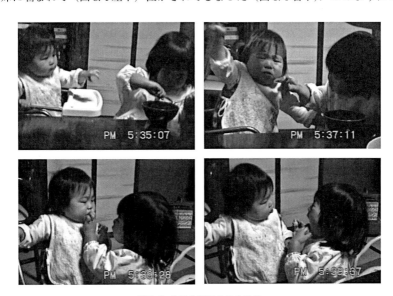

図 8.4　2 歳女児による食供給

といえども2歳では，相手の意図を読んで適切に相互行為することはまだできない．

8.2.5 離乳における「身」の分化過程：くすぐりとの比較

胎児は，母親の摂る栄養に完全に依存している．出産後の哺乳も同様に栄養的には母親への全面的依存ではあるが，母親の身体と子どもの身体が分離し，接触を通じて資源をやりとりする間身体的な営みである．図8.5は，摂乳しながら親の口や鼻などを触って遊ぶ11か月齢の子どもの様子である．それは子どもの関心が摂乳のみに焦点化するのではなく顔（口）にも向けられるようになっていることを示している．子どもが，口で摂乳しつつも，乳を与えてくれる母親の顔や口に興味をもって手で社会的なかかわりを行うことによって，哺乳者である母親と心理的な交流相手としての母親とを，自らの行う2種類の接触行動を通じて統合する機会となっている．このように，食は母子関係が二項性から三項性，さらにより高次の関係性へと変化するチャンネルであり，親子間の間身体関係の発達的変化の有効かつ重要な試金石なのである．

食の間身体性の問題に深く関連するものとして，母子のくすぐり遊びにおけるくすぐったさの考察から生まれた原三項関係という概念がある（Negayama, 2011；根ケ山，2012；石島・根ケ山，2013）．原三項関係とは，子どもの身体部位を第三項とし，それに対し母親がくすぐりかけるときに生まれる共感的状態で，母親・子ども・モノの間に生後9か月に発現する真の三項関係（Tomasello, 1995）の発達的前駆状態である．

くすぐりとは，子どもの身体の特定の部位をターゲットにして，子どもにくすぐったさを引き起こす遊びである．母親は自分の身体感覚を下敷きにしつつ，そうされればくすぐったいだろうというくすぐり方を用いて子どものその部位をくすぐる．それ

図8.5 母乳を飲みながら母親の顔を触る乳児（11か月齢）

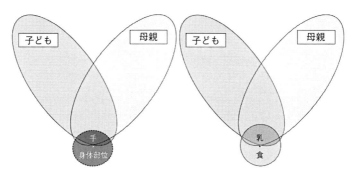

図 8.6 くすぐりの原三項関係（左）と離乳食における三項関係（右）

に対し子どもはくすぐったがりという強い情動反応を示す．そのくすぐったがり反応は，母親の期待に大きな充足を与え，疎通感，一体感をもたらす．

　そこで成立しているのは，図 8.6 左で表されるような関係である．出生直後のくすぐりはくすぐったさを生まず，強いくすぐったさが本格的に発生するのは生後半年を過ぎた頃である（根ケ山・山口，2005；石島・根ケ山，2013）．くすぐりの対象となる身体の特定部位は，子どもの身体であるという意味では二項的であるものの，それが母子共通のものとして対象化されるという点では三項的でもある．強いくすぐったがりが発現し出す時期に，子どもは母親の顔と手を交互に見るという視線の交替を示す．そのことから石島・根ケ山（2013）は萌芽的な意図の読み取りを指摘した．その点において三項関係的であって，その「2.5 項」的状態を筆者らは原三項性と呼んだのである．これは大藪（2004）のいう意図共有的共同注意と通じるところがあるが，子どもの身体への接触が重要な役割を演じているとする点で同一ではない．

　子どもが母親の顔と手を交互に見るとき，子どもが見ているのは実は母親の手とその手が向かってきている自分の身体部位とで構成される「場」である．より正確にいえば「その手と身体部位がまもなく接触し，そのであいからくすぐったさという情動が生じる」という文脈を子どもは予期している．そしてその両身体のであいを予期する手がかりとして，母親の顔（目）を見ている．意図とは一見すると母親の属性であり，それを子どもが視覚によって母親から読み取ると思われがちであるが，この段階ではむしろ母子の身体が交錯し，視覚，聴覚，触覚が混ざりあった予期的認知のようなものなのであろう．自他が渾然としつつも相手の行動の行き着く先に自分の身体があり，そのであいとしての身体接触がくすぐったさという他者由来の情動を引き起こすという体験の反復から，自他の分化が生じるのだと考えられる．その体験の背後に相手の「意図」があるという気づきは，そこから派生するものである．

　このくすぐりとの対比で離乳食場面を考えてみよう（図 8.6 右）．食はくすぐりと

違って，食物という第三項がある．しかしその第三項は，食べることによってただちに身体化されるという意味では，身体から離れた単なる環境側の対象物ではない．またそれは口内で味，舌触り，温度や硬度などの身体感覚を生み出すし，吸収されれば自分の身体そのものとなる．そして母親は子どもと同じ感覚器官を備えた口腔を自分ももっていることを知っており，食べさせることによって擬似的に自分の口が食べているかのように共感的に開口する．つまりくすぐり，くすぐったさと類似した母子身体の重なりあいがそこに発生するのである．それは体験の共有感を生み出すもとであり，原三項的事態である．ただし身体間で発生するくすぐりと違って，食物という第三項が介在するので，より真の三項関係に近い．いわば「2.8項性」とでもいえようか．くすぐりにおける母の手とくすぐられる自分の身体部位，くすぐったさの関係性に対応するものが，離乳食の場合は母の手の動きと自分の口，それに続いて発生する口腔内感覚なのである．

つまり，この時期の母子をめぐっては，両者の身体と環境事物にまたがる領域において，興味深いオーバーラップや混淆状態が存在し，それが数か月の間に大きく推移して，真の三項性へと推移するものと考えられる．食事はそれが展開される日々の営みとして，その発達を具現しているのではなかろうか．子どもはやがて，食の受給者であるばかりでなく能動的に養育者に食供給を行おうともするようになる．それは役割遂行の可逆性として母子の関係性の対等化を意味しており，発達的にさらに一歩進んだ姿といえる．食は母子身体の分化の触媒なのである．

8.3 文 化 と 食

ヒトの食には道具や作法があるし，調理加工を行うなど，単に食材と身体との直接的な関係だけで完結していないことを先に確認した．身体と環境資源の間にさまざまな介在物の存在することがヒトの食の特徴である．さらにヒトの食は，単に餌の摂取とか栄養資源の身体資源化というのみではなく，起床就寝や仕事などの生活文脈の中に組み込まれて，いわば生活リズムを構成する骨組みともなっている（関根，2013）．また食は，食卓を囲んで同じ食事を同時に家族でとるという形で，個人の活動として存在するだけではなく家族のまとまりや離合集散も規定している（表，2013）．

それは家族ばかりではない．共食は保育園などでもみられ，一緒に食べることに独特の意味がある（外山，2008）．霊長類の伴食関係は親密性の指標とされる（小山，1998）．狩猟で獲物の肉を分かちあって食べることは宴の原形でもあろう．そこにはしばしば酒と歌や踊りが伴われ，それらはいずれも同期や共感，一体感を補強する．茶菓もしばしばそういう文脈で供され，社交の小道具となる．総じて食が社会的ツー

ルとなっているのである．仲間と積極的に共食することで，そこに連帯感が生まれる．またその裏返しとして，何を食べないかという観点からヒトの食を考えることもできる．それはヒトの食に社会的価値が付与されることである．われわれは食べようと思えば食べられるにもかかわらず，あらゆる栄養資源を取り込むわけではなく，逆に皆で食べないでおくことを共有することもある．文化が異なれば食べる物も同じではない．文化を共有する者の間で共通に回避される食もあって，その最たるものは食のタブーである．ヒトの食の生物性と文化性の交錯を特徴づけるものとして，本章の最後にこの問題を取り上げて考察しよう．

8.3.1 食のタブーの存在

　タブーは，ヒトの食の文化的側面を考察する上できわめて興味深い側面である．食べられるのに食べない，文化によって食べられたり避けられたりする，ということの中にはどのような意味があるのであろうか．Meyer-Rochow (2009) は，マレーシア人，パプアニューギニア人，ナイジェリア人，ヒンドゥー教徒，ユダヤ教徒のそれぞれにおける食のタブーを，実例をふまえて以下のように分類し考察しており，それは文化と食の関係を考える上で示唆的である．

　①特定の社会構成メンバーや特別のイベントを特徴づけるタブー：ユダヤ教の肉食のルール（特定の人が特定の方法で屠殺した肉しか食べてはならないなど）やヒンドゥー教の肉，魚，卵を食べてはならないという戒律など一般性の高いタブー，曜日・時期や状況に適用されるタブー，性・社会的立場・年齢特異的なタブー，さらに成人の儀式，天変地異，疾病，服喪，婚姻，出陣などさまざまのイベントに対応したタブー．②健康のためのタブー：魔除け，祟り除け，健康志向（アレルギー食，海の肉食魚［食物連鎖による汚染のおそれ］），アルコール，毒蛇，豚肉などのタブー．③妊娠や月経に伴うタブー：妊婦と子どもの健康のために，特定の魚や果物などを食べないというタブー．④環境資源保護のためのタブー：環境資源の保全と最大利用のために，希少な動物の食を特定の人に制限したり，近縁の動物を同じ日に食べてはいけないとするタブー．⑤資源の独占のためのタブー：特定の性，発達段階の人たちに限定的に許される食物の存在．⑥共感に基づくタブー：動物の死に対する哀れみの感情に起因するタブー．ペットに対する擬人的感情や人肉食に対する抵抗．⑦集団の凝集性やアイデンティティとしてのタブー：他と差異化し帰属意識を高めるためのタブー．

　このように，われわれは文化や社会によって実に多様な食のタブーをもっている．そのメカニズムとして，嫌悪感のような感情に基づくものもあれば，生物資源の保全など理性によるものもある．また集団の統合や差別など社会心理学にかかわるものもあれば，嫌悪条件づけなど学習心理学にかかわるものもある．しかしいずれも，その

タブーを破ることに対しては強い情動的拒否に基づく抑制が働き，それが社会で共有されるというところがタブーのタブーたるゆえんである．ヒトが何をどのように食のタブーとするかを知ると，ヒトの食が実にさまざまな価値を反映するラベルとしての文化的機能をもっていることがわかる．

Fessler & Navarrete（2003）は，タブー食を，肉，野菜，果物，スイーツ，乳製品，炭水化物，香辛料スパイシーフードとして分類し，その上で78の文化を比較している．その結果を肉と肉以外とに分け，文化を地域ごとにまとめてみると，とくに肉がタブーの対象になる傾向が地域（文化）を越えて顕著であることが明らかである（表8.1）．

Fessler & Navarrete（2003）は進化心理学的立場から，集団における行動の斉一性に対する規範，他者の危険な行為に対する自己保護的な嫌悪感，消化器性の社会的嫌悪学習，社会的望ましさへのバイアスがタブーに関係するとした．その上で，動物の肉には細菌や原生動物がいて害を及ぼしうるし，動物が死んで免疫機能が失われると病原菌が急増するので危険であり，その危険性が進化的に肉への注意を促進させたと考えた．

ヒトは雑食性とはいえ，動物の肉はその進化の中では新しい食べ物である．高い栄養価をもつ魅力的な食べ物ではあるが，それがもつ生物学的な危険性のために，動物の肉はヒトにとってこれまで両価的な食物であり続けたといえる．動物の肉に対するタブーは，そういったヒトの進化的事情を背景にした現象なのであろう．動物の肉に対するわれわれの複雑な志向性，屈折した思いは，人間存在の動物性と文化性，身体

表8.1 肉と肉以外のタブーの数の地域別平均
（Fessler & Navarrete, 2003）

地　域	肉	肉以外
オーストラリア	4.44	0.33
中央アメリカ	2	0
東アジア	3	1.33
ヨーロッパ	5	0
中東	5	0
北アフリカ	2.4	1.4
北米	3.2	0.1
オセアニア	2	0.85
南アフリカ	3.33	0.58
南米	3.5	0.1
南アジア	2.6	0.4
東南アジア	1.88	1.63
合計	38.35	6.72
全平均	3.2	0.56
標準偏差	1.59	0.13

性と精神性といった特性をみつめ，われわれの食の特徴を教えてくれる興味深い窓である．

　Pliner（1994）は，5歳，8歳，11歳の子どもとその親を対象に，肉・魚，乳製品・卵，野菜，果物，穀類製品の5つのカテゴリーの食物について新奇性恐怖を尋ねた．動物性の食物は「ウシの身体の一部だ」などの観念的理由での拒否が他の食物に比べて多く，その傾向は5歳ではみられず8歳以降に現れる特徴であった．新奇性恐怖はタブーとまったく同じではないが，発達に伴うタブーの発現過程を示唆する結果として興味深い．おそらく食の価値観やイメージに対する文化化がみられているものと思われ，社会における食のタブーの世代間伝達の一断面を示唆している．

　大村（2013）はイヌイトの狩猟の研究から，人間と動物は，動物が人間に身体を贈り，人間はそれを食べ尽くすことでその動物の魂が新たな身体に再生するという互恵的関係にある，という彼らの思想を紹介している．その際ヒトはその身体を贈るように動物を誘惑し，動物は，ヒトに自らの身体を贈ることで平等に「分かちあえ」とヒトに命令するというのである．狩猟するヒトのほうが命を失う動物よりも下位にいるという倒錯した考え方は，それだけ動物を殺生してその肉を食べることへの心理的負荷が大きいことを示唆するものであろう．

　このイヌイトの思想とわれわれの肉食をタブー視する感覚とは，そこに想定されているものがヒトと動物の互恵的関係か敵対的関係かという点では大きく異なるものの，実はヒトが動物を殺生してその肉を食べるということに対する命賭けの緊張感を有しているという点においてはそれほど大きな隔たりはない．その緊張感の根底にはおそらく，どういう生態学的環境を生活の場として何を食べてきたか，という食の進化史を下敷きにしたヒトの深い葛藤が存在するに違いない．

　他方，今日のヒトの食は「マクドナルド現象」と呼ばれるような，文化的多様性とは対極的な画一性もみせている．大量生産，大量消費されるインスタント食品もそれと同類である．これは生産者から消費者まで管理化，マニュアル化された巨大なフードシステムの発達に伴って生じていることであり，食のグローバル化の流れである（今田，2013）．食のタブーがわれわれの動物性，身体性，地域性，文化性と深く関連する問題であるのに対し，このような食のグローバル化は脱文化化といえるのかもしれないし，あるいはヒトという種にとっての新たなレベルでの文化化の兆しなのかもしれない．

8.3.2　ヒトの食の今後

　以上考察してきたとおり，食はヒトの生物性と文化性の交差する問題であり，その発達はまさにヒトから人間への変化である．ここで述べてきたことは，その過程にお

ける重要な里程標であった．

　ヒトの食をその生物性と文化・社会性とつなげて考える場合，欠くことのできない課題が1つ残っている．それは，人口の爆発の問題である．世界人口は現在1秒あたり2人強ずつ増えており，まもなく73億に達する勢いである．ヒトは霞を食べて生きているわけではないので，その皆が毎日の食糧を必要とする．地球の耕作面積や天然資源の有限性を考えると，その食糧生産能力には自ずと限界がある．そのような状況にあって，全人類を飢えさせずその食欲を満たすにはどうすればよいかという問題は深刻である．

　ポピュレーションが増えすぎると食糧が足らなくなるというのは，単純明解な真理である．衣食足りて礼節を知るということが正しいならば，やがて人々は容赦のない淘汰社会に突入していくのであろうか．人口問題とそれに伴う食糧問題は貧困・環境汚染とともに，人類が抱えた究極の難問である．ヒトの英知はこの難問を，新しい食糧の捻出で解決するであろうか，それとも人口の削減を通じてであろうか．

　もし食性の変換でこの難局を乗り切ろうとするならば，それは人類が築いてきた食の価値システムの改変を意味する．これまでにない夢の食糧が新たにつくりだせるならば話は別だが，さもなければこれまで遠ざけて食べてこなかったものも選り好みせずに口にすることになる．食のタブーやそれに伴う嫌悪というヒトの食選択における強固な文化的排他性を外し，新たな食性を構築することは容易ではないであろうが，それにはさまざまなものを貪欲に食べようとするヒトのたくましい雑食性が救いになるかもしれない．ヒトの食性と文化の新たなかかわりあいを模索するには，心理学が今後大きな役割を果たすことになるであろう．これも，やはり発達が大きく関与するにちがいない問題である．

[根ケ山光一]

引 用 文 献

Fessler, D. M. T., & Navarrete, C. D. (2003). Meat is good to taboo：Dietary proscriptions as a product of the interaction of psychological mechanisms and social processes. *Journal of Cognition and Culture*, *3*(1), 1-40.

Fleagle, J. G. (1988). *Primate adaptation and evolution*. San Diego：Academic Press.

辺見　庸（1994）．もの食う人びと　共同通信社

今田　純雄（編）（1997）．食行動の心理学　現代心理学シリーズ16（pp. 1-19）　培風館

今田　純雄（2013）．フードシステムに取り込まれる食　根ケ山　光一・外山　紀子・河原　紀子（編）　子どもと食——食育を超える——（pp. 265-283）　東京大学出版会

石島　このみ・根ケ山　光一（2013）．乳児と母親のくすぐり遊びにおける相互作用——文脈の共有を通じた意図の読みとり——　発達心理学研究，*24*, 326-336

川田　学（2014）．乳児期における自己発達の原基的機制——客体的自己の起源と三項関係の

蝶番効果―― ナカニシヤ出版
小山 高正（1998）．メスのフォロワーシップ　糸魚川 直祐・南 徹弘（編）　サルとヒトのエソロジー（pp. 17-29）　培風館
鯨岡 峻（1999）．関係発達論の構築　ミネルヴァ書房
Lewin, R. (1984). *Human evolution: An illustrated introduction.* Hoboken: Wiley-Blackwell.
（三浦 賢一（訳）（1988）．ヒトの進化―― 新しい考え ――　岩波書店）
Malm, K., & Jensen, P. (1993). Regurgitation as a weaning strategy: A selective review on an old subject in a new light. *Applied Animal Behaviour Science, 36,* 47-64.
McGrew, W. C. (1992). *Chimpanzee material culture.* Cambridge: Cambridge University Press.
（西田 利貞（監訳）足立 薫・鈴木 滋（訳）（1996）．文化の起源を探る――チンパンジーの物質文化――　中山書店）
Meyer-Rochow, V. B. (2009). Food taboos: Their origins and purposes. *Journal of Ethnobiology and Ethnomedicine, 5.* doi: 0.1186/1746-4269-5-18.
中野 良彦・太田 裕彦（1996）．食行動の系統発生　中島 義明・今田 純雄（編）　たべる――食行動の心理学――　人間行動学講座2（pp. 44-65）　朝倉書店
根ケ山 光一（1996）．離乳期までの食行動　中島 義明・今田 純雄（編）　たべる――食行動の心理学――　人間行動学講座2（pp. 66-78）　朝倉書店
Negayama, K. (1998-1999). Feeding as a communication between mother and infant in Japan and Scotland. *Annual Report of Research and Clinical Center for Child Development, 22,* 59-68.
根ケ山 光一（2002）．発達行動学の視座――〈個〉の自立発達の人間科学的探究――　金子書房
Negayama, K. (2011). *Kowakare:* A new perspective on the development of early mother-offspring relationship. *Integrative Psychological and Behavioral Science, 45,* 86-99.
根ケ山 光一（2012）．対人関係の基盤としての身体接触　根ケ山 光一・仲真 紀子（編）　発達の基盤――身体，認知，情動――（pp. 119-130）　新曜社
根ケ山 光一・山口 創（2005）．母子におけるくすぐり遊びとくすぐったさの発達　小児保健研究，*64,* 451-460
表 真美（2013）．食卓・食事と家族　根ケ山 光一・外山 紀子・河原 紀子（編）　子どもと食――食育を超える――（pp. 247-260）　東京大学出版会
大村 敬一（2013）．食べ物の分かち合いと社会の成り立ち　根ケ山 光一・外山 紀子・河原 紀子（編）　子どもと食――食育を超える――（pp. 161-177）　東京大学出版会
大藪 泰（2004）．共同注意――新生児から2歳6か月までの発達過程――　川島書店
Pliner, O. (1994). Development of measures of food neophobia in children. *Appetite, 23,* 147-163.
Rizzolatti, G., & Craighero, L. (2004). The mirror-neuron system. *Annual Review of Neuroscience, 27,* 169-192.
関根 道和（2013）．食と睡眠　根ケ山 光一・外山 紀子・河原 紀子（編）　子どもと食――食育を超える――（pp. 197-210）　東京大学出版会
Tomasello, M. (1995). Joint attention as social cognition. In C. Moore, & P. J. Dunham (Eds.), *Joint attention: Its origins and role in development* (pp. 103-130). Hillsdale: Lawrence

Erlbaum.
(大神 英裕（監訳）（1999）．ジョイント・アテンション ―― 心の起源とその発達を探る ―― ナカニシヤ出版）
外山 紀子（2008）．発達としての共食　新曜社
Toyama, N. (2014). The development of Japanese mother：Infant feeding interactions during the weaning period. *Infant Behavior and Development, 37,* 203-215.
Trivers, R. L. (1974). Parent-offspring conflict. *American Zoologist, 14,* 249-264.
上野 吉一（1999）．味覚からみた霊長類の採食戦略　日本味と匂学会誌, *6,* 179-185.
山極 寿一（1994）．サルはなにを食べてヒトになったか　女子栄養大学出版部

参 考 文 献

鯨岡 峻（1994）．原初的コミュニケーションの諸相　ミネルヴァ書房
根ケ山 光一（1997）．行動発達の観点から　今田 純雄（編）　食行動の心理学（pp. 41-68）培風館

第3部　食行動科学の応用

　食行動，食心理は産業界のみならず，医療や教育の現場でも注目されている．食品産業界においては，商品としての飲料・食品がどのように感受され評価されているかという定性的・定量的研究が欠かせない．また，食と疾病との関連性も高く，健康を取り戻し，維持するためには，食行動そのものの変容が必要である．このことは食行動への教育的介入においても同様である．第3部では，「食」の行動的側面，心理的側面に焦点をあてたさまざまなアプローチの中から，官能評価，栄養教育，生活習慣病の予防さらには肥満の応用行動分析，肥満の認知行動療法，食のビッグデータ活用を取り上げる．

9. 官能評価
10. 栄養教育
11. 食事療法による生活習慣病の予防
12. 応用行動分析学：体重減量のプログラム
13. 肥満に関連する食行動と介入プログラム：過食と肥満
14. 新たな食行動科学へ向けて：ビッグデータを用いた食行動の分析

09 官能評価

9.1 官能評価とは

　官能評価（sensory evaluation）とは，目，鼻，舌などのヒトの感覚器官をセンサーとして，対象の性質を分析，評価，解釈することをいう．食品や料理に関する官能評価の場合，対象試料の外観，におい，味，テクスチャー（食感）などを分析したり，食べる側である消費者の好みを分析したりする．

　官能評価の沿革については，国税庁醸造試験場（現，国立研究開発法人 酒類総合研究所）の佐藤が詳しく，いくつかの著書に記している（佐藤, 1973, 1978）．それらによると，1930年代頃に，人が感じ取った食物の味，におい，テクスチャーのデータをとり，統計手法を取り入れて解析した例が，国内外でみられはじめる．たとえば，人の評価した清酒の品質と成分分析値の対応を調べた研究，肉の柔らかさについての人による評価と機器測定の値の関係を調べた研究などの記録があるという．官能評価が広く行われるようになったのは，アメリカで1940年代から50年代に行われた軍隊食の受容性に関する研究以降である．一方，わが国では戦後，欧米の文献が入手できるようになってから官能評価に関する研究が注目されるようになった．1950年代の中頃に，心理学，統計学，食品・酒類の研究者，品質管理の技術者などが中心となって研究会が発足し，品質管理の一環として広く一般の工業に導入され，それがやがて研究機関や大学にも広まった．当初，国内では官能検査と称されていたが，高度経済成長期になると，官能検査は官能評価とも呼ばれるようになる．「検査」には判定基準があるが，新製品の開発など既存の価値観では対応できないようなケースが増えてきたからである（山口, 2009）．

　製品開発であれ，品質管理であれ，食品の品質評価には「人が食べてどう感じるか」という視点は必須である．官能評価は，それが測れるもっとも本質的かつ効果的な手法であろう．

　官能評価は，分析型官能評価と嗜好型官能評価に大別される．分析型官能評価は，「甘味の強さ」「かたさ」「ざらつき」など，ある特性の強度について評定するもので，選抜，

訓練された少数の人が評価に従事する．一方，嗜好型官能評価は，消費者の好みを知るために行われ，「おいしさ」「好ましさ」「購買意欲」などを質問する．調査対象は，可能な限り，母集団を代表するような多数の人によって行われる．もっとも，この分類は「官能検査」と称していた頃の分類を，そのまま用いているにすぎず，現在では，善し悪しのような価値判断が必要であるが個人の嗜好による判断に基づくものではないといったような，分析型か嗜好型かに分類しにくい官能評価も行われている（山口，2012）．

本章では，食行動科学の応用分野のひとつとして，官能評価を紹介する．したがって，手法や手順などについては割愛し，主に，評価者（食べてどう感じたかをアウトプットする人．以下，パネリスト）および評価項目に使う言葉（食べてどう感じたかのアウトプットの際の媒体．以下，評価用語）について述べる．なお，章末の参考文献に官能評価の参考書をあげておくので，官能評価の実施の際にはそれらを参照されたい．

コラム6●理想の食べもの

理想の食べものとはどのようなものだろうか．栄養的に過不足がなく，安全性が高く，保存性にすぐれ，かつ運搬が容易であり，調理に手間がかからず，簡便に食べられ，継続的に食べても飽きにくいことなどが条件だろう．出身地，年代，性にかかわらず，より多くの人を満足させられるものであることも重要だ．果たして，これらの条件を満たす食べものは存在するのだろうか．

答えは，レーションである．軍隊食，糧食といわれるものであり，水さえあれば上記した諸条件を最大公約数的に満たしてくれる．アメリカ軍部は早くも1936年，第二次世界大戦の勃発に先立ってレーションの開発にとりかかった．その後，研究の規模は大きくなり，さまざまなレーションが開発されてきた．同時に，現在の官能評価学，消費者行動の科学，食心理学の基礎がつくられた．第二次世界大戦後の1960年代には，新たな食品加工技術の開発だけでなく，新奇食物の受容，リスク認知，食品評価の新たな手法の開発，食物受容と摂取に対する消費者の信念と予期など，より広範な事項に関する研究も開始された．

さて，現在のレーションはどのようなものだろうか．とあるルートを通じて筆者のもとに，段ボールが1つ届けられた．開封すると13食分のレーションが入っていた．まず13食すべてのメニューが異なること，1食内の品数の多いことに驚かされた．理想の食べものは究極の一食に集約されたのではなく，ヴァリエーションの多さというかたちをとったようである．メインディッシュは温めて食べるようになっており，発熱溶剤とセットになっていた．そこに少しの水を加えると，温かい一品ができあがる．みごと

としかいいようがない．

　味のほうはどうか．こればかりは，いかにもアメリカ的といいたくなる大味であった．予想外であったことは，すべてが柔らかいこと（歯ごたえのある食べものはミックスナッツぐらいだった）．その理由は定かではない．

　さて，レーションは戦場でのみ食される特殊な食べものなのだろうか．筆者には，災害時における理想の食べものでもあるように思われる．予期せぬ深刻な災害時にこそその真価を発揮するのではないだろうか．

[今田純雄]

図 9.1　レーションの一例

9.2　パ ネ ル

9.2.1　パネルとは

　官能評価に，評価者として参加する人の集団のことをパネルといい，パネルの構成員をパネリストという．分析型官能評価に用いられるパネルを分析型パネル，嗜好型官能評価に用いられるパネルを嗜好型パネルという．また，分析型パネルのうち，特にその分野について十分な知識や経験があり，評価能力が通常の人より優れているパネルを専門家あるいは専門パネルという．

　分析型パネルは，通常，感覚の感度などの何らかの基準で選抜され，訓練された少数の人が構成メンバーとなる．必要な人数，選抜基準や訓練方法は目的に応じて異なるが，官能評価結果を示すときは，どのようなパネルで行ったかを明示する必要があるので，人数，選抜の基準や訓練方法と期間については明確にしておく必要がある．

　嗜好型パネルは，調査の対象となる母集団を代表するように選定される．パネリストの人数は精度と関係するが，数字上の誤差を小さくすること自体は，データから導かれる結論の妥当性を増すものではない．適切な人数は目的，試料の特性などに応じて設定されるが，一般的に，予備試験レベルでも50人程度は必要といわれている

(Resurreccion, 1998；小塚, 2009). 年齢層，性，居住地域など対象者の属性によって結果を比較する場合は，数百人，場合によっては1000人以上必要となることもある.

　嗜好型パネルについては，成書（Resurreccion, 1998；小塚, 2009など）を参照していただき，本節では，分析型パネルの選抜，訓練について述べる.

9.2.2　分析型パネルの選抜

　分析型官能評価において，パネルは，いわば分析機器である．したがって，精度よく，妥当な判断ができ，再現性のある評価をすることが望ましい．そのためには，評価の目的に応じて設定した基準で選抜し，訓練する必要がある．パネリストには，通常，研究室スタッフや社内の人を用いることが多いが，研究室外や社外から募集することもある．選抜の基準としては，味やにおいなどの識別能力や言語による特性の描写能力の他に，アレルギーの有無，疾病，意欲，参加のしやすさを考慮する．分析型官能評価は，さまざまな評価に何度も参加しなければいけない場合が多いので，いくら感度が高くて試料の特性描写が優れた人でも，欠席しがちであれば，パネリストとしてはあまり適当ではない．以下，分析型官能評価パネルの選抜例を2件紹介する.

　筆者の勤務する農研機構食品研究部門では，官能評価の対象となる試料の種類も，評価の目的や用いる手法もさまざまであるため，ある特定の感覚に高い感度の人，あるいは，ある特定の製品についてきわめて識別能力の高い人より，全般的な感覚について，ある程度の感度が保証されている人を選抜したいと考えた．また，研究員はそれぞれ異なる課題で研究業務を行い，出張も多いため，研究所内からのパネル選抜は難しい．そこで，研究所近隣住民から希望者を募り，選抜している.

　選抜基準は，結果を論文で公表することを考えると，国際的に情報が共有できたほうがよい．さらに，輸出入に関係する官能評価を行う場合もある．そこで，味覚感度の基準はさほど厳しくないが，パネル選抜で用いる呈味物質の水溶液の濃度などが明記されているISO8586を利用し，それをもとに選抜するとともに，さらに希釈した濃度の水溶液も用いて，おおよその感度を確認した．においの感度については，嗅覚能力測定用キット（T＆Tオルファクトメトリー，第一薬品産業株式会社）を用いた．さらに，アレルギーの有無，評価に影響しそうな疾患などの有無，食べ物の好き嫌いの有無についても質問し，選抜の参考とした．現在，11名のパネリスト（30～50代）が毎週1回来所してさまざまな研究における評価に参加している.

　今村・佐藤（2008）は，キッコーマン株式会社でのパネル選抜の詳細を報文にまとめている．官能評価の対象試料が醤油および醤油関連調味料で，主に従事する評価が定量的記述分析法（QDA®）という手法なので，従来よく用いられている方法を修正し，独自の選抜基準を設けた．候補者を社外から公募し，一次試験で認知閾値付近の

ごく薄い濃度での基本味の識別試験，醤油の香りの識別試験，既知のフレーバープロファイルで「正解」を設定したワインの描写試験を行い，二次試験では基本味の識別試験，醤油の香りの識別試験，麺つゆの描写試験を行った．二次試験における麺つゆの描写試験は，社内で採用している表現（風味用語）を「正解」とし，また言葉をあげたあとにグループで討議をさせている．これによって，話しあいの際のコミュニケーション能力も確認している．

　ここで例に示したパネルの選抜基準には，共通点もあるが，選抜の際に使用している呈味物質の種類や濃度は異なっている．また，用いる食品も異なる．いずれも，選抜後に行われる評価の目的に応じて設定されたものである．そもそも，官能評価に必要とされるパネルの能力はさまざまであり，検知閾値や認知閾値で表される感度の高さは，パネルの能力の一面を示すにすぎない．極端な例では，「胃腸が丈夫でたくさん食べられる」や「常にまじめに回答する」といったことも能力のひとつである．官能評価の担当者は，実施する評価の目的や試料の特性に応じて，パネルの選抜方法や選抜基準を設定しているのである．

9.2.3　分析型パネルの訓練

　分析型パネルの訓練も，そのパネルが従事する官能評価の目的や手法によって異なる．訓練には，呈味水溶液や食品を用いたパネルの一般的な訓練と，評価対象アイテムや評価内容に特化した訓練がある．一般的な訓練は，パネル経験がある人の場合は省略されることも多く，また，評価対象が絞られているならば行わない場合もある．

　農研機構食品研究部門のパネリストに対しては，選抜後，ISO8586に記載されている濃度の水溶液や食品で，味やにおいの識別や描写について，1～2時間の訓練を約5回行っている．これは，選抜されたパネリストに官能評価経験がなく，また，食味要因（味，におい，テクスチャーなど），感覚，食品に関する知識の整理がなされていないことが多いからである．それ以後は，対象とするアイテムが変わるたびに訓練し，評価経験を重ねている．評価対象を絞った訓練内容には，たとえば，評価対象アイテムについてさまざまなものを味わう経験をする，極端な試料を味わう，正解のある識別試験などを行ってすぐに正解をフィードバックする，対象試料の風味やテクスチャーについて討議する，味わい方のコツなどを説明する，実際の評価経験を重ねる，などがある．

　今村・佐藤（2008）の報告によると，キッコーマン株式会社では，選抜したパネリストに対して，2時間の訓練を約10回行っている．内容は，評価の手順についての説明とインスタント味噌汁での練習である．このとき，味わい方などの教育，コンピュータ上での評価の仕方の練習も行っている．

この他にも，具体的に訓練の方法と効果を公表している論文や，訓練されたパネルと初心者のパネルのパフォーマンスの差を示した論文も多くある．たとえば，対象試料を限定しない訓練効果については，Chambers et al. (2004) が，120 時間の一般的な訓練を行ったパネルは，4 時間あるいは 60 時間の一般的な訓練を行ったパネルに比べて，トマトソースの識別力が高いとの結果を得ている．種々の官能評価の経験の効果としては，Guerrero et al. (1997) は，選抜，訓練後にさまざまな官能評価を 6 年間経験したパネルは，選抜後に 48 時間の一般的訓練を行っただけのパネルに比べて，アーモンド評価の際に識別力が高いといった結果を得ている．ビールの評価では，ビールに特化した訓練を 11 時間行ったパネルは，訓練をまったく行っていないパネルに比べて，ビールの特徴を描写するのに，より具体的な表現を用いるものの，ビールのマッチングテストでは成績は両者であまり差がないとの結果であった（Chollet & Valentin, 2001；Chollet et al., 2005）．

　筆者らは，選抜，訓練され，種々の官能評価経験を積んだパネリストは，初心者に比べてどんな優位性があるのかを調べるために，以下の実験を行った（Masuda et al., 2013）．経験を積んだパネリスト（以下，熟練者）は 14 名（平均年齢 46 歳，男性 1 名，女性 13 名），初心者は 13 名（平均年齢 38 歳，男性 2 名，女性 11 名）で，対象試料には濃度の異なる塩水を用いた．熟練者群は，過去に塩水の認知閾値付近の官能評価や，塩味の強さについての二点比較（二肢強制選択）の官能評価には従事したことはあるが，塩水の強度を尺度化する官能評価は行ってはおらず，もちろん，初心者群は，塩水や塩味の評定に関連するどのような訓練も受けたことがなかった．すなわち，熟練者，初心者とも，塩味の強さの評定は経験がなく，熟練者のみ，一般的なパネルとしての選抜，訓練および評価経験を経ている，という状態での実験であった．

　まず，彼らは，訓練セッションで，0, 0.2, 0.4, 0.6, 0.8, 1.0% の濃度の塩水を味わい，その塩味の強さを，それぞれ濃度の 10 倍の数値（0, 2, 4, 6, 8, 10）と対応するものとして尺度（評価基準）を覚えた．その上で，評価セッションでは 0.3, 0.5, 0.7% の濃度の塩水を味わい，それぞれ，その塩味の強さを評定した．3 つの塩水の評定を 4 回繰り返した．

　熟練者群，初心者群の両群とも，すべての濃度の塩水において，正答と評定値に差はみられず，訓練セッションで覚えた塩水の強度を判断基準として正確な評定を行っていた．ここで，正解と各人の評定平均値との差（正解とのずれ）の逆数を「真度」と定義しておくと，「真度」は両群とも高かった．次に，各濃度の塩水における変動係数（評定値の標準偏差を平均値で割ったもの；評定のぶれ）の逆数を「精度」として算出したところ，熟練者は，すべての濃度において初心者よりも「精度」が高いことが示された．すなわち，熟練者は過去に訓練を受けていない官能評価であっても，

精度が高く，安定した感覚判断ができることが示唆された．

さらに，より複雑な味の強度評定を課して，熟練者と初心者のパフォーマンス比較を行った．塩とショ糖の混合水溶液を用いて，先の実験と同じやり方で混合味中の塩味の強度を評定させた．塩水の塩味の強度評定と同様に，熟練者群，初心者群の両群において，「真度」と「精度」を算出したところ，熟練者群では3種類すべての濃度 (0.3, 0.5, 0.7%) において「真度」が高く，正解と評定値との間に差みられなかった．一方，初心者群では，すべての濃度条件で正解と評定値との間に差がみられ，有意に低く評定していた．また，「精度」は，熟練者群が初心者群に対して有意に高かった．

これらの実験の結果から，塩味の評定において，熟練者は初心者よりも安定した評定ができることが示された．また，初心者群は，混合味中の塩味強度を実際の物理量よりも低く評定したが，熟練者群ではその傾向がみられず，物理量に対応した評定を行うことが可能であった．

もちろん，訓練の内容と期間，訓練後に比較するタスクの種類や難易度によって，パネルパフォーマンス比較の結果はさまざまに異なる．官能評価担当者は，いくつかの例を参考にしつつ，実際の評価の目的を考えて，パネルの訓練を行い，パフォーマンスのモニタリングを行う必要があろう．

Lund et al. (2009) が，外部から選抜したパネリスト（分析型）のモチベーションを調査した結果では，パネリストとして参加したいと思う要因は「謝金」や「食物に対する興味」であるが，パネリストを続けたいと思う要因にはそこに「楽しさ」が加わっている．官能評価担当者は，経験を積んだパネルを維持するためには，パネルメンバーがモチベーションをもち続けられるような雰囲気づくりや，評価に影響しない範囲での情報提供なども心がけるべきであろう．分析型官能評価において，パネルは，いわば分析機器であるが，「機械」ではなく「人」なので，それなりの配慮が必要である．

9.3 評 価 用 語

9.3.1 評価用語の重要性

官能評価において，「甘さ」「かたさ」「なめらかさ」といった評価用語は，食べてどう感じるかをアウトプットしてもらう際の媒体であり，食べ物の品質特性の変数である．したがって，評価項目にどのような言葉を使うかは重要な問題である．

たとえば，「油っこい」と「油っぽい」などのように，似たような言葉でもニュアンスが違う言葉では，官能評価結果が変わることがある．また，「ねばねば」の反対語は何か，「もちもち」はどんな意味かなど，適切な官能評価には，適切な言葉の使い方が前提となっている．用語の選定は実験者の腕の見せ所であるが，一方で，言葉

のもつ曖昧さこそが，官能評価の精度や信頼性を低下させる原因ともなっている．

官能評価では，原則として，評価用語を曖昧なまま使うべきではない．特に，分析型の官能評価の場合，言葉のもつ曖昧さを可能な限り排除する．試料の特性を，評価用語を変数としてその数値でプロファイリングする官能評価の場合，用語の設定は，通常，①用語収集，②表記の整理，③不適当な語の削除，④類義語のグループ化，⑤最終用語の決定，⑥用語の定義づけ，という過程を経ることが多い．これらの過程に従事する人は，それぞれ，専門家，実験者，パネル，といったように，変えて行う場合もあれば，時間的制約のために簡略化して，すべて少人数（実験担当者やパネルリーダー）で行われることもある．さらに，各項目について，標準物質（参照する見本）を設定することもある．たとえば，「甘さ」について，ある濃度のショ糖溶液を甘さの最大強度の見本にし，水を甘さゼロの見本にする，といった具合である．なお，用語選定の流れの詳細な説明については，成書（早川，2009a, 2009b）を参照されたい．

上記の一連の過程によって，評価用語の曖昧さはかなり排除されるであろうし，各評価項目についてパネリスト間で共通認識をもつことも期待できる．しかし，このような用語の選定や定義づけは，実験者にとっても，パネリストにとっても，時間と手間がかかり，大きな負担となっていることも事実である．

9.3.2 日本語テクスチャー用語体系

官能評価の用語体系が整備されていると，実験者の負担も，パネリストの負担も，軽減すると考えられる．特に，テクスチャー用語については，用語の体系化のニーズが高い．これは，テクスチャーの複雑さに起因する．「甘さ」ならば，ブドウ糖やショ糖の水溶液を目安に官能評価を行うことができるので，パネリスト間で言葉に対して多少の認識の差があっても，問題はさほど深刻ではない．しかしテクスチャーは，食べている間に大きく変化し，しかも複合的であるので，標準物質の設定が難しい．したがって，評価が言葉頼みになりがちで，用語の重要性が高いのである．

このような背景のもと，テクスチャーの用語体系を作成する試みは各国でなされている．英語（Szczesniak, 1963；Szczesniak & Kleyn, 1963），ドイツ語（Rohm, 1990），フランス語（Nishinari et al., 2008），中国語（早川他，2004），フィンランド語（Lawless et al., 1997）など，いくつかの言語でテクスチャー用語体系が作成され，公開されている．筆者らは，日本語のテクスチャー用語体系の作成を試みた．

用語体系の作成の第一段階として，まず，日本語のテクスチャー用語の収集を行った（早川他，2005）．文献調査および食品分野の研究者へのアンケートを行ってテクスチャー用語を収集し，得られた用語を専門家へのアンケートおよび面接調査によって検証し，最終的に，445語からなる日本語のテクスチャー用語リストを作成した．

このとき，日本語のテクスチャー表現の特徴として，擬音語・擬態語が多いこと，テクスチャー用語には時代による変化があること，他の言語と比べて日本語にテクスチャー用語がきわめて多いことを見いだした．

さらにテクスチャーの官能評価に十分な経験のあるパネリストを対象としてアンケートを行い，各用語が表現する食物名の候補を明らかにした（早川他，2011）．その結果，テクスチャー用語 445 語から，935 品目の食物名があげられた．

また，テクスチャーの研究者を対象としてアンケートを行い，用語間の類似性についてのデータを得た．データ解析によって用語を分類し，大分類 3，中分類 15，小分類 64 からなる階層的な用語体系の骨格を構築し，それぞれの用語群のテクスチャーの要素を明らかにした（Hayakawa et al., 2013）．

表 9.1 日本語テクスチャー用語体系の一部

1. 力学的特性	
1.1. 噛みごたえ	
1.1.1. 引き締まった感じの弾力	
しっかり	羊羹 (4)，押し寿司 (3)，フランスパン (3)
ぷりぷり	エビ (5)，こんにゃく (5)，ソーセージ (4)，イカ (3)，刺身 (3)，ゼリー (3)
⋮	
むっちり	餅 (5)，中華まん (4)，ハム (4)，パン (3)，ピザ (3)
1.1.2. ほどよい噛みごたえのある弾力	
こしがある	うどん (18)，そば (17)，ラーメン (12)，餅 (9)，スパゲッティ (6)
しこしこ	うどん (14)，ラーメン (10)，そば (8)，冷麺 (4)，イカ (3)，かまぼこ (3)，昆布 (3)
⋮	
もっちり	餅 (14)，パン (11)，ギョーザ (7)，うどん (6)，団子 (6)
1.1.3. のびる感じの弾力	
ゴムのような	ガム (9)，タコ (5)，イカ (4)，グミキャンディ (4)，肉 (4)
しなやか	かまぼこ (3)
⋮	
2. 幾何学的特性	
2.1. 空気	
2.1.1. かたい気泡壁	
かすかす	ふ菓子 (8)，ごぼう (5)，おから (3)，カステラ (3)，ラスク (3)
すかすか	ふ菓子 (8)，すいか (4)，スナック菓子 (4)，大根 (3)，りんご (3)，れんこん (3)
3. その他の特性（油脂と水）	
3.1. 脂肪	
3.1.1. 油脂の濃厚感	
脂っこい	天ぷら (11)，とんかつ (9)，豚骨ラーメン (8)，ラーメン (7)，豚の角煮 (5)
⋮	

大分類（1. 力学的特性, 2. 幾何学的特性, 3. その他の特性）は ISO11036 Texture Profile のテクスチャーの 3 要素に対応している．また，食物名の後の（　）内の数字は回答者である訓練されたパネリスト 18 名のうち，何名があげたかを表す．

9.3 評価用語

これらの用語データをあわせて，テクスチャー用語体系を作成した．その一部を表 9.1 に示す．用語体系は，農研機構のホームページ上で公開しているので，参照されたい（http://www.naro.affrc.go.jp/nfri/introduction/files/2013-yougotaikei.pdf）．

なお，一連の解析によって，粘り，弾力，ぬめりの表現が多いことも日本語のテクスチャー表現の特徴のひとつであることが浮き彫りになった．「ねっとり」や「ねばねば」などの粘りの表現，「ぷりぷり」や「ぷるぷる」などの弾力の表現，「ぬるぬる」や「にゅるっ」などのぬめりの表現が日本語のテクスチャー表現には多くみられる．ここには，日本で食べられている食材や日本人のテクスチャー嗜好が背景にあるのではないかと推測される．日本人は，古来，餅などの粘りのある食品を好んで食べてきた．納豆，里芋，こんにゃくなどの粘り，ぬめり，弾力が特徴の食品も多い．テクスチャーの表現は，その言葉が使われる地域の食生活や食習慣を色濃く反映しているのであろう．

コラム 7 ● 心理学者からみた官能評価・機械測定・心理学の三角関係

官能評価とは，大まかにいうと人をセンサーとして"対象"の特性を測定することである．味覚センサーなどの機械による測定のほうが正確ではないか，と読者は思われるかもしれない．しかし，センサーによっては油脂を接触させられないこともあるので，油脂を排除してから食品を測定することもあるという．また，人と違って感覚同士の相互作用などは生じない．この特徴は安定した品質の管理という意味ではメリットではある一方で，人の感じ方の数値化はできていないことになる．食品の評価は両者を使い分けて行われるべきだろう．

ところで，心理学と官能評価は，両者とも事物に対する人の反応を計測し，データ化する．そのため，類似の測定法を用いるが，その意味合いはかなり違う．たとえば，感覚の強さや印象の度合いの評価を行う場合には，"人"の知覚・認知メカニズムを解明したい心理学では，異なる事物に対して共通の感覚属性や形容詞を用いたがる．代表例は，さまざまな事物の評価に使いやすい形容詞対（例：良い-悪い，重い-軽い，活動的な-非活動的な，など）を用いる SD（semantic differential；Osgood, 1952）法だ．一方，"食品"の特徴を知りたい官能評価では，対象の食品に応じて訓練されたパネリスト（評価者）たちが形容詞や感覚属性の尺度を構成する．代表的な技法は QDA 法である．SD 法のような汎用性はないが，同一のカテゴリーの食品間の微妙な差異を描き出すには QDA 法のほうが優れているだろう．

最近，官能評価では TDS（temporal dominant sensation；Pineau et al., 2009）という技法が流行している．TDS では，複数のパネリストに，10 程度の比較的多くの感覚属性（例：甘い，クリスピー）からそのときどきにもっとも優勢に感じられるもの

をボタン押しさせ，その結果を分析して，事物に対する人の評価の時間的変化をとらえようとする．筆者も開発者である Schlich 博士によるデモで評価を体験した．評価は比較的容易で，一度に多次元の感覚・印象の属性を測定できる．その一方で，出力には感覚強度だけではなく，評価した属性への注意などの影響が入り交じり，データの意味が一義的に定まらない．心理学者からは，"これ，(人の) 何を測っているつもりなのかがわからない"という声をよく耳にするし，筆者も心理学者としてその意見にシンパシーを感じる．しかし，人の認知プロセスが入り交じったパネルの出力そのものを食品の特性と定義すれば，官能評価としては成立する．摂食中の食品の多次元の時間的な変化について貴重なデータが得られる数少ない方法といえよう．

食の行動科学は，多くの目的と研究技法をはらんでいる．その理解には，研究技法の特徴やそのデータの意味によく注意する必要がある．　　　　　　　　　　　［和田有史］

引用文献

Osgood, C. E. (1952). The nature and measurement of meaning. *Psychological Bulletin*, 49, 197-237.

Pineau, N., Schlich, P., Cordelle, S., Mathonnière, C., Issanchou, S., Imbert, A., ... Köster, E. (2009). Temporal dominance of sensations：Construction of the TDS curves and comparison with time-intensity. *Food Quality and Preference*, 20(6), 450-455.

お わ り に

　官能評価は，ヒトの感覚器官をセンサーとして，対象の性質を分析，評価，解釈することで，分析型官能評価では，対象試料の外観，におい，味，テクスチャーなどを分析し，嗜好型官能評価では，食べる側である人の好みを分析する．嗜好型官能評価においては，人の食嗜好や受容性を分析するので，食行動と密接なかかわりがあるのはいうまでもない．ヒトをセンサーになぞらえることが多い分析型官能評価においても，データは人間のアウトプットなので，十分に訓練した上で，気持ちよく評価に従事できるような配慮が必要である．もちろん，文化圏や言語圏によるバックグラウンドも考慮しなければいけない．官能評価は，食行動科学の諸分野を基礎とする分析法であり，また，食行動を分析する手段でもある．

　参考文献に官能評価の参考書をあげたので，さらに興味のある方は参照されたい．

［早川文代］

引 用 文 献

Chambers, D. H., Allison, A. A., & Chambers, E. IV (2004). Training effects on performance of descriptive panelists. *Journal of Sensory Studies, 19*, 486-499.

Chollet, S., & Valentin, D. (2001). Impact of training on beer flavor perception and description：Are trained and untrained subjects really different? *Journal of Sensory Studies, 16*, 601-618.

Chollet, S., Valentin, D., & Abdi, H. (2005). Do trained assessors generalize their knowledge to new stimuli? *Food Quality and Preference, 16*, 13-23.

Guerrero, L., Gou, P., & Arnau, J. (1997). Descriptive analysis of toasted almonds：A comparison between expert and semi-trained assessors. *Journal of Sensory Studies, 12*, 39-54.

早川 文代・陳 舜勝・王 錫昌・李 再貴・齋藤 昌義・馬場 康維・横山 雅仁 (2004)．中国語テクスチャ表現の収集と分類　日本食品科学工学会誌, *51*, 131-141.

早川 文代・井奥 加奈・阿久澤 さゆり・齋藤 昌義・西成 勝好・山野 善正・神山 かおる (2005)．日本語テクスチャー用語の収集　日本食品科学工学会誌, *52*, 337-346.

早川 文代・風見 由香利・井奥 加奈・阿久澤 さゆり・西成 勝好・神山 かおる (2011)．日本語テクスチャー用語の対象食物名の収集と解析　日本食品科学工学会誌, *58*, 359-374.

Hayakawa, F., Kazami, Y., Nishinari, K., Ioku, K., Akuzawa, S., Yamano, Y., ...Kohyama, K. (2013). Classification of Japanese texture terms. *Journal of Texture Studies, 44*, 140-159.

今村 美穂・佐藤 洋枝 (2008)．醤油および醤油関連調味料を対象とした記述分析型パネルの選抜　日本食品科学工学会誌, *55*, 468-480.

小塚 彦明 (2009)．消費者パネルの構成　日本官能評価学会（編）　官能評価士テキスト (pp. 61-62)　建帛社

Lawless, H., Vanne, M., & Tuorila, H. (1997). Categorization of English and Finnish texture terms among consumers and food professionals. *Journal of Texture Studies, 28*, 687-708.

Lund, C. M., Jones, V. S., & Spanitz, S. (2009). Effects and influences of motivation on trained panelists. *Food Quality and Preference, 20*, 295-303.

Masuda, T., Wada, Y., Okamoto, M., Kyutoku, Y., Yamaguchi, Y., Kimura, A., ...Hayakawa, F. (2013). Superiority of experts over novices in trueness and precision of concentration estimation of sodium chloride solutions. *Chemical Senses, 38*, 251-258.

Nishinari, K., Hayakawa, F., Xia, C. F., Huang, L., Meullenet, J. F., & Sieffermann, J. M. (2008). Comparative study of texture terms：English, French, Japanese and Chinese. *Journal of Texture Studies, 39*, 530-568.

Resurreccion, A. V. A. (1998). The consumer panel. *Consumer sensory testing for product development* (pp. 71-92). Maryland：Aspen Publishers.

Rohm, H. (1990). Consumer awareness of food texture in Austria. *Journal of Texture Studies, 21*, 363-373.

佐藤 信（1973）．官能検査の沿革　日科技連官能検査委員会（編）　新版官能検査ハンドブック（pp. 5-8）　日科技連出版社
佐藤 信（1978）．官能検査入門　日科技連出版社
Szczesniak, A. S. (1963). Classification of textural characteristics. *Journal of Food Science, 28*, 385-389.
Szczesniak, A. S., & Kleyn, D. H. (1963). Consumer awareness of texture and other food attributes. *Food Technology, 17*, 74-77.
山口 静子（2009）．官能評価とは　日本官能評価学会（編）　官能評価士テキスト（pp. 3-7）建帛社
山口 静子（2012）．官能評価とは何か，そのあるべき姿　化学と生物, *50*, 518-524.

参 考 文 献

Drake, B. (1989). Sensory textural/rheological properties：A polyglot list. *Journal of Texture Studies, 20*, 1-27.
古川 秀子・上田 玲子（2012）．続おいしさを測る　幸書房
早川 文代（2009a）．評価項目および尺度の用語選定　日本官能評価学会（編）　官能評価士テキスト（pp. 69-72）　建帛社
早川 文代（2009b）．評価項目および尺度の用語選定の実際　日本官能評価学会（編）　官能評価士テキスト（pp. 117-128）　建帛社
井上 裕光（2012）．官能評価の理論と方法　日科技連出版社
International Organization for Standardization (1994). Sensory analysis：Methodology, Texture profile, ISO11036.
International Organization for Standardization (2011). Sensory analysis：General guidance for the selection, training and monitoring of selected and expert assessor. ISO/DIS 8586.2
小塚 彦明（2009）．消費者パネルの構成　日本官能評価学会（編）　官能評価士テキスト（pp. 61-62）　建帛社
松本 仲子（2012）．調理と食品の官能評価　建帛社
日本官能評価学会（編）（2009）．官能評価士テキスト　建帛社
日本食品科学工学会（監修）（1998）．正しい食品官能評価法　缶詰技術研究会
日科技連官能検査委員会（1973）．官能検査ハンドブック　日科技連出版社
大越 ひろ・神宮 英夫（2009）．食の官能評価入門　光生館
Resurreccion, A. V. A. (1998). The consumer panel. *Consumer sensory testing for product development* (pp. 71-92). Maryland：Aspen Publishers.
佐藤 信（1978）．官能検査入門　日科技連出版社

10　栄　養　教　育

10.1　栄養教育の定義と実践の場

10.1.1　栄養教育の定義

　栄養教育（nutrition education）とは，教育的戦略を計画的に組み合わせて，健康とウェルビーイングの維持増進を目指した食物選択や食・栄養に関する行動を，自発的に実践できるよう支援することである．栄養教育は，個人，組織，コミュニティ，政策レベルを含んださまざまな場を通して実践される（Contento, 2011）．

　栄養教育学の第一人者であるContentoが提唱したこの定義は，健康教育の定義（Green et al., 1980）を基本としている．この定義にはいくつかのキーポイントが含まれる．まず，行動を扱う点である．栄養教育という言葉から，栄養教育は栄養素のことを教育すると思われがちである．しかし，この定義からも栄養教育での関心は，行動の実践であることがわかる．栄養教育に関する唯一の学会，Society for Nutrition Education and Behaviorにおいても，栄養教育とともに行動を学会名に入れている．

　このように，栄養教育の目標は，健康的な食行動の実践であるが，その目標のために実施される栄養教育で扱う「食」は，行動レベルだけではない．栄養教育で扱う食のレベルは5つに整理される（表10.1）．どのレベルの情報も重要であるが，「栄養素」レベルだけでは，日常生活での実践は難しいといわれる．食習慣として定着させるためには，食生活，すなわち「食行動」レベルまでつなげた教育が必要である．

表10.1　栄養教育で扱う「食」の5つのレベル

レベル	内容
栄養素	タンパク質やビタミンといった栄養成分
食物	肉，魚，野菜といった食物．調理する前の状態
料理	食物を調理し，食べられる状態になっているもの
食事	料理の組合せ，一食の食事
食行動	いつ，どこで，どのように食べるかといった食生活の送り方

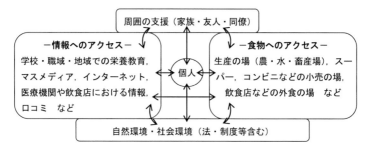

図 10.1　情報へのアクセス，食物へのアクセスと個人の関係

　次に注目される点は，栄養教育は，組織，コミュニティ，政策レベルを含むということである．教育というと，学習者に直接，知識を提供するイメージが強い．しかし，栄養教育の目的である望ましい食行動の実践には，対象となる食物の入手先である食環境が関係する．したがって，栄養教育の定義には，学習者への教育と学習者の食環境整備が含まれる．食環境整備は，大きく2つに分けられている．情報へのアクセスと食物へのアクセスである（図10.1）．食品や外食メニューの栄養成分表示のように，この2つが同時に提供される場合もある．

　さらに，栄養教育では，健康とウェルビーイングを目指しているという点である．ウェルビーイングとは，生活の質（quality of life；QOL）とほぼ同じ意味であり，健康だけに限らず，個人が生活全体において満足している状態を指す．

　そして，栄養教育は計画され，実施されるという点である．たまたま，観たテレビ番組の情報に影響され，食行動を変えたとしても，これは栄養教育にはならない．栄養教育では，現状を把握し，課題を整理し，目標を設定し，計画を作成して実施される．そして実施後には評価を行い，評価の結果から計画を見直す．このことをPLAN-DO-CHECK-ACT（PDCA）サイクルと呼ぶ．

　近年，食育活動が全国で盛んになった背景には，食育基本法の制定（2005（平成17）年）がある．ここで，食育は，「様々な経験を通じて「食に関する知識」と「食」を選択する力を習得し，健全な食生活を実践できる人間を育てること」とされている．栄養教育と食育の定義はしばしば議論になるが，栄養教育が，栄養素の教育だけでなく，食物選択や食・栄養に関する行動を変容させる包括的な取組みを指すことから，ほぼ同義語として考えてよい．しかし，相違点をあげるとすると，栄養教育が個人の健康や生活の質の向上を最終目標としているのに対し，食育では食料自給率の向上や食文化の伝承も最終目標に含まれる．したがって，食育活動では，管理栄養士・栄養士などの栄養の専門家以外に，農業，食品企業，外食産業，観光業といった食に関連

する団体が参入しやすい．具体的な内容として，地場産物の利用割合の増加，農林漁業の体験者の増加といった目標がある．これら目標は，5年おきに立てられる食育推進基本計画に示される．

10.1.2 主な栄養教育の対象と場

すべての人が栄養素を摂取し生きている．したがって，すべての人が栄養教育の対象者となる．この点は，禁煙教育など他の健康教育と異なる点である．栄養教育の対象と場をエコロジカルモデルをベースにライフステージに沿ってみていく（図10.2）．

まず，誕生前の胎児期の栄養教育は，妊産婦を対象に行われる．妊産婦に対する栄養教育は，健診時の医療機関や保健センターで実施されている．個別だけではなく集団教室で実施する自治体もある．出産後，授乳・離乳期間の栄養教育も親を対象に乳幼児健診時や，自治体が開催する離乳食教室において行われる．子どもが保育所に通っている場合は，保育所で実施される食育の取組みに親子で参加するケースもある．

離乳食が終わり，2～3歳になると，親子あるいは子どものみを対象とした栄養教育がはじまる．幼児期の栄養教育の目標は，「楽しく食べる」ことであり，栄養バランスを学ぶ時期ではない．保育所や自治体が開催する食育教室やイベントの場で，子どもたちは栄養教育を受ける．さつまいもほりに行ったり，餅つきをしたりといった農作物の収穫体験や調理体験を通して，食に親しむことを取り入れる教育が多い．小学校の給食の準備として，箸のもち方や食事の準備・片づけ，友だちと食べる練習を行う保育所・幼稚園も増えている．

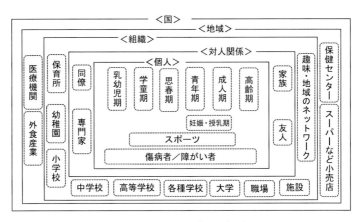

図10.2 主な栄養教育の対象と場

学童期，思春期の栄養教育の場は学校である．2005（平成17）年度に栄養教諭制度がはじまり，その後学習指導要領に食育という言葉が入ったことから，今ではほぼ全国の小中学校で，食育が実施されている．栄養教諭や学校栄養職員が配置されていない学校においても，教員からなる食育推進委員会もしくは給食委員会が設置されている．しかしながら，食育は教科科目ではないため，学校によって実施の内容，頻度は異なる．授業時間を使う場合，総合学習，家庭科，保健体育の他，社会や理科などの科目と連携して実施されることが多い．学校における食育では，給食を生きた教材として活用することが推奨されていることから，多くの学校で給食時間を食育の場として利用している．義務教育終了後にあたる青年期以降，食育を受ける機会は減る．多くの高校生・大学生は，学校で受講する家庭科や保健体育での学習にとどまる．朝食欠食もこの年代から増え，給食もなくなることから，食事の栄養バランスの偏りや不規則な食事時間の問題も目立ってくる．

　成人期の栄養教育の場は，ライフスタイルによって異なる．企業・組織・団体など（以下，組織）に所属し働く人では組織が実施する健診時に栄養教育を受ける機会がある．組織によっては，健康教室や栄養教室を開催するところもある．また，食堂をもっている組織では，ヘルシーメニューを提供するといった食環境からのアプローチで栄養教育に取り組むことも可能である．個人経営で仕事をしている人など国民健康保険の被保険者は，自治体が実施する健診や健康教室で栄養教育を受ける．わが国では2008（平成20）年度から，特定健康診査・特定保健指導制度がはじまった．これは40歳から74歳の成人を対象に，メタボリックシンドロームの減少を目的とした制度である．

　高齢期に入ると，栄養教育の場は地域の自治体になる．自治体ではさまざまな健康教室や料理教室を実施している．参加者の多くは高齢者であり，教室参加で新たなネットワークが誕生することも多い．医療機関に通う人も増えることから，医療機関で栄養教育を受ける人も増える．また，介護が必要になり，施設に入るあるいは自宅で介護を受ける人では，食事を準備する人への栄養教育が必要になる．乳幼児期で保護者が栄養教育の対象となったように，高齢期でも本人でなく，その周囲の人が栄養教育の対象となることもある．

　これらライフステージをまたがって，栄養教育が必要な対象者は，傷病者・障がい者，スポーツをする人である．医療機関や施設，各自が所属する組織で，栄養教育は実施されている．

　さらに，すべての人は地域で生活しており，地域や国の健康や栄養に関する取組みによって栄養教育を受けている．たとえば，食品に表示されている栄養成分表示は，食品表示法によって定められている制度のひとつである．食品の栄養成分表示はわれ

われに栄養の情報を提供してくれると同時に,購買行動を決定する要因になっている.他にも,ヘルシーレストランの認定を行う地域もある.このように,われわれの生活の場が整うと,健康的な食行動も実施しやすくなる.

> コラム8●成人病胎児期発症説
>
> 　近年では低体重で生まれた子どもは,生活習慣病になるリスクが高いことが定説になっており,妊娠に気づいた妊娠期からの栄養教育では遅く,妊娠前の栄養教育の重要性が指摘されている.
> 　成人病胎児期発症(起源)説(fetal origins of adult disease；FOAD)は,イギリスの Barker & Osmond (1986) が行った疫学研究をもとに提唱された学説である.この説によると,2500 g 未満で生まれた低体重児はその後生活習慣病になるリスクが高いという.妊婦が低栄養状態であると,胎児も低栄養の状態にあり,出生時の体重も少ない.体重が少ないだけでなく,腎臓の形成がうまくできなく,その後の高血圧の発症につながる.さらに,胎児期に低栄養状態にあると,その状態に適応し,栄養状態が良くなったときに,対応できなく肥満になりやすい身体になる.
> 　わが国の若い女性のやせ(BMI 18.5 未満)の割合は増加しており,2500 g 未満の低体重児の出生割合も増えている(福岡,2010).そこで,厚生労働省や日本産婦人科医会などから,食事や栄養に関する指針が出された.Barker らは,出生体重が 2500 g 未満であった人ほど,心疾患による死亡率が高いことを報告しているが,一方で 4000 g を超えると,またリスクは高くなるとも報告している.このことから,妊娠の可能性のある女性は,適正体重を維持することが重要である.　　　［赤松利恵］
>
> **引用文献**
>
> Barker, D. J. P., & Osmond, C. (1986). Infant mortality, childhood nutrition, and ischemic heart disease in England and Wales. *Lancet, 1*, 1077-1082.
> 福岡　秀興 (2010). 胎児期の低栄養と成人病(生活習慣病)の発症　栄養学雑誌, *68*, 3-7.

10.2　わが国の栄養教育の歴史

わが国の栄養教育は,栄養不足からはじまった.明治の文明開化に伴い,白米食が一般化したため,脚気の患者が急増した.当時,脚気の原因はわかっておらず,1910(明治43)年になってビタミン B_1 が発見され,脚気の研究は劇的に進んだ.以降,栄養学の重要性が着目された.1920(大正9)年に国立栄養研究所が設置され,所長であっ

た佐伯 矩は1925（大正14）年に私立の栄養学校を設立，のちに栄養士となる「栄養手」が養成された．その後，昭和に入り，保健所法が制定され，保健所で栄養改善に関する指導を行うことが規定された．1945（昭和20）年には栄養士法の前身となる栄養士規則や日本栄養士会の前身である大日本栄養士会が設立されている．

　栄養不足の課題は戦後も続く．終戦直後，米の供給が低下し，じゃがいもやさつまいもの他，とうもろこしが主食として配給されるようになり，国民の栄養状態は悪化していった．そこで，栄養状態の実態把握をする必要性が言及され，1946（昭和21）年に第1回国民栄養調査が実施された．この調査は国民健康・栄養調査として，現在でも実施されている．1952（昭和27）年に栄養改善法が制定され，栄養調査も法律の中で規定された．栄養改善法は2002（平成14）年，健康全般に関する内容を組み込み改定され，健康増進法となった．したがって，健康増進法の内容は，栄養に関する事項が多い．

　栄養改善法の制定後，国民の栄養不足も徐々に改善していった．しかし，平成に入ると，今度は栄養過多の問題へと移行していった．1965（昭和40）年のエネルギー産生栄養素バランスは，タンパク質，脂質，糖質（炭水化物）の順に，12.2%，16.2%，71.6%であったが，その後脂質が徐々に上がり，脂質の目標量の中央値である25%を超え，1995（平成7）年以降，脂質は28.0%から下がらない．そしてこの時期から，わが国の疾病も生活習慣に由来するものの割合が増加していった．そこで，1995（平成8）年に公衆衛生審議会は，これまで成人病と呼んでいた生活習慣による

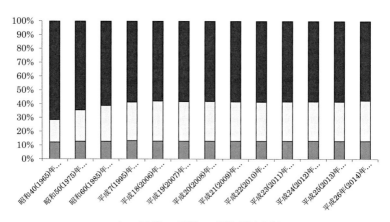

図10.3　日本のエネルギー産生栄養素バランスの年次推移（農林水産省：平年26年度食料需給表から作成）

10.2 わが国の栄養教育の歴史

疾病群を生活習慣病と呼ぶことにすると発表した．

　生活習慣病への名称変更は，これまでの栄養教育を大きく変えるものであった．それまでは，栄養の不足による低栄養状態が課題であったため，食物へのアクセスを良

表10.2　わが国の栄養教育に関する主な歴史

年	事柄
1872(明治5)	群馬県富岡製糸場　産業給食開始
1889(明治22)	山形県私立忠愛小学校　学校給食開始
1910(明治43)	鈴木梅太郎（東京帝国大学）ビタミンB_1発見
1920(大正9)	国立栄養研究所設立
1925(大正14)	佐伯矩　私立栄養学校設立
1947(昭和22)	保健所法・栄養士法公布
1952(昭和27)	栄養改善法公布
1954(昭和29)	学校給食法公布
1969(昭和44)	厚生省「日本人の栄養所要量」発表
1978(昭和53)	第1次国民健康づくり対策発足
1988(昭和63)	第2次国民健康づくり対策（アクティブ80ヘルスプラン）発足
1996(平成8)	公衆衛生審議会　生活習慣病に関する意見具申
2000(平成12)	第3次国民健康づくり対策「21世紀における国民健康づくり運動（健康日本21）」発表 厚生省・文部省・農林水産省による新しい「食生活指針」発表 栄養士法の一部を改訂する法律公布
2001(平成13)	保健機能食品制度創設
2002(平成14)	管理栄養士・栄養士養成施設におけるカリキュラム改定 健康増進法公布（栄養改善法改廃）
2004(平成16)	厚生労働省「日本人の食事摂取基準（2005年版）」発表
2005(平成17)	食育基本法公布・施行 栄養教諭制度開始 厚生労働省・農林水産省「食事バランスガイド」発表
2006(平成18)	内閣府「食育推進基本計画」開始（平成18～22年度） 厚生労働省「妊産婦のための食生活指針」
2007(平成19)	厚生労働省「授乳・離乳の支援ガイド」
2008(平成20)	特定健康診査・特定保健指導開始
2009(平成21)	厚生労働省「日本人の食事摂取基準（2010年版）」発表 学校給食法改正（平成21年4月1日より施行）
2010(平成22)	内閣府「第2次食育推進基本計画」発表（平成23～27年度）
2012(平成24)	文部科学省「日本食品標準成分表2010」発表 厚生労働省「二十一世紀における第二次国民健康づくり運動（健康日本21（第二次））」発表（平成25～34年度予定）
2013(平成25)	厚生労働省「健康づくりのための身体活動基準2013」および「健康づくりのための身体活動指針（アクティブガイド）」発表
2015(平成27)	食品表示法施行 機能性表示食品制度開始 栄養成分表示の義務化開始 文部科学省「日本食品標準成分表2015」発表

くする食環境の整備が栄養教育の主体であった．しかし，生活習慣病が提唱されて以降，食習慣の改善が栄養教育の主体となった．

2000（平成12）年に栄養士法が改定された．わが国では都道府県知事の免許を受けた栄養士と厚生労働大臣の免許を受けた国家資格である管理栄養士の2つの資格がある．栄養士法は，この2つの資格に関する法律である．2000（平成12）年の改定後，新しい管理栄養士養成カリキュラムがはじまり，行動科学の教育が導入された．それまでの食物の栄養に着目した栄養教育から，人の行動へ着目した栄養教育へと専門家養成も変化していったのである．

栄養士法が改定された2000（平成12）年以降，わが国の健康や栄養に関する政策も大きく変わった．たとえば，2000（平成12）年，第3次国民健康づくり対策「21世紀における国民健康づくり運動（健康日本21）」がはじまった．これは国民の健康課題を抽出し，国をあげて改善していくプロジェクトである．国民健康づくり運動のはじまりは1978（昭和53）年であったが，数値目標が設定された計画が立てられたのは，第3次国民健康づくり対策「健康日本21」からである．翌2001（平成13）年，いわゆるトクホで知られる保健機能食品制度がはじまった．これも，生活習慣病が蔓延した社会状況を反映してのことだといえる．2005（平成17）年には食育基本法が公布・施行され，翌年から食育推進基本計画がはじまっている．アメリカをはじめ，健康全体を扱う健康推進計画を実施している国は多いが，食・栄養に特化した計画を立て実施している国はない．このことから，わが国は，食生活の重要性を高く評価している国であることがわかる．わが国の栄養教育に関する主な歴史を表10.2にまとめた．

10.3　行動科学に基づいた栄養教育

生活習慣病の概念が導入されて以降，栄養教育は栄養素視点の教育から，食行動視点の教育へと変わっていった．ここでは，食行動の変容を目的に行われた栄養教育の例を，対象者に直接行う教育と食環境整備に分けて紹介する．

10.3.1　対象者に直接行う栄養教育

対象者へ直接行う栄養教育では，さまざまな教材が用いられる．教材は情報を伝える媒体として考えられており，いくつかの種類がある．大きく分けると，動的なものと静的なものがある．子どもは動的な教材に興味を示す．たとえば，紙芝居，パネルシアター，エプロンシアターといったものである．また，子どもを対象として，踊りや歌といった体を動かす内容を取り入れることも多い．一方，大人を対象とした場合

は，パンフレットやリーフレットといった印刷物を使うことが増える．しかし，大人が対象であっても，ゲーム的な要素を入れたり，調理実習を行う体験的な学習は好まれる．どのような教材を選択するかは，対象者の年齢や人数規模，栄養教育の目的を考慮して選択することが重要である．

a. 幼児とその保護者を対象とした苦手な食べ物の克服

野菜は幼児期の子どもにとって苦手な食材の代表格である．実際，子どもの成長に問題がみられない限り，栄養学的には心配する必要はないが，子どもが野菜を食べないと，保護者は心配し，食べさせようとする．「野菜を食べなさい」といった子どもに対する圧力は，子どもの野菜嗜好を低下させるといわれており（Birch et al., 1982)，さらに野菜を遠ざけてしまうことになりかねない．このことから，保護者に対して，別のかかわり方をアドバイスする必要がある．

しかしながら，これまでの栄養教育では，食物や栄養素視点の教育が多く，保護者と子どものかかわりに対するアドバイスは少なかった．たとえば，保護者に対するアドバイスでよくみられるのが，苦手な野菜を食べさせる調理の工夫である．また，幼児期の子どもに対しても，「野菜は身体にいい」といった栄養の知識を提供する栄養教育もみられた．子どもにとって，目に見えない栄養の概念の理解は難しい．

子どもは，周囲の人の食行動の真似をすることが報告されていることから（Brown & Ogden, 2004），保護者に「楽しく食べるよう」アドバイスすることは，行動学的なアドバイスのひとつである．これは，行動技法のモデリングにあたり，社会的認知理論を応用したものである．他にも，過去に苦手な野菜を食べたことを思い出させたり，少量を挑戦させ食べられた経験を積み重ねたりすることで，子どもの自己効力感を高める方法が提案されている．

曾退・赤松（2012a, 2012b）は，社会的認知理論を応用した教材を開発・実践している（図10.4）．この教材は，苦手な食べ物がある子どもに対し，保護者が行動学的なかかわり（過去の成功体験，スモールステップ，モデリングなど）を知り，実践することを目的としている．このパネルシアター上映会を幼稚園と児童館において91名の保護者を対象に行った結果，保護者の「過去の成功体験」を使ったかかわりが73％から91％に増加した（曾退・赤松，2012b）．

b. 成人を対象とした体重管理における誘惑場面の対策

「わかっているけど，つい食べちゃうのよね」という言葉は，体重管理でよく聞く．健康や栄養の情報がいつでも手に入る現代，多くの人が食品や料理のカロリーのことを知っている．今，求められていることは，すなわち，行動的なアドバイスである．

体重管理における「つい食べてしまう」誘惑（temptation）は，1990年代を中心にいくつかに整理され報告されている．それらは，入手可能性（例：さまざまな食べ

```
［タイトル］　ほねくんとやさいスープ
［教材形態］　パネルシアター
［対象］　幼児期の子どもと保護者
［特徴］　親子対象の場面で活用できること
［ストーリー］
導入（10分）　対象：子どもと保護者
  ①登場人物の「ほねくん」が自分たちと同じ「骨」でできていることを伝える
  ②ほねくんとさまざまなポーズをさせ，体を動かす
展開（15分）　対象：子どもと保護者
  ①運動しておなかが空いたほねくんに，ママがスープを一緒につくろうと誘う
  ②ほねくんは，苦手なにんじんに抵抗を示す
  ③そこで，ママは，「過去の成功体験」「スモールステップ」「モデリング」を応用
    した働きかけで，スープを完食させる
まとめ（10分）　対象：保護者
  保護者に対し，ストーリーの解説を行う
```

図10.4　苦手な食べ物の克服を目的とした幼児とその保護者を対象に行う栄養教育の一例
パネルシアター「ほねくんとやさいスープ」お茶の水女子大学教育・研究成果コレクション TeaPot
(http://teapot.lib.ocha.ac.jp/ocha/handle/10083/52320).

物がたくさんあるとき），社会的圧力（例：食べるようすすめられたとき），リラックス（例：家でごろごろしているとき），報酬（例：何かに成功して嬉しいとき），否定的な感情（例：イライラしているとき），空腹（例：苦しいほどとてもおなかがすいたとき）である．これに対し，玉浦らは，誘惑場面をどのように乗り越えたらよいか，といった対策（coping strategies）を整理し報告している（玉浦他，2009，2010）．対策は，食べ方（例：よく噛んで食べる），刺激統制（例：余計な食べ物は用意しないようにする），認知的対処（例：自分の体型を思い出す），行動置換（例：温かいものを飲む），ソーシャルサポート（例：誰かと分けて食べる）の5つに整理されている．これらの内容をもとに，カード教材が開発され（新保他，2012a），成人を対象とした実践では自己効力感が高まったことが報告されている（新保他，2012b）（図10.5）．

```
［タイトル］　ベストアドバイザー FOR ダイエット
［教材形態］　カードゲーム
［対象］　成人
［特徴］　ゲーム中のロールプレイングを通して，実践的な学習ができること
［遊び方］
①4〜5人のグループになる
②誘惑場面，対策，評価の3種類のカードをよく切り，対策と評価カードを1人5枚ずつ配る．誘惑場面は，山にして中央に置く
③相談者になった人が，誘惑場面のカードを1枚引き，そこにかかれている誘惑場面に登場する人になりきって相談する
④アドバイザーになった人は，その相談に対して，対策カードを用いてアドバイスする
⑤相談者およびそれ以外の人は，そのアドバイスに対して，評価カードを用いて評価する
⑥バラエティにとんだアドバイスができた人がベストアドバイザーとなる
```

図 10.5　体重管理における誘惑場面の対策の学習を目的とした成人対象の栄養教育の一例
体重管理のためのカード教材「ベストアドバイザー FOR ダイエット」お茶の水女子大学 E-book サービス（http://www.lib.ocha.ac.jp/e-book/list_0004a.html）．

10.3.2　食環境整備

　食行動の変容を促すには，対象者に対する直接的な教育に加え，食環境整備が必要である．たとえば，イギリスでは，対象者に直接働きかける減塩キャンペーンに加え，食品会社に減塩を働きかけ，国民の食塩摂取量を減らした（He et al., 2014）．この取組みの成功の秘訣は，時間をかけて徐々に加工食品の食塩を減らしていった点である．われわれの味覚では感知できない程度の減塩（1〜2年かけて10〜20%の減塩）は，食品会社の売上げにも影響なく，結果的に10年かけて国民の1日あたりの食塩摂取量を1.4 g減少させた．さらに，この減塩は，血圧を低下させ，虚血性心疾患や脳卒中による死亡率を低下させた（He et al., 2015）．

　本人に意識させないで，ある行動を促す方法はナッジ（nudge）と呼ばれる．ナッジの考え方は，マーケティングとして，行動経済学分野で広く使われてきた方法であ

る．たとえば食堂のトレーに，主食・主菜・副菜の枠のマットを引くと，副菜を選択する人が増えるといった方法である．

　Wansink は，食行動のナッジを，利便性（convenient），魅力的（attractive），日常的（normative）の3つのポイントに整理し，これを CAN アプローチと呼んでいる（Wansink, 2015）．たとえば果物を，手の届くところに（convenient），素敵な器（attractive）に入れて，いつも（normative）置いておくと，果物の摂取量も増えていく．食べてほしい食べ物は，より魅力的にみせ，簡単に選択できるようにすると，それが日常化していく．一方で，減らしてほしい食べ物（たとえば，スナック菓子）の場合，小分けにすると，それ以上食べようとおかわりをする際に，自分の食行動を意識する機会が増える．自分の行動を意識化することで，量の減る可能性は高い．これは，人の意思決定には，直感的な決定を行うシステム1と熟考して決定するシステム2の2つのシステムがあるという考えに基づく（Sloman, 1996；Kahneman, 2003；第3章のコラム4も参照）．CAN アプローチは，システム1による意思決定をねらったアプローチである．人が1日に行う食行動に関する意思決定は，200回ともいわれている（Wansink & Sobal, 2007）．200回すべての意思決定を，熟考によるシステム2の意思決定で行うことは難しい．「わかっていても，つい食べてしまう」という人たちは，直感的なシステム1の意思決定で，日々の食行動を選択している．したがって，直感的なシステム1の意思決定でも，健康的な食行動が選択できるような食環境整備が必要であり，これには栄養の専門家だけでなく，心理学や経済学など，他分野にま

表10.3　CAN アプローチの応用例（Wansink, 2015 をもとに作成）

	利便性（C）	魅力的（A）	日常的（N）
母親が家族に健康な食事を食べさせたい場合	野菜を切って，冷蔵庫の真ん中の段に入れておく	魅力的な商品名のドレッシングを買っておく	家族が食べなくても，毎日，夕食にサラダを出す
レストランオーナーが利益率の高い海老サラダを売りたい場合	海老サラダをメニューの最初のページに太字で載せる	美味しそうでかつ魅力的なメニュー名にする	"シェフのおすすめ"といった説明を加える
生鮮食品売り場のマネージャーが魚を正規価格で売りたい場合	魚を客の目につく真ん中に陳列する	鮮魚売り場の横に簡単なレシピカードを置く	鮮魚売り場に導く案内を床に貼る
職場のマネージャーが部下に社員食堂で健康な食事を食べさせたい場合	健康な食事が500円ですぐ食べられるコーナーを食堂につくる	清潔でおしゃれな食堂にする	社内ニュースをデスク付近でなく，食堂の掲示板に掲示する
学校給食のマネージャーが子どもたちにもっと果物を食べさせたい場合	料理を取るラインの最初と最後に果物を置く	カラフルな器に盛る	レジ近くに"おやつにおひとつどうぞ"というメモを貼る

たがった協力体制が必要である．CAN アプローチの応用例を表に示す（表 10.3）．

おわりに

　栄養教育の最終目標は，個人の生活の質の向上を目指した健全な食生活の実践の支援である．そのためには，食行動の科学的知見を応用し，教育的アプローチと環境的アプローチの両面から，食行動の変容を促す必要がある．　　　　　　　　[赤松利恵]

引用文献

會退 友美・赤松 利恵（2012a）．幼児の偏食に対する保護者の関わり方に関する教材開発と実践のプロセス評価——社会的認知理論を活用したパネルシアター——　日本健康教育学会誌, *20*, 288-296.

會退 友美・赤松 利恵（2012b）．社会的認知理論を活用した幼児の偏食に関するプログラムの実践——保護者の関わり方について——　栄養学雑誌, *70*, 337-345.

Birch, L. L., Birch, D., Marlin, D. W., & Kramer, L. (1982). Effects of instrumental consumption on children's food preference. *Appetite, 3*, 125-134.

Brown, R., & Ogden, J. (2004). Children's eating attitudes and behaviour: A study of the modelling and control theories of parental influence. *Health Education Research, 19*, 261-271.

Contento, I. R. (2011). *Nutrition education: Linking research, theory, and practice* (2nd ed.). MA: Jones and Bartlett.

Green, L. W., Kreuter, M. W., Deeds, S., & Partridge, K. (1980). *Health education planning: A diagnostic approach*. Mountain View, Calif.: Mayfield.

He, F. J., Brinsden, H. C., & MacGregor, G. A. (2014). Salt reduction in the United Kingdom: A successful experiment in public health. *Journal of Human Hypertension, 28*, 345-352.

He, F. J., Pombo-Rodrigues, S., & MacGregor, G. A. (2015). Salt reduction in England from 2003 to 2011: Its relationship to blood pressure, stroke and ischaemic heart disease mortality. *BMJ Open*, 2014, 4, e004549. doi: 10.1136/bmjopen-2013-004549

Kahneman, D. (2003). Maps of bounded rationality: Psychology for behavioral economics. *The American Economic Review, 93*, 1449-1475.

新保 みさ・赤松 利恵・山本 久美子・玉浦 有紀・武見 ゆかり（2012a）．体重管理に関するカード教材「ベストアドバイザー FOR ダイエット」の開発と保健医療従事者による教材の評価　栄養学雑誌, *70*, 244-252.

新保 みさ・赤松 利恵・山本 久美子・玉浦 有紀・武見 ゆかり（2012b）．体重管理の誘惑場面における対策に関するカード教材「ベストアドバイザー FOR ダイエット」ゲーム編の実行可能性の検討　日本健康教育学会誌, *20*, 297-306.

Sloman, S. A. (1996). The empirical case for two systems of reasoning. *Psychological Bulletin, 119*, 3-22.

玉浦 有紀・赤松 利恵・永田 順子（2009）．減量の誘惑場面における対策の質的検討　栄養学雑誌, *67*, 339-343.

玉浦 有紀・赤松 利恵・武見 ゆかり（2010）．体重管理における誘惑場面の対策尺度の作成　栄養学雑誌, *68*, 87-94.

Wansink, B. (2015). Change their choice! Changing behavior using the CAN approach and activism research. *Psychology & Marketing*, *32*, 486-500.

Wansink, B., & Sobal, J. (2007). Mindless eating. The 200 daily food decisions we overlook. *Environment and Behavior*, *39*, 106-123.

11 食事療法による生活習慣病の予防

　本邦でもライフスタイルの近代化に伴い，糖尿病をはじめとする生活習慣病が増加しており，その基盤となる肥満対策が急務とされている．特に，中年男性と更年期以降の女性の肥満の割合が増加している．肥満は，糖尿病や睡眠時無呼吸症候群など11の病気と密接に関連している．また，肥満は慢性の炎症性疾患であり，心筋梗塞や脳梗塞などを引き起こす動脈硬化を促進する．過体重や肥満を有する糖尿病予備軍の人が，減量に成功し，運動習慣を獲得することが糖尿病予防につながる（Sakane et al., 2014, 2015）．2008 年からはじまった特定健康診査・特定保健指導制度では，メタボリックシンドロームに焦点をあてた保健指導が行われている．ある程度の減量効果が得られたが，その効果は限られている（Hirakawa & Uemura, 2013）．その理由のひとつとして，患者が同じような保健指導に飽きていることが指摘されている．また,医療機関では糖尿病の重症化予防などのために食事指導が日常的に行われている．しかし，生活習慣病予防のために「腹八分目にして，栄養バランスよく食べて，体重を減らしなさい」と食事指導を行うと，「つい食べてしまう」「何もすることがないので食べる」「カロリー計算は面倒だ」「カロリー制限をするとストレスがたまる」「夜の食事が遅い」などと言い訳する（表 11.1）．これを心理学では「抵抗（resistance）」

表 11.1 患者の言動と食行動およびそれぞれに対する対策の例

患者の言動	食行動	対策の例
目の前にあると，つい食べてしまう	コントロール不能な摂食	刺激統制法
寂しくて食べる	情動的摂食	ストレスマネージメント
食事を減らしすぎ，爆発する（暴飲・暴食）	抑制的摂食	極端な食事療法に取り組まない
食べすぎてしまう	ポーションサイズ知識の不足	ポーションコントロール
量を控えると空腹感があり，とてもつらい	空腹感	空腹感対策
夕食の時間が遅くなる	遅い夕食時間	食事のタイミングについて説明
薄味だと，何だかもの足りない	食事の満足度の低さ	満足度の高い食事の提供
何をどう食べてよいのかわからない	栄養バランスの知識不足	栄養バランスチェック
いろいろな食品をとるのは難しい	食事の多様性の知識不足	食事の多様性チェック

170　第11章　食事療法による生活習慣病の予防

「そんなに食べていないのに太る」
「水を飲んでも太る」
「食事に気をつけているのに，体重がなかなか減らない」
「ダイエットが長続きしない．つい食べてしまう」
「家族が太っていたから，仕方がない」

図 11.1 肥満者の抵抗

と呼ぶ（図 11.1）．それらの抵抗を減らすために，指導する側には食行動の科学に関する知識が求められている．そこで，本章では「食事療法による生活習慣病の予防」と題し，実際に医療現場で実践する立場から，食行動の科学に基づく生活習慣病予防の実際について概説する．

11.1　予防医学における情報リテラシーの必要性

　肥満とは摂取エネルギーと消費エネルギーのアンバランスを特徴とするエネルギー代謝異常で，余分なエネルギーが中性脂肪として，多くは体脂肪として異常に蓄積された状態である．国民健康・栄養調査（2013年）によると，男性は20代，30代で体重が増加し，40代には3人に1人が肥満となる(34.9%)．その後，肥満者の割合が徐々に低下する．それに対し，女性は20代では肥満者の割合が少ないが(10.7%)，徐々に肥満者の割合が増加し，50代で21.9%が肥満となる．体重の変化でみると，男性は20代から60代にかけて約4 kg増加するのに対し，女性は約7 kg増加する．体重が増加する理由は，加齢による代謝低下や更年期の影響もあるが，結婚や職場の異動など生活環境の変化によるものも多い．

　そのために，さまざまなダイエット法に興味がわく．しかし，巷では健康情報が氾濫しており，特にテレビの影響力は非常に大きい．ココアが流行ればココアが売り切れ，朝にバナナが良いと聞けばこぞってバナナを買いに走る（表 11.2）．健康情報を読み解く力が求められる（Yajima et al., 2001）．たとえば，メニューAとメニューBとを比較してみよう（図 11.2）．巷の健康情報に振り回されている人はメニューAを選んでしまう．ところが，カロリーはメニューBが500 kcalに対して，メニューAは1000 kcalと倍である．種を明かすと，メニューAはテレビや雑誌などで健康に良

11.1 予防医学における情報リテラシーの必要性

表 11.2 食に関する健康情報の流行

年	食品
1975 年	紅茶きのこ
1988 年	酢大豆
1996 年	ココア
2002 年	低インスリンダイエット
2003 年	ヨーグルト
2004 年	にがり
2006 年	白いんげん豆
2007 年	納豆
2008 年	朝バナナ,食前キャベツ
2009 年	黒豆
2010 年	食事の順番療法
2012 年	トマトジュース
2013 年	ココナッツオイル

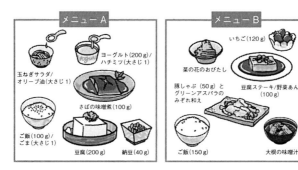

図 11.2 巷の健康情報を集めたメニューとそうでないメニュー

表 11.3 勘違い食品一覧

食品名	理由
豆腐,ソーメン	あっさりしているから
スイカ	水っぽいから
乳製品(牛乳,ヨーグルト,チーズ)	骨に良いから
油の原料(ごま,落花生)	健康に良い食品だから
油(オリーブ油,亜麻仁油,えごま油)	良い油だから
はちみつ,黒砂糖,みりん	白砂糖でないから
ミルクココア	健康に良いから
青魚	EPA/DHA が認知症に良いから
栄養ドリンク剤	元気が出るから
ブルーベリージャム	眼に良いから

いと喧伝されているものが入っている．それらは健康に良いものであるが，比較的高カロリーである．そのため，健康だと思ってたくさんとっているとカロリーを多く摂取することになり，体重が増加する．こういったタイプの人にとっては，健康に良いと勘違いしている食品を止めることがもっとも簡単な食事療法なのかもしれない．よくある勘違いとして，骨を強くしようと乳製品をとりすぎたり（朝にパンと牛乳，昼にヨーグルト，夜にワインとチーズなど），ごま・落花生など油が多い健康的な食品をとりすぎる例がある．ピーナツは14粒で女茶碗半分(50 g)と同じカロリーがある．オリーブ油やエゴマ油などを健康に良い油だと安心して，使いすぎている人がいる．豆腐やソーメンはあっさりしているから低カロリーと勘違いしている人もいる．スイカは水っぽいから，カロリーが低いと勘違いしている人がいる（表11.3）．食に関する勘違いを修正する必要がある．

11.2 減量に対する動機づけ

　減量を成功させるためには，減量する気持ちを高めることとやせる生活環境を整備することが大切である．まずは，「20歳から体重がどのくらい増えましたか？」と尋ねてみよう．そうすると，患者は20歳からの体重の歴史を語ってくれる．その答えはさまざまである．「10 kg増えました」と数字のみ答える人もあれば，「結婚してから体重が増えた」「禁煙してから体重が増えた」など体重が増えた原因を明かす人もいる．20歳からの体重増加量が10 kgを超えた時点から，糖尿病に対するリスクが高まるといわれている．「体重が10 kg増えた」と答えた人には，「身の周りのもので10 kgのものはどんなものがありますか？」とイメージしてもらうとよい．米，砂糖，赤ちゃん3人分などいろいろな答えが返ってくる．肥満者には論理的思考に働きかけ

図11.3　体脂肪モデル（3 kg）と体脂肪キーホルダー

るよりも，直観的思考に働きかけるほうがよいのかもしれない（11.6節参照）．もし，20歳より体重が15 kg増えた人がいたなら，3 kgの体脂肪モデルをみせて実際にもってもらい，「これが5個分（3 kg×5＝15 kg）ついたのかもしれませんね」と説明してみる（図11.3）．さらに，体脂肪が増えると血糖値や中性脂肪が増加するだけでなく，膝や腰に負担がかかることも補足する．それらの説明のあとで，患者から「こんなに膝や腰に負担がかかるんですね．少しやせなければいけませんね」など動機づけの言葉が出たら，次の質問に移る．

「今までの人生の中で，もっとも重かった体重はいくらですか？」と過去の最大体重を尋ねる．もし，現在の体重が過去最大の体重よりも少なければ，何らかのダイエット法を試していたことが推察される．はじめてダイエットに取り組む人と何回もダイエットに挑戦している人といる．それにより減量指導を変える．はじめてダイエットに取り組もうとしている人には「ダイエットの基本についてお話しますね」と基本的なことについて触れる．ダイエットに挑戦したことがある人には「今まで，どんなダイエット法にチャレンジしたことがありますか？」と過去のダイエット経験を確認しておく．ダイエット経験者の中には，自己流ダイエットでリバウンドを繰り返している人もいる．こういった人には「減量する方法はすでにご存知だと思いますので，今度はリバウンドしないダイエット法についてお話しますね」とスタートするとよい．

11.3　減量成功と食事療法のアドヒアランス

摂取エネルギーは，糖質（g）×4 kcal＋タンパク質（g）×4 kcal＋脂質（g）×9 kcal＋アルコール（g）×7 kcalで算出される．ダイエットを成功させるためには，十分なタンパク質をとり，糖質あるいは脂質を減じる必要がある（図11.4）．食事を抜くことでエネルギー制限すればやせられると考えられがちだが，そうするとタンパク質が足りなくなる可能性がある．タンパク質摂取が少ないと，骨や筋肉が減る可能性がある．そうすると，リバウンドしやすい体質になるだけでなく，骨折リスクも高まる．また，タンパク質が不足すると，基礎代謝が低下する．減量に伴い基礎代謝を下げないためにも，肉・魚・大豆製品・乳製品などタンパク系の食品を積極的にとることに加え，ビタミンDやカルシウムが不足しないことに留意することが大切である．

最近，外来で多い質問が「糖質制限は効果がありますか？」である．極端に糖質をすべて制限している人もあれば，夕方にお酒を飲みたいために，夕食だけ糖質を抜いているという人もいる．糖質制限食であれ，低脂肪食であれ，ある程度の減量効果が得られるが，その差は大きくても2 kg，平均すると1 kg程度である（Sacks et al., 2009；Naude et al., 2014）．さまざまな食事介入研究から，食事療法を続けること

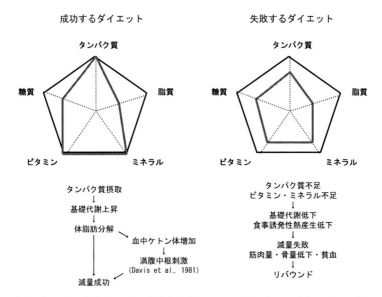

図 11.4 成功するダイエット，失敗するダイエットの栄養バランスとそのメカニズム

ができるのかというアドヒアランス[1]がキーワードであることがわかる（Alhassan et al., 2008）．また，アドヒアランスを向上させるには，患者が食事に満足しながら続けられるダイエット法をみつけることが大切であり，たっぷりの野菜と良質な油の摂取がその鍵となる．最近，低脂肪か糖質制限か，この2つから好みにあわせたダイエット法の選択をするよりも新たなダイエット法に挑戦したほうが効果的との報告もある（Yancy Jr et al., 2015）．一度，経験したことのないダイエット法を試してもらってもよいかもしれない．

11.4 食行動にかかわる因子と減量効果

食行動の3因子（コントロール不能な摂食，情動的摂食，意識的減食）に注目する．肥満でない人は空腹になってから食べはじめ，満腹になったら食べ終わる．それに対し，肥満者は誘惑に弱い．美味しそうな刺激があると食べはじめて，満腹になっても食べ終わらない．皿の中にものがなくなるまで食べ続ける（図11.5）．脳科学でも自分の好きなものに対する反応は鋭敏であることが示されている．まずは，「余分なも

---

[1] アドヒアランスとは，患者が積極的に治療方針の決定に参加し，その決定に従って治療を受けること．

11.4 食行動にかかわる因子と減量効果

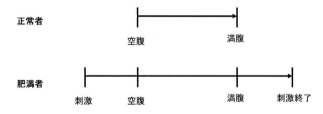

図 11.5 正常者, 肥満者の食行動の違い
図中の「刺激」は, 食欲や食行動が変化するような視覚的・嗅覚的な刺激を意味する.

表 11.4 誘惑対策（刺激統制法）

項　目	誘惑に弱いタイプ	誘惑対策
視覚	目の前においしそうなものがあるとつい食べてしまう	食べ物を目につくところに置いておかない（ただし, 隠し方が大切）
嗅覚	おいしそうなにおいがすると食べたくなる	ふたをする 飲食店などの多い地域を通らない（回り道をして帰る）
間食	袋を開けると, 最後まで食べてしまう 残った菓子を食べてしまう	小袋の菓子を買う 食べる分だけ出しておく
買い物	空腹時に買いすぎる 安売りがあると, ついつい買いすぎる	空腹時に買い物をしない 買い物リストをつくる
食事	食べ放題の店に行くと食べすぎる	食べ放題の店は予約しない
旅行	旅行に行くと太る	動き回る旅行を計画する 量より質の夕食を選択する

のを食べないように食べたくなる刺激を減らす工夫を考える. たとえば, 目の前に菓子を置かない, 飲食店やコンビニなどが並び誘惑される地域は通らず, 回り道をして帰るなどである. 家の中に食べ物をたくさん置いておかないことも大切である. そのためには, まとめ買いをしないくせをつける, 空腹時に買い物をしない, 買うべきものをあらかじめメモしておくなどの工夫ができるとよい. 食べ放題の店でもとをとろうとたくさん食べる傾向がある人は, そういった店を予約しない. 旅行で体重が増える人は, 動き回る旅行を計画したり, 夕食を量より質の良いものを選択したりするのもよい（表 11.4）. また, 早食いの人は, 箸置きを用意してこまめに置くくせをつけたり, 細い箸を使うのもよい.

また, 何かに夢中になっているときや嬉しいことがあったときなどのプラスの感情は, 空腹感をあまり感じさせない. 逆に, 怒りや悲しみなどのマイナスの感情があると食欲が促進される（情動的摂食）. 大きなストレスは食欲を低下させるが, 日常の苛立ちごとは食欲を促進する. 食事療法や食事記録も患者にとってはストレスであ

図 11.6　ヘルシープレートとその活用例

る．ストレスがある肥満者に対しては，ストレスマネージメントを併用する（坂根他，1996）．ストレス方程式（ストレスの症状＝ストレッサー×受け止め方）を提示し，ストレスの原因を減らすことができるかについて患者と作戦を練る．もし，ストレスの原因自体を取り除けない場合は時間的・空間的に離れるようアドバイスする．ストレスをポジティブに受け止める練習や食べること以外のストレス解消法についても患者と相談する．

　肥満者はポーションサイズ（標準的な1回の食事量）が大きい．そういった人には，実際に減量食を体験してもらうとよい．海外では，肥満の食事療法のひとつとしてポーションコントロールプレートが用いられている．その日本版のヘルシープレートを用いることで有意な減量効果が得られることが報告されている（Yamauchi et al., 2014）（図 11.6）．ご飯などの主食，おかず（主菜），野菜などの副菜をそれぞれの場所に盛りつけるだけで，カロリー計算しなくても 500 kcal 以下となる．このプレートを用いることで，たっぷり（200 g 程度）野菜をとることができるので，満腹感も得られやすい．

11.5　体重測定と減量効果

「カロリー計算は面倒だ」とずぼらを自称する患者がいる．そういった患者には体

11.5 体重測定と減量効果

重測定の習慣をつけてもらうとよい.体重測定の習慣があると,体重が増えにくく,減量が促進することが知られている(Linde et al., 2005).確かに,体重が増えていると感じると体重計にはのりたくないという心理が働く.逆に,体重計にのると体重を意識し,食事に気をつけるようになる.これらを減量指導に利用することができる.

さらに,体重の変化を可視化することが大切である.坂田らは,1日に4回(朝食前,朝食後,夕食後,就寝前)の体重を測定する「グラフ化体重日記」を開発した(Fujimoto et al., 1992).筆者らはそれらを簡略化し,朝と晩に体重を測定するセルフモニタリングを減量指導に用いている(Oshima et al., 2013).朝と晩の体重差は,平均すると500 g前後である.しかし,体重の変化は毎日同じではない.体重が増える日がある.その日には太る食べ物を食べている可能性がある.筆者の外来でのトップ3は,カレーライス,寿司,ラーメンである.冬場には鍋物で体重が増えると訴える人が多い.

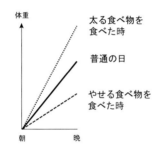

図11.7 朝晩の体重測定により把握できる日内変化量

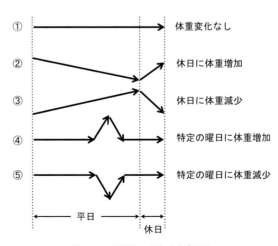

図11.8 週単位で考える食事療法

何を食べると体重が増えるのかを認識してもらうことが大切である．逆に，どのようなものを食べると太りにくいかを見つけてもらう．たとえば，普通の日の体重増加が500g前後である人が，太る食べ物を食べると500g以上体重が増加する（図11.7上の点線）．それに対し，やせる食べ物を食べたときは体重の増加量が少なくなる（図11.7下の破線）．このように体重測定を太る食べ物，やせる食べ物を発見してもらうツールとして使うことが大切である．また，1週間のパターンを把握することでも対策を立てやすくなる（図11.8）．

11.6 性格タイプ

食事指導をしていると，「Aさんとは馬があう」「Bさんとは馬があわない」など性格タイプの違いを経験することがある．みんなでわいわいと話しあうグループ指導（糖尿病教室）を好む人もいれば，糖尿病読本をじっくり読んでコツコツ勉強して，医療従事者に厳密な質問をしたり，血圧手帳やSMBGノート[2]にデータを几帳面に記入する人もいる．医療従事者に主導権を握られることを嫌う人がいるかと思えば，医療従事者にゆっくりと話を聞いてもらい，サポートしてもらいたいと思っている人もいる．こういった性格タイプを知っておくことで，ひとりひとりにあわせた食事指導が実践できるようになる（坂根・佐野，2008, 2011；坂根，2013）．

筆者はスイス出身の精神医学者ユング（C. G. Jung）の性格類型をベースに性格分類を行っている．ユングの性格タイプ論では，興味・関心が向かう活力のベクトルとして外向と内向を横軸に，物事を判断するときの傾向として客観的・論理的に判断す

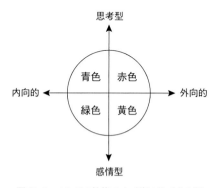

図11.9 ユングの性格タイプ論に基づく分類

---

2) SMBGノートとは，血糖自己測定（self-monitoring of blood glucose）の結果を記録するノートのこと．

る傾向（思考型）と人の気持ちや感情を大切にしようとする傾向（感情型）を縦軸にとっている（図11.9）．たとえば，外向的な人は「しゃべってから考える」，内向的な人は「考えてからしゃべる」などの特徴がある．同様に物事を現実的・実際的にみる傾向（現実的）と，事実よりその可能性や物事の関係づけに関心をもつ傾向（直感的）の横軸に分けている．これらの2軸により，筆者らは，性格タイプを大きく4つの代表的な

表11.5　4つの性格タイプの強み，弱みとストレスサイン

性格タイプ	強　み	弱　み	ストレスサイン
赤色	自信家，決断力・集中力がある，挑戦を好む，影響力が強い	人の話をあまり聞かない，傲慢にみえる，押しが強い，フィードバックをもたない	攻撃する，イライラする，短気になる
黄色	社交家，楽天家，活動的で適応力がある，感情をはっきり表す，熱狂的，説得力・想像力がある，プレゼンが上手	集中力に欠ける，無頓着，プランニング・フォローアップが苦手，すぐに関心を失う	過剰反応する，自説に固執する，理屈っぽくなる
緑色	平和主義者，いい人，深く長い人間関係を築ける，自然な聞き手，温かい，根気強い	適応がゆっくり，決断を求めると熱意に欠ける，拒否を回避，困難なことを個人的に引き受ける	黙り込む・内気になる，過剰なほど慎重になる
青色	分析家，豊富で詳細な知識をもつ，能力ある態度，厳密な質問をする，徹底したフォローアップを行う	はじめの関係は難しく息が詰まる，質問が批判的で無神経に思われる，人の感情を見落とす，取るに足らない細かいことに焦点をあてる	不信・慎重になる，重箱の隅をつつく，打ち解けない，内気になる，憤慨する

表11.6　料理・食事に関する性格タイプの違い

性格タイプ	料理・食事に関してみられる傾向
赤色	忙しいときには，シンクの脇で立ったまま食べる 新しいものや，変わったものを試す 何でも電子レンジで温める 時間を節約するためドライブスルーを好む，待つ店は避ける
黄色	食べ物だけでなく余興もあるのが好き グルメな食べ物や個性的な小物（ワインオープナーなど）が好き あらゆるキッチンツールをもっているが，使うことはない 料理している間も，話しかけてほしい
緑色	食事は家族の大切な時間と考える 小規模で親しい人だけのパーティを好む 友達とレシピを交換するのが好き 全員に十分以上の食べ物があるか常に確認している
青色	液体，固体にそれぞれ異なるメジャーカップを使い，それがなぜ大切かを説明できる 買い物に行く前には買い物リストをつくる レシピを忠実に守る 調味料のラベルごとに整理している

表11.7 スタッフの言葉からみた性格タイプ

性格タイプ	一般的な指導の場面での口癖	食事指導の場面での口癖
赤色	「まず結論から言いますね……」 「私のみている中で一番です」（情報提供後） 「結局やるかやらないかはあなたが決めることですから……」 「自分のとこに来る患者はみんなちゃんとできている」 「自分が厳しく言わないと，他の先生は優しいから」	「血糖コントロールが悪いので，おやつとアルコールは禁止．合併症が出たら，誰が面倒をみるんですか」
黄色	「難しいことはできませんよね，一緒に楽しく続けられる方法を考えていきましょう！」	「おいしいものは，つい食べちゃいますよね．私も甘いものは大好きです．この間，おいしい店をみつけて……」（話がすぐに脱線してしまう）
緑色	「そうですね」（自然な聞き手） 「少しずつ，ゆっくりと，できることからはじめてみてください」 「それでは頑張ってくださいね」	「嫁姑のストレスで，食べすぎてしまうんですね」 「それは大変でしたね」（延々と聞き役に回る）
青色	「糖尿病テキストの3ページを開いてください．糖尿病は空腹時の血糖が126 mg/dlを超える，または，……で診断されます．治療の基本は食事，運動，そして薬物療法です」	「3日間の食事を例に示すとおりに書いてきてください．次回，もってこられましたら，預かって計算しておきます」

表11.8 性格タイプ別糖尿病治療戦略：DoとDon't

性格タイプ	Do（心がけること）	Don't（避けること）
赤色	ポイントや結論を先に提示する，決断力があるので自分で治療法を選択させる，挑戦を好むので競争させる	スローペースで進める，医学的な論理を押しつける，医療従事者が主導権を握る，思いやりをみせる・勇気づける言葉かけをする，資料や情報を整理せずにバラバラに渡す
黄色	速いペースでテンポよく話す，感情表現や面白い教示を提供して飽きさせない，誰かと一緒に取り組んでもらう	細かいことで退屈させる，しばりつけたり，自由度を低くする，1人で黙々とやらせる，細かい数字を多用する
緑色	患者のペースでゆっくりと進める，リラックスしてもらい意見を聞き，答える時間を十分に与える，思いやりをもち，謙遜した態度をとる	はやく決断するように急かす，競争させる，高慢な態度をとる，確実な結果を望む，形式や規律でしばりつける，データや事実だけで説明を終える
青色	系統立ててデータの説明を進める，たとえを使う場合には事実をできるだけ入れておく，十分な情報提供を行う，体系的に熟考してもらう，教科書的な提示をする，データを重視する，スローペースで進める	感情を顕にする，途中で治療計画をコロコロ変更する，速いペースで競争させる，情熱をもって説得する，変換間違いやミスプリントのある資料をそのまま使い続ける

11.6 性格タイプ

色（赤色，黄色，緑色，青色）に分類している（表11.5）．各々の色には特徴があり，自分と相手の色を知ることでコミュニケーションを円滑に運ぶことができる．注意しなければならないのは，各人は4つの中の，どれか1つに分類されるわけではなく，4つの色をそれぞれもっているが，その程度が違うということである．

表11.6に料理・食事に関する性格タイプの違いを示す．まずは，食事に対する日頃の意識を聞き取るなどし，患者の性格タイプを見極めることが大切である．指導にあたるスタッフ自身と同じ色だと患者の気持ちがよくわかる．苦手なのは対極にある色の人であることも多い．表11.7にスタッフの言葉からみた性格タイプの違いを示す．スタッフが自分自身の性格タイプを知ることも大切である．患者の性格タイプによって，やってよいことといけないことがある（表11.8）．食事目標の設定（表11.9）や継続指導における達成度の評価やほめ方（表11.10）も性格タイプによってアプローチを変えるとよい．

表11.9 性格タイプ別の食事目標設定：具体的な声のかけ方

性格タイプ	Do（心がけること）	Don't（避けること）
赤色	「中性脂肪を下げるには，3つのポイント（炭水化物を控える，果物は握りこぶし1個分まで，アルコールを控える）があります．一番効果があるのは節酒ですが，どれにされますか？」	「えっと，中性脂肪というのは……アルコールはどのくらい飲まれますか？……家で飲まれることが多いですか？……」（医療従事者が順に質問する）
黄色	「3 kg 減ったら，驚くほど中性脂肪が下がると思いますよ」 「目標は何にしましょうか？」 　「間食を減らす」（患者） 「じゃあ，減らす工夫を一緒に考えましょうか」（テンポよく）	「この用紙に・毎日・きちんと記入をお願いします」（毎日1人でこつこつやらなくてはならない作業をさせる）
緑色	「どちらかというと，どちらがやりやすいですか？」 「本日，Aさん（患者名）とお話ができてよかったです．具体的な目標を設定したいと思いますが，……」 「今すぐに決める必要はありません．今日帰ってから，ゆっくり考えてもらって結構です」	「どれにされますか？」（患者に即断を迫る）
青色	「ここに選んでもらう目標の一覧とカロリーがかいてある表があります．次回までに決めておいてもらえますか？」（課題の設定法と期限を説明）	「とりあえず何か目標を決めましょうか？」（患者に"とりあえず"のようなその場しのぎの言葉を使う）

表 11.10 性格タイプ別の継続指導：達成度の評価とほめ方

性格タイプ	Do（心がけること）	Don't（避けること）
赤色	「いつも頑張っておられますね！」 「結果が出るのが楽しみですね」 「いい結果が出ていますね」（結果をほめる） 「休みをとられることはあるんですか？」（とらないことを認める）	「もっと頑張りなさい」（頑張っているのに，これ以上頑張れというのか） 「ゆっくりと食事療法の改善に取り組まれるといいですよ！」（早く結果が出したいと思っているのに） 「糖尿病教育入院でもして少し休まれてはいかがですか？」（休みたくないのに）
黄色	「すごい！」（少しオーバーに） 「楽しく取り組んでおられますか？」	「もっときちんと記録しないと」
緑色	「スタッフも応援しますので，一緒に頑張りましょう」 「焦らずに，ゆっくりと食事療法に取り組んでください」 「入院してゆっくり食事療法について勉強されてはいかがですか？」	「結果が出ていないですね」（結果重視で，経過や頑張りをほめていない） 「早く結果を出さないと」（急がせる）
青色	「HbA1cが前回よりも0.5%下がっていますね」（数値の変化を説明する） 「きちんと記録されていますね」（作業をほめる）	「すごい！」（過剰なジェスチャーで） 「こんなにきちんと記録されなくてもいいですよ」（こんなこと当たり前のことなのに）

11.7　減量期と維持期における食事指導

　予防医学における減量指導では，減量期（体重が順調に減りやすく，目標体重まで減量を進める時期）と維持期（減量成功後，その体重を維持する時期）に分けて考える．欧米では1日の摂取エネルギーを500 kcal減らすと，1週間に500 gの減量が可能であるとか，体脂肪を1 kg減らすには7500 kcalを減じればよいとの誤った考え方がある．実際には，減量は直線状には進まず，図11.10に示すように，ゆるやかな曲線状に体重は減少していく．なぜなら，減量初期には肝臓などでグリコーゲンなどが使われて水が抜けたり，食事量が減ることにより塩分摂取量も減り，さらに水が抜けるためである．そして，忘れてはいけないのは食事量が減るので，腸内の内容物も減ることである．その後，食事量の減少のために基礎代謝が低下するため，体重は減りにくくなる（停滞期）．肥満の程度，現在の摂取エネルギー，身体活動量によっても減量スピードは異なる（Hall et al., 2011）．そういった代謝の変化も勘案された予測式があるので，参照されたい[3]．減量期には体重計にのって体重が減るのが嬉しくや

---

[3] Weight Loss Calculator, Pennington Biomedical Research Center, USA (http://www.pbrc.edu/research-and-faculty/calculators/weight-loss-predictor/).

11.7 減量期と維持期における食事指導

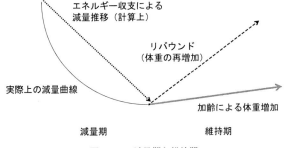

図 11.10 減量期と維持期

る気が出る．ところが，体重の停滞期に入ると，食事を減らしているにもかかわらず，体重が減らないためにやる気がそがれる．最初から停滞期がくることを知っていれば停滞期も乗り越えられる．

減量成功後に，その体重を維持するのは困難であることが多い．減量体重の維持には，運動習慣，満足した食事，休日の過ごし方（Greenberg et al., 2009），体重測定の習慣が関係している．減量後には膝への負担が少なくなっているため，運動の習慣化を勧めるとよい．また，睡眠不足がリバウンドと関連している（Crispim et al., 2007）．睡眠不足になると，レプチンが減少し，グレリンが増加し，食欲が出る．その結果，甘い菓子や塩辛いチップスやナッツ，炭水化物（ケーキ，パン，パスタ）が食べたくなる（Hall et al., 2011）．よい睡眠をとることをアドバイスしておくとよい．

コラム 9 ● 生活習慣コントロールと現実感

2015年11月，祈祷師を信じて1型糖尿病を患う男児へのインスリン投与を両親が中断し，男児が死亡するという痛ましい事件があった．1型糖尿病の治療にインスリン投与が不可欠であることは常識であり，両親の判断が悔やまれてならない．細かい状況は不明で無責任な議論はできないが，彼らは"祈祷師のほうが，一般的な方法よりもわが子の治療としてベター"という，彼らにとっての"現実的な"判断を下したのであろう．1型糖尿病だけでなく，2型糖尿病患者にとっても糖尿病という病気は自覚症状が少なく，現実感がない．われわれが将来の合併症リスクについて何度説明してもピンとこない人も多い．このような人間の認識のギャップを埋める画期的な技法は残念ながら今のところなさそうである．

しかし，人間にとっての"現実感"が何をよりどころとしているのか，については近年の仮想現実や心理学の研究の進展から，科学のレベルで議論できるようになってきた．特に，理化学研究所の藤井らが開発した代替現実システム（substitutional reality system）は人間にとってのリアリティを端的に実感させてくれる画期的なものである（Suzuki et al., 2012）．このシステムでは，CCDカメラ・ヘッドマウントディスプレイ（HMD）・ヘッドホン・方位検出センサーを組み込んだヘッドセットを観察者が装着する．頭を動かせば，それに伴いライブ映像も連動し，観察者はHMDに提示された映像を現実世界として見る．ここで過去に同じ場所で撮影されたパノラマ動画に映像を差し替える．このときも，方位センサーにより観察者は自由な方向を見られるので，観察者は過去の映像と切り替わっていることに気づかない．現実と過去の区別ができない．人間は信じれば，それがリアルなのだ．

　choice blindnessという現象もおもしろい（Johansson, 2005）．実験者が観察者に2枚の写真を観察させ，好きなほうを選ばせ，その理由を実験者が聞く，という実験がある．このとき，写真を2枚重ねにしておき，理由を聞くときには選んでいないほうの写真にすりかえる．このとき，ほとんどの観察者は写真が入れ替わったことに気づかず，選んでいないカードを選んだ理由を述べる．つまり，行動の理由はその場で後づけ的（postdictive）につくられているのだ．ここで，観察者は後づけの理由を述べていることに気づいていない．

　本章では，患者の誤認識についての例をいくつかあげた．誤認識が生じる理由は知識不足やヒューリスティクスなどの直感的思考に依存しているのかもしれないが（第3章コラム4参照），誤認識をしている当事者にとっては真実だと思っていたことは確かだ．彼らにとっての真実を曲げて，あるいは，彼らの真実の範疇にないわれわれの認識に目を向けさせて，自覚症状がない生活習慣病予防のためのダイエットコントロールを行うというのは離れ業なのかもしれない．できるだけ適切な認識をあの手この手で促すのはもちろんだが，指導者との信頼関係や，別の動機づけなど，全人的な視点をもって介入していく必要がある．代替現実システムのように認識をスワップできる魔法のようなテクニックを熱望する．

［坂根直樹・和田有史］

引用文献

Johansson, P., Hall, L., Sikström, S., & Olsson, A. (2005). Failure to detect mismatches between intention and outcome in a simple decision task. *Science, 310*(5745), 116-119.

Suzuki, K., Wakisaka, S., & Fujii, N. (2012). Substitutional reality system：A novel experimental platform for experiencing alternative reality. *Scientific Reports*, doi：10.1038/srep00459.

おわりに

　カロリー至上主義の食事指導には限界があることが知られている．患者の価値観や性格タイプ，食行動，生活環境などに注目することで食事指導の効果が高まることが期待される．

［坂根直樹］

引用文献

Alhassan, S., Kim, S., Bersamin, A., King, A. C., & Gardner, C. D. (2008). Dietary adherence and weight loss success among overweight women: Results from the A TO Z weight loss study. *International Journal of Obesity (London), 32*, 985-991.

Crispim, C. A., Zalcman, I., Dáttilo, M., Padilha, H. G., Edwards, B., Waterhouse, J., ... de Mello, M. T. (2007). The influence of sleep and sleep loss upon food intake and metabolism. *Nutrition Research Reviews, 20*, 195-212.

Davis, J. D., Wirtshafter, D., Asin, K. E., & Brief, D. (1981). Sustained intracerebroventricular infusion of brain fuels reduces body weight and food intake in rats. *Science, 212*(4490), 81-83.

Fujimoto, K., Sakata, T., Etou, H., Fukagawa, K., Ookuma, K., Terada, K., & Kurata, K. (1992). Charting of daily weight pattern reinforces maintenance of weight reduction in moderately obese patients. *The American Journal of Medical Sciences, 303*(3), 145-150.

Greenberg, I., Stampfer, M. J., Schwarzfuchs, D., & Shai, I. (2009). Adherence and success in long-term weight loss diets: The dietary intervention randomized controlled trial (DIRECT). *Journal of the American College of Nutrition, 28*, 159-168.

Hall, K. D., Sacks, G., Chandramohan, D., Chow, C. C., Wang, Y. C., Gortmaker, S. L., & Swinburn, B. A. (2011). Quantification of the effect of energy imbalance on bodyweight. *Lancet, 378*, 826-837.

Hirakawa, Y., & Uemura, K. (2013). Improvement in metabolic health condition of 40-74-year-old rural residents one year after screening. *Journal of Rural Medicine, 8*, 193-197.

Linde, J. A., Jeffery, R. W., French, S. A., Pronk, N. P., & Boyle, R. G. (2005). Self-weighing in weight gain prevention and weight loss trials. *Annals of Behavioral Medicine, 30*, 210-216.

Naude, C. E., Schoonees, A., Senekal, M., Young, T., Garner, P., & Volmink, J. (2014). Low carbohydrate versus isoenergetic balanced diets for reducing weight and cardiovascular risk: A systematic review and meta-analysis. *PLoS One, 9*, e100652.

Oshima, Y., Matsuoka, Y., & Sakane, N. (2013). Effect of weight-loss program using self-weighing twice a day and feedback in overweight and obese subject: A randomized controlled trial. *Obesity Research & Clinical Practice, 7*(5), e361-366.

Sacks, F. M., Bray, G. A., Carey, V. J., Smith, S. R., Ryan, D. H., Anton, S. D., ... Leboff, M. S. (2009). Comparison of weight-loss diets with different compositions of fat, protein, and carbohydrates. *New England Journal of Medicine, 360*, 859-873.

坂根 直樹（2013）．クイズでわかる保健指導のエビデンス50　中央法規

Sakane, N., Kotani, K., Takahashi, K., Sano, Y., Tsuzaki, K., Okazaki, K., ... Izumi, K. (2015). Effects of telephone-delivered lifestyle support on the development of diabetes in participants at high risk of type 2 diabetes: J-DOIT1, a pragmatic cluster randomised trial. *BMJ Open, 5*, e007316.

坂根 直樹・佐野 喜子（編）（2008）．質問力でみがく保健指導　中央法規出版

坂根 直樹・佐野 喜子（編）（2011）．説明力で差がつく保健指導　中央法規出版

Sakane, N., Sato, J., Tsushita, K., Tsuji, S., Kotani, K., Tominaga., M., ... Yoshida, T. (2014). Effect of baseline HbA1c level on the development of diabetes by lifestyle intervention in primary healthcare settings：Insights from subanalysis of the Japan Diabetes Prevention Program. *BMJ Open Diabetes Research & Care, 2*, e000003.

坂根 直樹・吉田 俊秀・梅川 常和・近藤 元治（1996）．肥満型糖尿病女性患者に対するストレスマネージメント併用療法の意義　糖尿病, *39*, 97-103.

Yajima, S., Takano, T., Nakamura, K., & Watanabe, M. (2001). Effectiveness of a community leaders' programme to promote healthy lifestyles in Tokyo, Japan. *Health Promotion International, 16*, 235-243.

Yamauchi, K., Katayama, T., Yamauchi, T., Kotani, K., Tsuzaki, K., Takahashi, K., & Sakane, N. (2014). Efficacy of a 3-month lifestyle intervention program using a Japanese-style healthy plate on body weight in overweight and obese diabetic Japanese subjects：A randomized controlled trial. *Nutrition Journal, 13*(1), 108.

Yancy Jr, W. S., Mayer, S. B., Coffman, C. J., Smith, V. A., Kolotkin, R. L., Geiselman, P. J., ... Voils, C. I. (2015). Effect of allowing choice of diet on weight loss：A randomized trial. *Annals of International Medicine, 162*, 805-814.

12 応用行動分析学：体重減量のプログラム

12.1 行動分析学の基本的な考え方

　本章では，応用行動分析学に基づく体重減量のプログラムについて解説する．まず，本節では，行動分析学の考え方や 12.2 節以降で用いられる用語の簡単な説明を行う．

　応用行動分析学は，実験行動分析学とともに行動分析学を形づくる，日常生活場面での社会的妥当性に基づいた行動変容を目指す学問である．社会的妥当性とは，行動変容の実施結果が，行動変容の対象となる個人，あるいはその個人を支える人々にとって，改善された新しい環境をつくりだすことを意味している．日常生活場面は，実験行動分析学が主に展開される実験室とは違い，社会的制約，倫理的問題，撹乱要因の存在などによって，環境や行動の厳密な制御は難しい．応用行動分析学は，社会的妥当性の実現と，こうした制約のある場面での行動変容の実現という困難な課題を担ってきた．

　そうした違いはあるにしろ，実験行動分析学と応用行動分析学は，次のような共通する認識をもっている（より詳細なリストについては坂上，2014 を参照）．

　1）個体の行動の原因を①遺伝的資質，②個体の生誕から現在までの環境との歴史（行動履歴），③現在の環境条件の 3 つに求め，とくに②と③についての研究を行動分析学の対象とする．

　2）行動分析学による行動の理解は，行動の制御と予測に基づく実験科学的理解であり，系統だった実験の計画と環境の整置（アレンジ）を用いてこれを実現する．実験の計画には単一事例法を，環境の整置には随伴性の操作と観察を基本的な方法論として採用する．

　3）単一事例法とは，1 個体に対して系統的に 1 つの独立変数を導入したり除去したりする実験の計画で，反転（除去）法，基準変化法，条件交替法，多層ベースライン法がその代表的なものである（具体的な方法については，次節以降で必要に応じて述べる．この方法の特集を行った「行動分析学研究」29 巻別冊（日本行動分析学会編集委員会編，2015）も参照）．

4）随伴性とは，特定された環境（刺激）や特定された行動（反応）からなる諸事象間の時間的確率的関係をいう．主要な随伴性の操作には①刺激：刺激（S：S）随伴性，②反応：刺激（R：S）随伴性，③刺激：反応：刺激（S：R：S）随伴性の3つがあり，これらの随伴性を中核とした，レスポンデント条件づけ[1]，オペラント条件づけ，弁別オペラント条件づけ，にそれぞれは対応している．

5）レスポンデント条件づけとは，先行刺激（通常は生得的に反応を誘発しない中性刺激）に無条件刺激（生得的に反応を誘発する機能をもつ刺激）が随伴するS：S随伴性によって，先行刺激が誘発刺激としての新たな機能を獲得する（こうした刺激を条件刺激とよぶ）学習過程・事態・手続きのことである．

6）オペラント条件づけとは，先行する反応に無条件強化（弱化）子（生得的に反応を変容する機能をもつ刺激で，反応を増加させれば強化子，減少させれば弱化子[2]という）が随伴するR：S随伴性によって，この反応に変容が確認されたときの学習過程・事態・手続きをいい，変容された反応はオペラント反応という．その変容が増加であれば強化，減少であれば弱化と呼ぶ．また刺激の提示で強化や弱化が起こる場合を「正の」，刺激の除去で起こる場合を「負の」という形容詞で表すことがある．たとえば子どもがいたずらをしたために家に入れてもらえないという随伴性の結果，いたずらは減少すると考えられるが，このようにすでにある刺激を除去することによって反応が減少すれば，それは「負の弱化」となる．

7）刺激が提示されたときのオペラント反応の出現には強化子が随伴し，刺激が提示されないときのオペラント反応の出現には強化子が随伴しないと，その刺激はオペラント反応の出現機会を設定する弁別刺激となり，この学習過程・事態・手続きを弁別オペラント条件づけと呼ぶ．弁別刺激：オペラント反応：強化子のS：R：S随伴性は三項強化随伴性とも呼ばれ，応用行動分析学では，この三項強化随伴性の枠組みからの行動の分析を，ABC（antecedent stimulus（先行刺激）-behavior（行動）-consequence（後続事象））分析と呼んでいる．伝統的にはこの枠組みに，強化子の効果を操作する確立操作（動機付与操作ともいう）である，遮断化（効果を強める）と飽和化（弱める）が加わる．

8）弁別刺激がオペラント反応に効果を及ぼすことを刺激性制御という．一方，オペラント反応と強化子（弱化子）間の随伴性の手続きや規則を強化スケジュールとい

---

1) レスポンデント条件づけは古典的条件づけもしくはパヴロフ型条件づけと呼ばれることがある．オペラント条件づけも道具的条件づけと呼ばれることがあるが，この2つの手続きの違いから，両者を区別する研究者もいる．
2) 原語は punisher. 罰と訳されることもあるが，日常用語としての「罰」との混同を避けるために「弱化」という用語が使われるようになった．

う．両者は，ABC 分析の中でもっとも中核となる研究領域を構成している．
　9) S:S 随伴性における後続刺激を無条件強化子（弱化子）として先行刺激に随伴させると，先行刺激は強化子（弱化子）として反応を変容する機能をもつようになる．このような機能をもつ刺激を条件強化子（弱化子）と呼ぶ．条件強化子の候補には，こうした一般的刺激の他に，言葉やしぐさによる賞賛（これらを社会的強化子と呼ぶ）もある．無条件強化子は，長期間提示による強化力の低減（飽和化）があること，反応に対して即時的に提示しにくいこと，可搬性・携帯性に乏しいことなどの短所があるのに対して，条件強化子は強化力が弱いものの，こうした短所が一般にはない．また，多種の無条件強化子に支えられた条件強化子は般性条件強化子と呼ばれる強い強化力をもった条件強化子となる．般性条件強化子としては金銭や，ポイントなどのトークン（代用貨幣）がある．こうした条件強化子を利用した随伴性は，行動変容の際の重要な手続きを提供する．

12.2　行動分析学に基づく体重減量の方法

　行動分析学に基づく体重減量研究では，体重減量につながる行動を標的行動として定め，その行動に先行あるいは後続する環境事象を系統的に操作することで，最終的な体重減量を目指す．伝統的に，食べることと身体的な運動のいずれか一方，もしくは両方が，標的行動として設定される．これらの行動を変容させるために数多くの手法が提唱され，それらの効果は実験的に検証されてきた．ここでは特に，①刺激性制御，②行動契約による金銭などの般性強化子を用いた減量法，③自己モニタリング，の 3 点に焦点をあて，紹介していくこととする．
　過去 50 年以上にわたり，膨大な数のこの領域での研究が報告されているが，基本的な体重減量法の多くは，すでに 1970 年代に確立されている（茨木，1985）．表 12.1 に，この時期の代表的な研究をまとめた．

12.2.1　刺激性制御
　学習理論を減量研究にはじめて応用したのは，Ferster et al.（1962）である．彼らは，肥満は自己制御の失敗による結果であると考えていた．体重が増加するなどの嫌悪的な後続事象は，食事後すぐに生じず，ある程度の時間が経過してから生じる．一方，食べることに伴う強化子（たとえば食べ物の味や空腹が満たされること）は即時的に随伴する．その結果，食べすぎを止められずに肥満になってしまうという見方であった．こうした仮定から，Ferster らは摂食行動を直接制御することによって肥満を解消できると考え，食べた直後に嫌悪刺激を随伴させる操作（正の弱化）と，摂食行動

表12.1 初期の代表的な体重減量研究

著者	参加者数	実験デザイン	条件	介入期間	介入体重 (kg)	フォローアップ実施時期	フォローアップ体重 (kg)
Stuart (1967)[a]	8	ABデザイン	A：ベースライン B：刺激性制御，自己モニタリング，嫌悪条件づけを含む介入パッケージ	1年	A：— B：－17.12	報告なし	
Harris & Bruner (1971) 実験1	32	群間比較	A：嫌悪条件づけ，自己強化，刺激性制御を含む介入パッケージ B：体重の変化と減量プログラムへの参加を対象とした行動契約 C：統制群	12週	A：－3.36 B：－6.08 C：＋0.68	10か月後	A：－1.59 B：＋1.25 C：－1.36
Mann (1972)[b]	8	実験1 ABABデザイン 実験2 ABCBデザイン	A：ベースライン B：体重の変化を対象とした行動契約 正の強化と負の弱化の随伴性 C：体重の変化を対象とした行動契約 正の強化の随伴性のみ	—	A：＋0.41 B：－0.95 A：＋0.86 B：－0.54 A：＋0.61 B：－0.77 C：＋0.64 B：－0.73	報告なし	
Romanczyk et al. (1973) 実験1[c]	83	群間比較	A：体重の自己モニタリングとグラフ化 B：体重と摂取カロリーの自己モニタリング C：B＋嫌悪条件づけ D：C＋筋弛緩 E：D＋刺激性制御 F：E＋随伴性契約 G：統制群	4週	A：＋0.04 B：－2.40 C：－3.86 D：－2.49 E：－3.71 F：－2.91 G：＋0.19	2週間後 8週間後	C：－2.41 D：－2.27 E：－4.84 F：－2.55 C：－3.22 D：－2.89 E：－4.01 F：－1.20
Mahoney et al. (1973)	53	群間比較	A：自己モニタリング＋自己強化 B：自己モニタリング＋自己弱化 C：自己モニタリング＋自己強化＋自己弱化 D：自己モニタリング E：統制群	4週	A：－2.90 B：－1.68 C：－2.36 D：－0.36 E：－0.64	4か月後	A：－5.22 B：－3.31 C：－5.44 D：－2.04 E：－1.45
Mahoney (1974)[d]	49	群間比較	A：体重減量への自己強化 B：食習慣変容への自己強化 C：体重と食習慣の自己モニタリング D：統制群	8週	A：－2.27 B：－3.76 C：－1.36 D：－1.13	1年後	A：40.0％ B：70.0％ C：37.5％ D：40.0％
Romanczyk (1974)[e]	70	群間比較	A：体重の自己モニタリングとグラフ化 B：体重と摂取カロリーの自己モニタリング C：刺激性制御などを含む介入パッケージ D：BとCを含む介入パッケージ E：統制群	4週 6週	A：＋0.04 B：－2.40 C：－2.72 D：－3.63 E：＋0.19 C：－4.56 D：－5.02	4週間後 13週間後	C：－4.67 D：－6.80 C：－4.46 D：－5.94
Bellack et al. (1974)[f]	37	群間比較	A：食事前モニタリング B：食事後モニタリング C：モニタリングなし D：統制群	6週	A：－3.91％ B：－1.98％ C：－2.83％ D：－0.61％	6週間後	A：－5.49％ B：－2.07％ C：－4.27％ D：－0.53％

a) 介入期間の1年は維持期，フォローアップを含む。 b) 介入期間は参加者によって異なり，1年以上にわたる参加者もいた。介入期における体重の増減は1週間あたりの平均値を示す。実験1には6名，実験2には3名が参加した。実験2の参加者のうち，1名は実験1の参加者だった。 c) A, B, Gの3群は，介入開始から4週間後にE群と同じ介入パッケージを実施した。そのため，フォローアップの結果は，A, B, Gを除いた群のみしか報告されていない。 d) フォローアップについては，介入終了後に体重の維持，もしくはさらなる体重減量を達成した参加者の割合を示している。 e) A, B, Eの3群は，介入開始から4週間後にD群と同じ介入パッケージを実施した。そのため，介入6週間後およびフォローアップの結果は，C群，D群のみしか報告されていない。 f) 体重は介入前の体重と比較した際の減少割合を示す。

を引き起こすような刺激を制御する刺激性制御とを土台とした減量プログラムを構築した．特に刺激性制御は，のちの多くの減量プログラムで取り入れられている．

刺激性制御が体重減量に効果的であることをはじめて実証したのは，Stuart (1967) である．Stuart が Ferster et al. (1962) の提唱した方法を土台として確立した減量プログラムでは，食事をゆっくり食べること，1 回あたりに口に含む量を少量にすること，食べ物は台所にだけ置き，その他の場所からは取り去ること，食事をつくる際はその場で食べる分量だけにすること，本を読んだりテレビを見たり友人と電話するといった，ながら食べをしないことなど，徹底した環境の整置が組み込まれていた．この減量プログラムを 4～5 週間程度で徐々に導入していき，その後も 1 年間にわたって追跡調査を続けた．その結果，8 名の参加者で平均して約 17 kg 程度の体重減量が観察された．

Stuart の研究は，行動分析学的な手法が体重減量に効果的であることを示した記念碑的な研究であり，初期の体重減量研究に非常に大きなインパクトを与えた．しかし Stuart (1967) で用いられたプログラムは，実際には刺激性制御以外の要素も含んだプログラム，すなわちパッケージ介入であった．そのため，刺激性制御のみで十分な減量が見込めることを示したわけではない点に注意すべきである．Loro et al. (1979) は，刺激性制御と他の減量プログラムの効果を群間比較法で検証した結果，刺激性制御のみでは十分な体重減量につながらないことを報告している．一方で，Carroll & Yates (1981) は，刺激性制御を介入プログラムに含めた群と含めなかった群とで減量効果を比較した結果，介入期間中には差がなかったものの，8 か月後のフォローアップでは，刺激性制御を含めた群においてより多くの参加者がさらなる体重減少を示したことを報告している．

刺激性制御は多くの介入パッケージで構成要素のひとつとして組み込まれているが，単独での使用は必ずしも十分な減量効果をもつわけではないようである．しかし，特に頻繁な間食などが体重増加の主要な原因になっている場合には有効であるといえるだろう．また，減量や長期的な維持においても一定の効果をもたらすことが期待される．

12.2.2　後続事象による行動制御

後続事象による行動制御では，特定の行動やパフォーマンス（行動の特定の集まりや行動の成果）に対して強化子を随伴させることで，体重減量を目指す．食べることを制御したり，運動量を増やすには，強力な強化子の存在が不可欠である．そのため，金銭や高価な品物など，確立操作を用いなくても十分に機能する般性条件強化子を用いることが多い．ここでは，強力な強化子を効果的に使用する手続きのひとつである，

行動契約について紹介する.

a. 行動契約

行動契約とは，実験者と参加者との間で，特定の行動やパフォーマンスの変容に関する取り決めを明記した契約書を交わす方法である．一般的に契約書には，特定の行動の生起頻度などが定めた基準に達したり達しなかった場合，あるいは定められた期間で目標とする体重減量を達成したり達成しなかった場合などの，後続事象に関するルールが明記される．行動契約を用いた初期の代表的な研究である Mann（1972）では，はじめに参加者自身にとって大事な物（たとえば宝石，洋服，金銭など）を実験者が預かった．そして最終的な減量目標と，2 週間ごとに到達すべき減量目標を設定した．もし 2 週間ごとに定められた目標体重に到達すれば，預けた貴重品のうち 1 つが参加者のもとに返却されたが，到達しなければ実験者に没収されることとなり，二度と参加者のもとに戻されることはなかった．これに加え，直近の最低体重から 2 ポンド（約 900 g）減った場合には貴重品が 1 つ返却されたが，増えた場合には 1 つ没収されることとなった．これらの内容が明記された契約書を実験者と参加者が取り交わした後に，減量プログラムが実施された．

実験は反転法の一種である ABAB デザインで実施された．これはベースライン条件（A）と介入条件（B）を交互に 2 回ずつ繰り返すことで，従属変数の変化が介入時に導入された独立変数によるものであることを確認する実験計画である．ベースライン条件では，契約内容は履行されず，体重が減少しても増加しても，預けた貴重品が手元に戻ったり，実験者に没収されて二度と戻らなくなるという随伴性は設定されなかった．体重安定後の介入条件では，契約書で交わした取り決めが有効となり，2 週間のうちに参加者ごとに定められた体重減量が求められた．その結果，介入条件では 1 週間あたりに平均 0.9 kg 程度の体重減少がみられた．介入後のベースラインでは体重は減少せず，逆に増加した参加者もいた．しかし介入条件を再導入すると，再び体重が減少していくことが確認された．これらの結果から，全参加者を通じてみられた体重減量は，行動契約の効果によることが示された．

この行動契約では，目標体重に到達すれば預けた貴重品が返却されるという（正の）強化の随伴性だけでなく，目標体重に到達しなければ二度と戻ってこなくなるという随伴性（負の弱化）も設定されている．そのため，強化と弱化の随伴性のいずれが，より強い効果を有しているのかわからない．そこで Mann は，目標体重に到達すれば貴重品が返却されるという随伴性のみ有効にした条件を，数名の参加者に対して実施した．この条件では，目標体重に到達しなかったとしても，貴重品の 1 つが二度と参加者の手元に戻されなくなるという随伴性は機能せず，実験者が預かったままの状態とされた．すなわち，行動契約における正の強化の随伴性を保持したまま，負の弱

化の随伴性を除去したわけである．しかし，この条件では，直前に実施された介入条件と比較して体重が増加してしまった．この事実は，行動契約を実施する上では弱化の随伴性が不可欠であることを示している．

　金銭を用いた行動契約では，返金方法によっても効果が異なることが報告されている．Jeffery et al. (1984) は，体重減少に対して決まった金額を返金する群と，減量が進むにつれて徐々に返金額を増加させていく群で減量効果を比較した．その結果，体重減量にあわせて返金額を増加させた群で，より顕著な体重減量がみられた．

　これまでの例では，行動契約の契約対象を体重の増減としていたが，体重以外の行動やパフォーマンスを契約対象とした研究も行われている．Jeffery et al. (1978) は，減量プログラムへの参加，摂取カロリー，体重のいずれかを契約対象とした群間で，減量効果を比較した．10週間程度の介入プログラムで，摂取カロリーまたは体重を契約対象とした群は，ともに9kg程度の減量に成功した．望月他 (1992) は，実験者が一方的に契約対象を決めるのではなく，参加者ごとに減量に関連する行動を定義した上で行動契約を実施した．参加者の生活リズムや習慣にあわせて，柔軟にプログラムを構成できる点は，行動契約がもつ強みの1つである．

b. 行動契約の問題点

　行動契約は非常に強力な方法であるようにみえるが，いくつかの重大な問題点もある．1つは，長期にわたる維持が困難な点である．Mannの研究では，介入終了後どのくらい長期にわたって減量後の体重が維持されたかは報告されていない．また，ベースライン条件への移行や弱化の随伴性を除去した結果，体重が増加したという事実は，行動契約終了後の体重増加の可能性を示唆している．実際に Harris & Bruner (1971) は，行動契約による介入の終了から10か月後に実施したフォローアップ時には，体重が維持できなかったことを報告している（Jeffery et al., 1984も参照）．

　2つ目は，体重の増減のみを契約対象とした結果，危険な方法で減量を行う事例が出てくる可能性である．実際に Mann (1972) は，体重測定日の直前に下剤や利尿剤を使用して設定された体重に近づけようとした参加者がいたことを報告している．こうした点を避けるために，たとえば週に2kg以上の減量をしないよう指導するといった方法がとられることもあるが，問題はもっと深刻である．

　減量効果の長期的な維持を目指すならば，参加者にとって減量や体重の維持につながる行動レパートリが形成され，介入終了後もそれらが維持されていくことが重要である．しかし，体重のみを契約対象とした場合，どのような方法で減量するかは問題とされない．そのため，体重の減少や維持につながる行動レパートリが形成されず，介入終了後は体重が増加する可能性が高まってしまうのである．

　まとめると，行動契約は短期的には十分な減量効果を生む方法であるが，プログラ

ム終了後の体重維持に問題を抱えている．特に体重の増減のみを対象として行動契約を行うことは，長期的に良い結果を生まない可能性が高い．長期にわたる維持を目指すのであれば，プログラム終了後も持続するような行動の形成を目指して，行動契約を実施すべきである（次節も参照）．

12.2.3 自己モニタリング

自己モニタリングとは，自分の行動や，行動によって生み出されるパフォーマンスを自分自身で観察し，記録することである．自己モニタリングが体重減量に及ぼす効果は，1970年代から研究が進められ，近年では，行動分析学以外の領域でも注目を集めている．以下では，体重，食事，運動の3種類に関する自己モニタリングの研究について紹介する．

a. 体重のモニタリング

体重のモニタリングによる減量効果は，上述した3種類の中でもっとも盛んに検証されてきた．1970年代には，体重のモニタリングのみでは十分な体重減量につながらないことが度々指摘されてきた（Mahoney et al., 1973；Mahoney, 1974；Romanczyk, 1974）が，近年の研究では肯定的な見解が多い．VanWormer et al. (2008) は，頻繁な体重測定は減量効果を高めるだけでなく，減量後の維持にも効果的であると指摘している（Linde et al., 2005 も参照）．Madigan et al. (2015) はメタ分析の結果から，体重のモニタリングのみでは十分な減量効果があるとはいえないものの，減量プログラムの構成要素のひとつとして用いられた場合には効果的であるという結論を下している．

体重のモニタリングに関する一連の研究において興味深いのは，単なる体重の記録ではなく，グラフ化したほうが効果的であるという報告である．Fisher et al. (1976) は，測定した体重を毎日グラフ用紙に記入していくといった簡便な方法で体重が減少することを示した．この研究では，横軸を日数，縦軸を体重としたグラフ用紙を用いた．実験開始時に，各参加者に対して現在の体重と一定期間終了時点での目標体重をそれぞれグラフにプロットさせ，それらの点を直線で結ばせた．そして，毎日の体重が結んだ直線よりも下側になることを目指すよう教示した．その後は測定した体重を毎日グラフ用紙に記入していくという単純な手続きであった．この間，実験者による減量方法の教示や，金銭や賞賛などのフィードバックは一切なかったにもかかわらず，参加した11名は，平均すると39日間で4.4 kgの体重減少を示した．このうち，フォローアップの測定ができた2名に関しては，14.5か月後，19か月後に，それぞれベースラインと比較して10.9 kg, 6.4 kg程度の減量を維持できていた．Fujimoto et al. (1992) では，体重測定のみの群とグラフ化した群で比較した結果，グラフ化した群

のほうが減量後の維持に効果的だったことを報告している．より近年でも，グラフ化の有効性は繰り返し報告されている（たとえば Pacanowski & Levitsky, 2015）．

b. 食事のモニタリング

1年で50 kgやせるレコーディングダイエット（岡田，2007）として日本でも紹介され，一時期話題となった食事のモニタリングは，体重のモニタリングと同様に1970年代頃からすでに多くの研究でその効果が検証されてきた．Romanczyk et al. (1973) は，4週間にわたる体重と摂取カロリーのモニタリングによって，全参加者14名の平均で約2.4 kgの体重減量がみられたことを報告した（Romanczyk, 1974も参照）．Harris & Hallbauer (1973) は，食事のモニタリングは減量プログラム終了後の体重維持にも効果的である可能性を報告している．

体重のモニタリングとは異なり，食事のモニタリングでは記録する内容の候補が複数存在する．そのため，食事に関するどの側面をモニタリングするかによってもその効果が異なると予想される．この点に関して，Baker & Kirschenbaum (1993) は，モニタリングの量および質と，体重減量の関係について検証している．その結果，体重減量とモニタリングの量に相関関係があったこと，モニタリングの質に関しては，食べた物の内容，量，脂質，食べた時間の各々と，体重減量の間に相関関係がみられたことを報告している．

Bellack et al. (1974) は，食事の直前にこれから食べる食事に関する情報を記録した群と，食事のあとに食べた物を記録する群間で，体重減量の効果を比較した．2群間で有意な差はなかったが，食事のモニタリングを食べる前に行った群のみが，モニタリングをしなかった統制群と比較して体重減量に有意な差が認められた．食事前のモニタリングが，食べる量を減らすなど，減量につながる行動の刺激性制御として有効に機能する可能性を示した点で，興味深い結果である．

c. 運動のモニタリング

運動に関するモニタリングは，上述した2つのモニタリングと比較して，より近年になってから盛んに研究されるようになった．運動のモニタリングは基本的に介入パッケージのひとつとして組み込まれる場合が多い．ここでは主に社会的強化と併用した研究を紹介する．

VanWormer (2004) は，3名の成人を対象に，歩数計を用いたモニタリングの効果を，反転法の一種であるABABCBCデザインで検証した．ベースライン（A）では歩数計を装着したが，シールを貼って参加者に歩数が見えないようにした．1つ目の介入条件Bでは，シールを剝がして参加者に歩数が見えるようにし，毎日歩数データを表計算シートに入力させた．入力されたデータは自動的にグラフ化されたため，参加者は毎日の歩数の推移を視覚的にモニタリングすることができた．2つ目の介入

条件Cでは，自己モニタリングに加え，実験者がメールで目標設定や賞賛（社会的強化子）などを行った．全参加者において，2つの介入条件ではベースラインよりも歩数が増加したが，介入条件Cにおいてより良い結果がみられたのは1名のみであった．介入によって，2名の参加者では2kg以上の体重減量がみられた．6か月後のフォローアップでは，1名は体重が増加したが，もう1名は5kg以上の減量がみられた．

Normand（2008）は成人の参加者4名を対象に，自己モニタリング，目標設定，社会的強化を含む介入パッケージが，歩数の増加に及ぼす効果を検証した．実験はABABデザインで実施されたが，参加者間多層ベースラインと呼ばれる別の単一事例法の一種も併用し，参加者ごとに時期をずらして介入パッケージが導入された．介入条件では，ベースライン期よりも歩数は増加したが，体重の減少はみられなかった．Donaldson & Normand（2009）は，類似した介入パッケージによって，カロリー消費量を増加させることに成功している．

d. 自己モニタリングと自己強化の併用

自己モニタリングの単独使用が必ずしも十分な減量につながらないことは，上述したとおりである．しかし，自己モニタリングに強化を付加すると，減量効果はより大きくなる．Mahoney et al.（1973）は，自己モニタリング群，自己強化群，自己弱化群，自己強化+自己弱化群，統制群の間で減量効果を比較した．自己強化群は，介入開始前に一定の金額を預け，あらかじめ設定した体重減量や特定の行動を達成すれば，金銭を取り戻すことができた．自己弱化群は，体重が減らなかったり，特定の行動を遂行できなかった場合に，金銭を差し出すことになった．この手続きは，上述した行動契約と類似しているが，実験者と明確な契約書を交わしていない点で異なっており，Mahoneyは自己報酬（self-rewarding），自己弱化（self-punishment）と呼んでいる．4週間の介入と4か月後のフォローアップにおいて，自己報酬を含んでいる場合のほうが効果的であることが示された．この結果は，体重減量において弱化の随伴性の有効性を示したMann（1972）とは逆の結果である．

Mahoney（1974）は，自己モニタリング群，体重減量に対する自己報酬群，食習慣の改善に対する自己報酬群，および統制群の4群の間で減量効果を比較した．6週間の介入後，体重減量よりも食習慣の変容に自己報酬を付加した群のほうが，より大きな体重減量につながった（Israel & Saccone, 1979も参照）．さらに重要な結果として，1年後のフォローアップでは，習慣を変えた群の参加者の約70%が介入による減量効果の維持，もしくはさらなる減量を達成した．金銭による報酬提示や強化は，行動の成果（パフォーマンス）としての体重ではなく，体重減量と直接的に関連する行動に随伴させたほうが，短期間での減量にも長期にわたる維持においても重要なのである．

e. モニタリングの頻度と詳細さ

モニタリングは頻繁に行うほうが効果的であるという見解は,多くの研究で一貫しているものの,具体的な頻度については示されていない.Burke et al. (2011) は,研究間でモニタリングの方法などが大きく異なるために,統一的な見解を示すことは難しいとしている.近年の研究をみると,体重に関しては少なくとも1週間に1回以上測定を行う必要があるが,可能な限り毎日測定することが望ましいようである (Linde et al., 2005 ; VanWormer et al., 2008, 2009).

記録の詳細さは,減量効果にあまり影響しないようである.Helsel et al. (2007) は,食事と運動に関する自己モニタリングにおいて,詳細な記述をする群と簡便な記述をする群とで効果を比較したが,16週間の介入の結果,体重に関しては両群ともに平均7kg程度の減量がみられ,記録の詳細さによる差はみられなかった.

重要なことは自分自身の体重や行動を定期的に測定する習慣をつけることである.特に,定期的な体重測定は,長期的にも短期的にも体重減量に良い効果をもたらすことが繰り返し指摘されている (O'Neil & Brown, 2005).

f. モニタリングはなぜ有効なのか?

行動分析学の立場からみると,自己モニタリングという手続きは,自分自身の行動やパフォーマンスに対するフィードバックとしての機能に加え,食事の制限や運動を促すような刺激性制御としての機能をあわせもっている.たとえば,運動をした翌日に体重が大きく減少していれば,間接的に運動することの強化子として機能するかもしれない.食べすぎた翌日の体重が増加していれば弱化子として機能し,その日の食事内容や量に気を配ったり,運動するきっかけになるといった,刺激性制御としての機能も持つかもしれない.これらの過程を通じて,体重の増減に直結するような自身の行動を把握することにもつながるだろう.こうした補助的かつ促進的な効果があるからこそ,自己モニタリングは多くの減量プログラムに含まれているのである.

12.2.4 どの方法が一番効果的か?

端的にいえば,一番効果のある方法をひとつだけ挙げることは難しい.体重減量研究では介入パッケージで効果を比較検証することが多い.そのため,各要素がどの程度の効果をもっているのか,あるいはどの方法を組み合わせるとより効果的になるかが,実際のところよくわからないのである.それに加えて,研究間で介入期間やフォローアップ期間が大きく異なる点も,問題をさらに複雑にしている.たとえばAnderson et al. (2001) は,近年になるにつれて介入期間やフォローアップ期間が長くなる傾向があるため,介入の要素が効果的だったのか,介入期間を伸ばしたことで高い減量効果につながったのかを区別することが困難であると指摘している.

ここで紹介した減量方法の効果は，実施する人の生活環境や習慣などによっても影響されることが予想される．そのため，自分自身で無理なく継続できる減量方法を選ぶことが，体重減量を成功させるための一番の秘訣であるといえよう．次節では，筆者らが実際に行った減量プログラムについて紹介する．

12.3　筆者のダイエット体験記：結びにかえて

筆者ら，特に TS は 2013 年 1 月 1 日から 2015 年 8 月に至るほぼ 1000 日にわたって，応用行動分析学にのっとり，できるだけ無理のないダイエットを試みた．2013 年 1 月 19 日（土曜日）までの 19 日間をベースラインとし，開始時点での平均体重を 80.47 kg（切り上げで 81 kg）とした．

行動分析学からいうと，測定される体重は行動そのものではなく，行動の成果（パフォーマンス）である．したがって行動変容の対象そのものではなく，減量につながるいくつもの行動が生み出した身体的な結果でしかない．そこで，まず減量に結びつくと考えられる，自分が自発可能な行動のリストをつくることからはじめた．TS の場合は，①1 時間運動すること，②午後 9 時以降に食事をとらないこと，③勤め先の階段を地下 2 階から地上 8 階まで 2 回往復すること，④野菜ジュースやトマトジュースを 1 L 以上とること，⑤200 段以上の階段やエスカレータの登りを通勤時に行うこと，⑥食べ物を口に入れたら 30 回以上噛むこと，を設定した．

次に，一緒にダイエットをはじめた仲間たちと行動契約を結ぶことにした．そこに含まれる内容は，以下の点である．

1) 契約期間は 2013 年 1 月 20 日から同年 3 月 23 日までの 63 日間（9 週間）とする．契約に先立ち，参加者は 12600 円を 50 円玉 252 枚で納めることとした．50 円硬貨としたのは，達成に基づく払い戻しの便を考えたためである．

2) 体重測定は同じ日課（たとえば入浴）のあとに行う．できるだけいつも同じ時刻の測定が望ましいが，無理な場合は，必ずその測定時刻を記入する．体重測定値はできるだけ精度の高い体重計を用い，同時に前回記入時以降に行ったリスト上の行動を記入する．測定ができない場合はその旨理由を記す．

3) 毎週，土曜日に体重の目標値とその日の体重値を比較する．この際，体重は 1 kg 未満を切り上げて実現値とし，目標値と比べる．切り上げとしたのは，判定に曖昧さを残さないためである．もしも目標値よりも実現値が同じか少なければ，基準を満たしたと認定し，プールしたお金より 700 円を払い戻す．また，このときに過去 1 週間で実施された行動をチェックし，1 日 2 つ以上の行動をしていた日については，1 日あたり 100 円を払い戻す．この確認は，基本的に参加者全員で土曜日の午前中に

行う．土曜日の午前としたのは，この日に全員が集合できるということもあったが，外での会食が多い金曜日の翌日に設定することで，より厳格な制御が求められるプログラムとしたかったためでもある．

4) 目標値の設定は参加者の自由とするが，どのように設定するかは，あらかじめ参加者全員に伝えておく．TS の場合は実際値が目標値と等しいか少なければ，次の週に 1 kg 低い値を設定し，9 週間で 81 kg から 75 kg に減量することを目標とした．

5) 計測時刻，体重値，行った行動，目標値と，クリアしたかどうかのサインは，参加者誰もが書き込めるクラウド上の表計算シートに記入し，参加者内で公開する．

こうした行動契約において重要な点は，実現可能な目標や行動を設定することである．TS の場合は，開始時点までに急速に体重が増加したことに鑑みて，それまでの安定体重であった 76 kg 前後に 9 週間で到達するよう，目標値やその改定の仕方を考えた．ことにこの期間は正月や年度末にあたり，外での会食の回数が多いこともあって，極端な体重減量を控えた．

一方，減量に結びつく行動リストの作成では，①の運動や②の食事時間のように家族に負担をかける可能性があるものと，それ以外の比較的自分で制御することのできるものの 2 種類に大きく分けることができる．特に前者については，食事内容の改善を含め，家族と相談する必要があった．運動については前日に遅く帰宅しない場合で，かつ，当日朝雨天でない場合には，6 時 30 分に起床し，7 時 30 分から 8 時 30 分まで運動し，その後入浴して体重計測するというプランを立てた．

また仕事や会食などで帰宅が 22 時過ぎになるので，夜の食事は自分で制御できるよう自宅でとらないこと，そのかわりに朝食を自宅でとること，昼食は基本的に弁当を持参することを基本とした．食事量そのものを減らすために弁当の量などは少なくした．ご飯などの炭水化物は，原則朝と昼にとり，夜はおかずを中心とする食生活に切り替えた．食事のカロリー制限については，カロリー計算などの負荷を避けるためになるべく行わず，食べたいものを比較的自由に食べることとした．リストに含めたその他の行動については，行動契約を実施する前にいろいろと試し，効果が期待でき，かつ継続していけそうなものを選んだ．

結果的に，TS は 9 週間で 75 kg（当日体重 74.85 kg，1 週間平均 75.19 kg）まで減量することができた．この間，目標値を達成できなかった週は 3 回あり，うち 2 回が 75 kg のときであった．ここまで達成できた大きな理由は，3 日間の出張以外すべて体重の記録がとれたこと，体重計が 50 g 計だったので減量行動の効果が比較的わかりやすかったこと，行動契約を行っていたこと，食事行動の改善によって以前に比べて食事量が減り，夜遅く食べることが少なくなったこと，朝 1 時間の運動が定着したことなどがあげられよう．このうちのどれがもっとも効果があったのかは，はっき

200　　　　　　　第 12 章　応用行動分析学：体重減量のプログラム

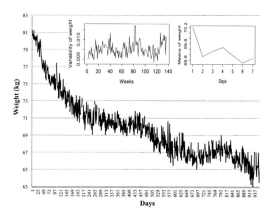

図 12.1　TS における体重の推移グラフ
横軸はセッション日数，縦軸は体重（kg）を表す．左上のグラフは週あたりの体重についての変動係数を週単位で表し，右上のグラフは日曜日を 1，土曜日を 7 として，各曜日での体重の平均値を表した．

りしない．その一方で，階段登りや野菜ジュースを飲むことなどのように，生活に自然に埋め込むことができない行動の自発頻度は減っていった．このプログラムには入っていないが，時間がとれる日に，ハイキングやウォーキングを積極的に行ったことも減量に結びついたと思われる．

　9 週間の行動契約期間の終了後も，TS は（4）の目標値設定を 2 週間連続達成したら 1 kg 下げるとした以外，プログラムに変更を加えず体重減量プログラムを続けた．図 12.1 はそれを含めたほぼ 1000 日間の体重値の変容データである．最低時は 63 kg の記録があるが，BMI 値 22 程度にあたる 65 kg あたりで体重を安定させようと考えている．ご覧のように体重は単純に減少するものではなく，何度もプラトーを経験することになる．また，体重が減少するほど，日々の値の変動が若干大きくなっていくことも観察される．このデータを曜日ごとにまとめなおすと，日曜日にもっとも高く，体重測定日である土曜日に向かって次第に減少していく様子も明瞭となる．

　体重減量における最大の問題は体重のリバウンドである．まず食事行動は生命維持にとってとても大切な行動なので，食べないよりも食べるほうが望ましいという認識から出発するべきである．その上でリバウンドを考えると，摂食量が多いがゆえにダイエットをしたのであるから，体重減量に結びついている行動を中止すればリバウンドをするのは当然であり，ある意味，摂食量が自然に減退する時期まではダイエットを続けなくてはならないことになる．したがって常に持続可能な減量行動を形成することを考えていくしかない．上でみたように体重が少なくなると変動も大きい（食べるとすぐに体重が増え，ダイエットによりすぐに減る）ので，それを考慮して体重増

加に対して必要以上に過敏になることはない．むしろ，減量行動を効果的に出現させるように，環境を整置していく（たとえば常に計量する，レクリエーションに運動を入れるなど）ように心がけるとよいと思う．　　　　　　　　　　［藤巻　峻・坂上貴之］

コラム10●大好物との付きあい方：行動分析学からラーメンJを考える

　どんぶりの底に箸が届かないほどの麺，大口を開けてかぶりつきたくなるような煮豚，どんぶり全体を覆い尽くすようにどさっと盛りつけられた野菜，スープ表面に層をなす熱い脂．その一杯で終日何も食べなくていいほどの満腹感を得られるが，食べ続ければ太ることは必至．このラーメンJという食べ物は，ラーメン愛好家の筆者らにとって，いわばダイエットの天敵であるが，我慢できずについ食べてしまうことがある．こういう強い嗜好性のある食べ物を，誰しもひとつは思いつくのではないだろうか．

　大好物につい手が伸びてしまう原因を考え，それらとうまく付きあっていく術もまた，ダイエットを成功させるための重要な知恵である．

　黄色い看板の前を通ると，独特のにおいが漂ってくる．ラーメンJに慣れ親しんだ者にとって，このにおいは唾液などを誘発する条件刺激として機能するとともに，ラーメンJを待つ人々の列へと誘う弁別刺激としても機能する．刺激性制御の観点からは，特に空腹時に店の前を通ることは避けねばならない．

　人々の列はそれだけで遠くからもよく目立ち，初心者にとってはここが人気店であることを示す弁別刺激となる．しかし何度も通う「プロ」にとっては，店が開いていること，自分がどのくらいでラーメンJにありつけるかの目安にもなる．この弁別刺激はこれまでの食経験とつながっているので，列が長ければ長いほど，次に述べる強い「満足感」と結びついて強い条件強化子になる．やや倒錯的だが，列が長いほど並びたくなる行動がこうして強化されるのである．

　さてラーメンJを食べに行くときは，その量の多さゆえに，十中八九おなかがかなりすいている状態となっているが，大抵は長蛇の列ができていてすぐには食べられない．列に並んでいる間の待ち時間は，食物遮断化という確立操作として機能する．すなわち，待てば待つほど空腹になり，ラーメンJを食べたときの「満足感」や「感動」，さらにはラーメンJに特有の，「食べきったことによる達成感」が，より強められてしまうのである（これらはすべて行動であることに注意）．こうした経験は，ラーメンJに対する筆者らファン一同の強い嗜好性を維持し続けている．

　しかしそれほどまでに強い嗜好性をもつ好物ならば，それを減量のための強化子として利用することはできないだろうか．たとえば，体重が3 kg減ったら，あるいは標的行動を30回継続したら，1回だけラーメンJを食べてもよいというように，行動契約や自己報酬の要素として使うことができるかもしれない．というのはほとんど冗談で，アル中にお酒，禁煙にタバコ，ギャンブル中毒にパチンコが効いたという話は聞かない．

人々は現在避けなければならない強化子それ自体を，避ける行動の強化子として使うという随伴性を避けてきたようである．とはいえ，こうして書いているうちにも，いや，書けば書くほど，あの黄色い看板の長蛇の列に参戦したくなる私たちがいる．

[藤巻　峻・坂上貴之]

引 用 文 献

Anderson, D. A., Shapiro, J. R., & Lundgren, J. D. (2001). The behavioral treatment of obesity. *The Behavior Analyst Today, 2*, 133-140.

Baker, R. C., & Kirschenbaum, D. S. (1993). Self-monitoring may be necessary for successful weight control. *Behavior Therapy, 24*, 377-394.

Bellack, A. S., Rozensky, R., & Schwartz, J. (1974). A comparison of two forms of self-monitoring in a behavioral weight reduction program. *Behavior Therapy, 5*, 523-530.

Burke, L. E., Wang, J., & Sevick, M. A. (2011). Self-monitoring in weight loss: A systematic review of the literature. *Journal of the American Dietetic Association, 111*, 92-102.

Carroll, L. J., & Yates, B. T. (1981). Further evidence for the role of stimulus control training in facilitating weight reduction after behavioral therapy. *Behavior Therapy, 12*, 287-291.

Donaldson, J. M., & Normand, M. P. (2009). Using goal setting, self-monitoring, and feedback to increase calorie expenditure in obese adults. *Behavioral Interventions, 24*, 73-83.

Ferster, C. B., Nurnberger, J. I., & Levitt, E. B. (1962). The control of eating. *Journal of Mathetics, 1*, 87-109.

Fisher, E. B., Green, L., Friedling, C., Levenkron, J., & Porter, F. L. (1976). Self-monitoring of progress in weight-reduction: A preliminary report. *Journal of Behavior Therapy and Experimental Psychiatry, 7*, 363-365.

Fujimoto, K., Sakata, T., Etou, H., Fukagawa, K., Ookuma, K., Terada, K., & Kurata, K. (1992). Charting of daily weight pattern reinforces maintenance of weight reduction in moderately obese patients. *The American Journal of the Medical Sciences, 303*, 145-150.

Harris, M. B., & Bruner, C. G. (1971). A comparison of a self-control and a contract procedure for weight control. *Behaviour Research and Therapy, 9*, 347-354.

Harris, M. B., & Hallbauer, E. S. (1973). Self-directed weight control through eating and exercise. *Behaviour Research and Therapy, 11*, 523-529.

Helsel, D. L., Jakicic, J. M., & Otto, A. D. (2007). Comparison of techniques for self-monitoring eating and exercise behaviors on weight loss in a correspondence-based intervention. *Journal of the American Dietetic Association, 107*, 1807-1810.

茨木 俊夫（1985）．肥満の行動療法　異常行動研究会（編）　オペラント行動の基礎と臨床──その進歩と展開──（pp. 237-257）　川島書店

Israel, A. C., & Saccone, A. J. (1979). Follow-up of effects of choice of mediator and target of reinforcement on weight loss. *Behavior Therapy, 10*, 260-265.

Jeffery, R. W., Bjornson-Benson, W. M., Rosenthal, B. S., Kurth, C. L., & Dunn, M. M. (1984). Effectiveness of monetary contracts with two repayment schedules on weight reduction in men and women from self-referred and population samples. *Behavior Therapy, 15,* 273-279.

Jeffery, R. W., Thompson, P. D., & Wing, R. R. (1978). Effects on weight reduction of strong monetary contracts for calorie restriction or weight loss. *Behaviour Research and Therapy, 16,* 363-369.

Linde, J. A., Jeffery, R. W., French, S. A., Pronk, N. P., & Boyle, R. G. (2005). Self-weighing in weight gain prevention and weight loss trials. *Annals of Behavioral Medicine, 30,* 210-216.

Loro Jr., A. D., Fisher, E. B., & Levenkron, J. C. (1979). Comparison of established and innovative weight-reduction treatment procedures. *Journal of Applied Behavior Analysis, 12,* 141-155.

Madigan, C. D., Daley, A. J., Lewis, A. L., Aveyard, P., & Jolly, K. (2015). Is self-weighing an effective tool for weight loss：A systematic literature review and meta-analysis. *International Journal of Behavioral Nutrition and Physical Activity, 12,* 104.

Mahoney, M. J. (1974). Self-reward and self-monitoring techniques for weight control. *Behavior Therapy, 5,* 48-57.

Mahoney, M. J., Moura, N. G., & Wade, T. C. (1973). Relative efficacy of self-reward, self-punishment, and self-monitoring techniques for weight loss. *Journal of Consulting and Clinical Psychology, 40,* 404-407.

Mann, R. A. (1972). The behavior-therapeutic use of contingency contracting to control an adult behavior problem：Weight control. *Journal of Applied Behavior Analysis, 5,* 99-109.

望月 要・瀬戸 優子・泉谷 希光・佐藤 方哉（1992）．随伴性契約と栄養学の指導による減量プログラム　行動分析学研究，7, 41-52.

Normand, M. P. (2008). Increasing physical activity through self-monitoring, goal setting, and feedback. *Behavioral Interventions, 23,* 227-236.

岡田 斗司夫（2007）．いつまでもデブと思うなよ　新潮社

O'Neil, P. M., & Brown, J. D. (2005). Weighing the evidence：Benefits of regular weight monitoring for weight control. *Journal of Nutrition Education and Behavior, 37,* 319-322.

Pacanowski, C. R., & Levitsky, D. A. (2015). Frequent self-weighing and visual feedback for weight loss in overweight adults. *Journal of Obesity.* doi：10.1155/2015/763680.

Romanczyk, R. G. (1974). Self-monitoring in the treatment of obesity：Parameters of reactivity. *Behavior Therapy, 5,* 531-540.

Romanczyk, R. G., Tracey, D. A., Wilson, G. T., & Thorpe, G. L. (1973). Behavioral techniques in the treatment of obesity：A comparative analysis. *Behaviour Research and Therapy, 11,* 629-640.

坂上 貴之（2014）．「看護すること（nursing）」を支援する学としての行動分析学――随伴性のアレンジによる行動変容――　看護研究，47, 506-520.

Stuart, R. B. (1967). Behavioral control of overeating. *Behaviour Research and Therapy, 5,*

357-365.
VanWormer, J. J. (2004). Pedometers and brief e-counseling：Increasing physical activity for overweight adults. *Journal of Applied Behavior Analysis, 37,* 421-425.
VanWormer, J. J., French, S. A., Pereira, M. A., & Welsh, E. M. (2008). The impact of regular self-weighing on weight management：A systematic literature review. *International Journal of Behavioral Nutrition and Physical Activity, 5,* 54.
VanWormer, J. J., Martinez, A. M., Martinson, B. C., Crain, A. L., Benson, G. A., Cosentino, D. L., & Pronk, N. P. (2009). Self-weighing promotes weight loss for obese adults. *American Journal of Preventive Medicine, 36,* 70-73.

参 考 文 献

Cooper, J. O., Heron, T. E., & Heward, W. L. (2007). *Applied behavior analysis* (2nd ed.). Upper Saddle River, NJ：Pearson.
　（クーパー，J. O.・ヘロン，T. E.・ヒューワード，W. L.　中野　良顯（訳）(2013). 応用行動分析学　明石書店）
茨木　俊夫（1985). 肥満の行動療法　異常行動研究会（編）　オペラント行動の基礎と臨床——その進歩と展開——(pp. 237-257)　川島書店
Jeffery, R. W., Bjornson-Benson, W. M., Rosenthal, B. S., Kurth, C. L., & Dunn, M. M. (1984). Effectiveness of monetary contracts with two repayment schedules on weight reduction in men and women from self-referred and population samples. *Behavior Therapy, 15,* 273-279.
Linde, J. A., Jeffery, R. W., French, S. A., Pronk, N. P., & Boyle, R. G. (2005). Self-weighing in weight gain prevention and weight loss trials. *Annals of Behavioral Medicine, 30,* 210-216.
日本行動分析学会（編）（2011). 行動分析学研究アンソロジー 2010　星和書店
日本行動分析学会編集委員会（編）（2015). 行動分析学研究, *29*（別冊).
O'Donohue, W. T., & Ferguson, K. E. (2001). *The psychology of B. F. Skinner.* Thousand Oaks, CA：Sage Publishing.
　（オドノヒュー，W. T.・ファーガソン，K. E.　佐久間　徹（訳）(2005). スキナーの心理学——応用行動分析学（ABA）の誕生——　二瓶社）
Romanczyk, R. G. (1974). Self-monitoring in the treatment of obesity：Parameters of reactivity. *Behavior Therapy, 5,* 531-540.
坂上　貴之（2014). 「看護すること（nursing）」を支援する学としての行動分析学——随伴性のアレンジによる行動変容——　看護研究, *47,* 506-520.
山本　淳一・武藤　崇・鎌倉　やよい（編）(2015). ケースで学ぶ行動分析学による問題解決　金剛出版

13 肥満に関連する食行動と介入プログラム：過食と肥満

　本章では，肥満に関連する食行動異常についての心理学的研究を概観する．肥満の形成には，食習慣を含む生活習慣ばかりではなく，心理的な要因も関与する．肥満者には，しばしば顕著なうつ状態，食に関する考え方の歪み（認知的異常）などの心理的な問題が認められる．その他，心理的なストレスが高い者が，高カロリー食を志向することも知られている．一方，肥満に関連した食行動異常を有する者の減量のため，心理学的な介入研究が増加している．これらの介入研究は，食に関する行動修正を目的とする行動療法，食に関する認知と行動の両者の正常化を目的とする認知行動的アプローチであり，いずれも肥満に関連した食行動異常の改善に有効である．

13.1　肥満対策の現状

　今日，日本を含む先進諸国では肥満者の割合が増加傾向にある（Devlin et al., 2000；厚生労働省，2015）．社会経済的な発展を遂げた国々では，少子高齢化社会の到来とともに肥満に代表される生活習慣病が蔓延していることが知られている．なお，日本における肥満問題は，若年でも顕在化してきており，初等・中等教育機関では，肥満傾向を呈する者の割合が，1990（平成2）年から増加傾向にある（文部科学省，2008）．このような成人期以前の肥満は，成人期以降の肥満の発症リスクを高める（Dietz, 1994；Daniels et al., 2005）．文部科学省は2005（平成17）年に食育基本法を制定し，学校および家庭などにおいて，子どもたちが食に関する正しい知識と望ましい食習慣を身につけることができるよう，積極的に食育に取り組んでいくことが重要であると強調している（内閣府，2008）．このように，肥満者への対策や，肥満の予防に関する取組みの整備は，健康政策の中での重要な課題になっている．

　肥満には，食習慣や運動習慣などの生活習慣要因ばかりではなく，心理的な要因も関与する（Killgore & Yurgelun-Todd, 2006；Cornier et al., 2007）．たとえば，心理的ストレスが高い者は，そうではない者に比べて高カロリーの食事を志向する（Oliver et al., 2000；Habhab et al., 2009）．また，ストレス刺激に対して，ストレスホルモンである唾液中のコルチゾールの反応性が高い者では，コルチゾールの反応性が低い者

に比べてカロリー摂取量が多く，特に甘い物を多く摂食する傾向が認められている（Epel et al., 2001；コルチゾールと肥満との関係については第4章も参照）．近年，食とこころの関連を脳科学により解明する試みも開始されている．たとえば，Cornier et al.（2007）は，正常範囲カロリー摂取の2日後と，30%過剰にカロリー摂取した2日後の各ポイントにおいて，3条件下での食品画像呈示（非食品，チョコレートやケーキなどの高カロリー食品，フルーツやシリアルなどの低カロリー食品）を行い，脳の反応性をfMRIで検討している．正常範囲カロリー摂取直後，高カロリーの食品画像呈示によりワーキングメモリ（短期あるいは一時的な記憶），注意のコントロール（対象物に対してどの程度注意を向けるか，または集中するかの調節）などと関連する左背外側前頭前野の賦活がみられること，一方で，30%過剰にカロリー摂取した直後にはそれらの脳活動が減弱することなどを明らかにした．このように，肥満の形成やその修飾因子である食行動には，心理的な要因が大きく関与している．

肥満に関連する食行動異常には，いくつかの種類が存在する．過食（bulimia, overfeeding），早食い（eating quickly），代理摂食（eating as diversion；空腹ではないのに食べること），むちゃ食い（binge eating），夜間摂食（night eating）などは，国際的によく知られた肥満に関連する食行動異常である．わが国においては，成人の肥満者に特異的な食行動異常として，体質に関する認識，空腹感・食動機，代理摂食，満腹感覚，食べ方，食事内容，食事の規則性の異常（リズム異常）の7領域の分類が臨床上よく用いられている（坂田，1997）．785名の若年者（高校生）を対象とした筆者らの調査研究でも，彼らの食行動異常として代理摂食，食べ方，リズム異常，食事内容の因子を抽出しており，それらの因子ごとの性差も確認されている（田山他，2008）．

現在，わが国の栄養指導場面において高頻度で用いられる介入方法は，セルフモニタリングと目標設定をセットにした行動療法（behavioral therapy；BT）である．栄養指導場面で用いられているセルフモニタリングと目標設定は，不適切あるいは健康の妨げとなる食行動を明らかにして，そのターゲット行動を改善目標を立てることにより修正していく方法である．たとえば，管理栄養士の指導のもと，肥満者に食事日記をつけさせることによって，悪しき食行動や摂取食品を自覚させ，その改善のための目標を決めて食生活をノーマライズしていく．一方，行動療法の発展系である認知行動療法（cognitive behavioral therapy；CBT）は，不適切な認知（考え方）を修正して，行動を変容させる，あるいは不適切な認知と行動の両者を併行して変容させるアプローチであり，栄養指導や食事療法などに導入される場合は，認知行動的アプローチ（あるいは，認知行動的介入）などと呼ばれている．たとえば，肥満者の栄養面の不適切な認知を修正するとともに食行動を改善することを目的とした方法が認知行動

的アプローチである．行動療法と認知行動的アプローチはともに，栄養指導場面でよく使われる心理学的な介入手法である．しかしながら，栄養指導に認知行動的アプローチが用いられるようになってからまだ日が浅いため，その効果に関するエビデンスが整っておらず，行動療法や認知行動的アプローチの利用に際して，具体的な指針が定まっていないのが現状である．

　本章では以下，肥満者およびその予備軍にはどのような介入方法が有効であるのかを，エビデンスに基づきながら概観する．先に，肥満者やその予備軍の食行動異常に関連する心理的な要因についての研究に触れる．次に，肥満者やその予備軍に対する介入研究のうち，体重やBMIのような身体指標に加えて食に関連する心理行動的指標をアウトカムとしている介入研究を概観する．

13.2　肥満と関連する食行動

　肥満に関連した食行動異常に関する心理学的な調査研究としては，大きく分類すると疫学調査研究と臨床研究がある（表13.1）．

13.2.1　疫学調査研究

　疫学調査研究では，大規模集団を対象として疾病の頻度や分布に影響する食に関する因子の同定が目的とされる．56865名の日本人成人（男性41820名，女性15045名）を対象とした近年の疫学調査では，肥満と食べ方の関係を検討したところ，食べ物を速く食べる傾向（いわゆる，早食い）は男女ともに肥満のリスクであることが明らかにされた（Nagahama et al., 2014）．18歳から64歳まで8889名の男女を対象とした疫学調査では，BMIを指標とした過体重者ならびに肥満者は，主観的な健康状態（well-being）の低いことを明らかにしている（Doll et al., 2000）．平均年齢46歳の重度肥満632名（平均BMI＝45.5）を対象とした別の研究では，肥満と，むちゃ食い，強迫的思考，対人的敏感性，抑うつ感，不安，敵意，恐怖，不安などが密接な関係にあることが示された（Petroni et al., 2007）．肥満とメンタルヘルス不良が関連することが明らかになっているのは，成人ばかりではない．20歳未満の青年期の男女5374名を対象とした大規模な前向きコホート研究では，肥満の持続および発症に高い抑うつ状態が関連することを明らかにしている（Goodman & Whitaker, 2002）．

13.2.2　臨 床 研 究

　臨床研究では，主に肥満に関する食行動異常を有する者とそうでない者を対象として，彼らの心理的側面を比較する研究が多い．重度の肥満の女性30名を対象とした

表 13.1 肥満に関連する食行動異常についての心理学的知見

研究者（発表年）	対　象	対象の BMI（平均）	
Birketvedt et al. (1999)	肥満のみの者（$N=10$）と夜間摂食症候群である肥満の者（$N=10$）（大半が女性）	肥満のみの者：28.2，夜間摂食症候群である肥満の者：28.5	
Oliver et al. (2000)	健常な大学生（$N=68$）（男女同比）	記載なし	
Doll et al. (2000)	18歳から64歳までの男女の疫学調査（$N=8889$）	24.9	
Epel et al. (2001)	閉経後の女性（$N=59$）	25.4	
Adami et al. (2002)	重度の肥満のみの女性（$N=14$）と重度の肥満かつむちゃ食い症候群の女性（$N=16$）	重度の肥満のみの女性：46.4，重度の肥満かつむちゃ食い症候群の女性：46.5	
Goodman & Whitaker (2002)	20歳未満の青年期男女の疫学調査（$N=5374$）	記載なし	
O'Reardon et al. (2004)	肥満のみの者（$N=43$）と夜間摂食症候群である肥満の者（$N=46$）（大半が女性）	肥満のみの者：36.7，夜間摂食症候群である肥満の者：34.9	
Allison et al. (2005)	肥満のみの者（$N=14$）と夜間摂食症候群である肥満の者（$N=15$）（8割が女性）	肥満のみの者：36.1，夜間摂食症候群である肥満の者：38.7	
Craeynest et al. (2006)	思春期と青年期の肥満（$N=39$）と非肥満（$N=39$）（男女同比）	記載なし	
Cornier et al. (2007)	BMI 24未満の25〜45歳の男性（$N=12$）と女性（$N=13$）	男性：21.0，女性：22.0	
Petroni et al. (2007)	平均年齢46歳の肥満の男女（$N=632$）	45.5	
Craeynest et al. (2008)	8歳から18歳までの正常体重（$N=29$）と肥満者（$N=29$）（男女同比）	記載なし	
Czyzewska & Graham (2008)	女子大学生（$N=83$）	23.9	
Habhab et al. (2009)	女子大学生（$N=40$）	23.2	
Nagahama et al. (2014)	日本人56865名（男性41820名，女性15045名）	男性（食べ方） ゆっくり：22，普通：23，速い：25 女性（食べ方） ゆっくり：21，普通：22，速い：23	

13.2 肥満と関連する食行動

食行動異常/肥満	心理学的知見
食行動異常：夜間摂食	夜間摂食者には，日中の主観的な気分低下，血中コルチゾール濃度の上昇がみられ，夜間には気分高揚がみられた
食行動異常：高カロリー食の摂取	ストレス負荷後，心理的ストレスが高まったエモーショナル・イーターは，非エモーショナル・イーターに比べて高カロリー食を多く摂取．特に甘い物を好む．性差がみられ，女性のほうが男性よりもその傾向が顕著である
肥満	BMIを指標とした過体重，肥満者は，主観的な健康状態（well-being）が低い
食行動異常：高カロリー食の摂取	通常時，あるいは，心理的ストレス負荷時において，唾液中のコルチゾールの反応性が高い者は，カロリー摂取量が多く，特に甘い物を好んで食べる
食行動異常：むちゃ食い	むちゃ食いをする者は，そうでない者に比べ，血清レプチン濃度が高い．レプチン濃度は，食の脱抑制，空腹感，過食と正相関する
肥満	肥満の持続および発症にうつが関連する．非肥満で1年後に肥満になった者は，非肥満時において，高い抑うつ状態，低自尊感情，非行傾向，低身体活動が顕著であった
食行動異常：夜間摂食	夜間摂食症候群の肥満の者は，肥満のみの者よりもうつの主症状である睡眠のリズム異常と夜間覚醒が顕著にみられた
食行動異常：夜間摂食	夜間摂食症候群の肥満者は，肥満のみの者に比べて昼の食事量が少なく，夜の食事量が多かった．心理的には，夜間摂食症候群の肥満者は，肥満のみの者に比べて，抑うつ感，食の抑制と脱抑制，空腹感，睡眠異常が顕著にみられた
肥満	潜在的連合テストにより食品に対する感情価を評価したところ，肥満の者では，そうでない者に比べ，脂肪分が多い食品に対して，肯定的な心理的感情評価を行った
食行動異常：過食	正常範囲カロリー摂取の2日後と，30%過剰にカロリー摂取した2日後の各ポイントで，3条件下での食品画像呈示（非食品，高カロリー食品，低カロリー食品）を行い，脳の反応性をfMRIで検討したところ，正常範囲カロリー摂取直後，高カロリーの食品画像呈示によりワーキングメモリ，注意のコントロールなどと関連する左背外側前頭前野が賦活した
肥満	肥満と，むちゃ食い，強迫的思考，対人的敏感性，抑うつ感，不安，敵意，恐怖，不安などが関連する
肥満	潜在的連合テストにより食品に対する感情価を評価したところ，若年の肥満者において，脂肪分が多い食に対する評価が，肥満ではない者に比べて肯定的であった
食行動異常：高カロリー食の摂取	認知課題により，BMIの高低と，食品の評価との関係を検討したところ，肥満の者は，通常のBMIおよび低BMIの者に比べて甘くない高カロリー食に対して肯定的な認知を行った
食行動異常：高カロリー食の摂取	ストレス反応性（パズル課題15分），食の抑制，食の好みの3者関係を検討したところ，食の抑制とストレス反応性との直接的な関連はみられなかった．食の抑制を高頻度に行っている女性は，抑制していない女性よりも高い脂肪率の食の摂取がみられた．ストレス反応性が高い女性は，甘い物，脂肪率が高い食を好んだ
食行動異常：食べ方（速度）/肥満	食べ物を食べる速度（ゆっくり，普通，速い）と肥満の有無の関係を多重ロジスティック回帰分析により検討したところ，男性では普通の速度（基準）で食べる場合に比べて，速く食べる場合の肥満保有リスクが1.6倍であること，女性では1.3倍であることがそれぞれわかった（多変量オッズ）

臨床研究では，むちゃ食いを行う者は，そうでない者に比べ，血清レプチン濃度が高いことを明らかにしている（Adami et al., 2002）．臨床研究の中で，夜間摂食症候群（nocturnal eating syndrome；NES）に関する研究は比較的多い（Birketvedt et al., 1999；O'Reardon et al., 2004；Allison et al., 2005）．Birketvedt et al. (1999) の研究では，肥満かつ夜間摂食症候群の者と，肥満のみの者をそれぞれリクルートし，肥満かつ夜間摂食症候群の者には，肥満のみの者に比べて日中の主観的な気分低下，血中コルチゾール濃度の上昇がみられるとともに，夜間の気分高揚があることを明らかにしている．また，肥満のみの者に比べ，肥満かつ夜間摂食症候群の者は，睡眠時の中途覚醒が頻回であること（O'Reardon et al., 2004），うつの症状が顕著であること（Allison et al., 2005）が知られている．なお，健常な若年を対象とした実験的研究でも，先に取り上げた食と心理的ストレスの関係が検討されている（Oliver et al., 2000）．Oliver et al. (2000) は，大学生68名（男女同比）を対象としてストレスが食品摂取や食行動に与える影響について，スピーチ課題を用いたストレス負荷試験により検討したところ，ストレス負荷後のエモーショナル・イーター（いわゆるむちゃ食いが多い者）の食行動は，非エモーショナル・イーターに比べて甘い高脂肪食品やより高カロリー食を食べたことがわかった．また，このような傾向は，男性よりも女性で顕著であることが明らかになった．さらに，閉経後の女性59名を対象とした研究では，ベースライン時の唾液中のコルチゾールレベルが高い者，あるいは，心理的ストレス負荷時に唾液中のコルチゾールの反応性が高い者は，カロリー摂取量が多く，特に甘い物を好んで食べることが示された（Epel et al., 2001）．

　近年，肥満に関連する食行動異常と食に関する認知的な異常の関連を検討した研究が急増している（Craeynest et al., 2006, 2008；Czyzewska & Graham, 2008）．肥満者は非肥満者に比べ，脂肪分の多い食品に対する嗜好が強い．同様にBMIの高い者は，正常範囲のBMIの者に比べ，高カロリーの食べ物に対して肯定的な認知を行う（Czyzewska & Graham, 2008）．

　このように，さまざまな肥満に関連する食行動異常の背景には，心理的な要因がトリガーとなっていることが次第に明らかになってきている．肥満者とその予備軍には，過食，むちゃ食い，過度な食事制限（食の抑制）に代表されるような摂食障害の者と共通した食行動異常がみられる．なお，摂食障害は国際的な精神疾患の診断基準（DSM-IV-TR）により精神障害のひとつとして位置づけられており，自己誘発性嘔吐や下剤の使用などが伴う排出型のむちゃ食いやチューイング（chewing）と呼ばれる噛み吐き・噛み砕きなどが多くのケースでみられるため，肥満に関連する食行動異常とは一線を画する．その上，肥満者とその予備軍においては，摂食障害の者の心理行動学的な特徴である完璧主義（perfectionism）や自分のいいたいことを他人にいう

ことができないといういわゆる主張性（assertiveness）の低さ（松坂他，2004）とのかかわりを示す知見はほとんどみられない．

13.3　現在行われている肥満改善のための介入

　2015年8月14日時点において，MEDLINEの文献データベースを用いて，eating behavior, intervention, prevent, preventive, prevention, obese, obesity をキーワードとして AND 検索したところ，合計58件の論文がヒットした．そのうち，レビュー論文，ケース研究の論文，摂食障害の者を対象とした論文を除外したところ，11件の論文が抽出された（表13.2）．これらを研究および介入手法によりグループ化すると，単一グループに対する介入研究（オープン・スタディ），数種の介入の効果を比較検討する介入研究（同時並行），対象およびその家族を巻き込んだ介入（ファミリー・ベースト・アプローチ），学校単位で実施される介入（スクール・ベースト・アプローチ），無作為割付比較試験に分類された．以下では，これらの研究の詳細を述べる．

13.3.1　オープン・スタディ

　平均年齢39.6歳の過体重の女性51名を対象とした，ボディーイメージの変容に焦点をあてた8週間の集団認知行動療法（group cognitive behavioral therapy；group CBT）では，介入直後とフォローアップ（介入から4か月半後）において，体重低下はなかったものの，ボディーイメージ，自尊感情，過食，食不安，食の抑制の改善がみられた（Rosen et al., 1995）．Laederach-Hofman et al.（2002）は，平均年齢36.1歳の肥満女性9名を対象として，臨床家が摂取カロリーを制限する指示を患者に与え，かつ摂取カロリーのコントロールに焦点をあてたカウンセリングを繰り返し行うことで得られる心身両面への効果を検討している．このような介入は，専門的には行動療法による低カロリーダイエットと呼ばれるが，Laederach-Hofmanらが行った6週間の介入では，平均して9.6 kgの体重減少とインスリン抵抗性の改善に成功している（Laederach-Hofman et al., 2002）．なお，この介入では，心理的な効果として，認知的統制の増加（まとまりのある考え方ができるようになること）とともに，空腹感，対人感受性，偏った考え方（偏執的思考），非協調性がそれぞれ低下している（Laederach-Hofman et al., 2002）．

13.3.2　同時並行の介入研究

　Braet & Van Winckel（2000）は，介入開始時の平均年齢11歳の小児117名を3群に分け，食の抑制の改善と体重増加の抑制を目的とした3種のCBTをそれぞれの

第13章　肥満に関連する食行動と介入プログラム：過食と肥満

表13.2　肥満に関連した食行動異常を有する者に対する心理学的介入研究

研究者 (発表年)	研究デザイン	対　象	対象のBMI（平均）	介入または試行
Rosen et al. (1995)	介入研究（オープン・スタディ）	平均年齢39.6歳の過体重女性（N=51）	27.3	ボディーイメージに焦点をあてたCBT. 4, 5名のグループをつくり，1グループにつき，セラピスト1名
Golan et al. (1998)	ファミリー・ベースト・アプローチ	6～11歳の肥満児（N=60）	記載なし	肥満児の親のみへの介入群（N=30）と肥満児のみへの介入群（N=30）に分類．親のみへの介入は，グループワークと個人への教育的介入．肥満児のみへの介入は，教育的介入
Robinson (1999)	スクール・ベースト・アプローチ	小学校2校（N=192）	介入校：18.4, 対照校：18.1	介入校と対照校に分類．メディア曝露時間を減らす教育的介入ならびに行動療法的介入
Laederach-Hofmann et al. (1999)	無作為割付比較試験	肥満のむちゃ食い症候群の男性（N=4）と女性（N=27）	39.5	食事面の心理的サポートと三環系抗うつ薬かプラセボによる試行（心理的サポート＋三環系抗うつ薬群，または心理的サポート＋プラセボ群）
Braet & Van Winckel (2000)	介入研究（同時並行）	介入開始時の平均年齢11歳の小児（N=117）	記載なし	体重の増加抑制を目的としたCBT. group CBT, 対個人CBT, キャンプを利用したCBTの3パターン．それぞれ，食の抑制の改善が主たる目的
Epstein et al. (2001)	ファミリー・ベースト・アプローチ	肥満児（N=67）とその家族	27.4	家族ミーティング形式．身体活動量を増加させる介入と座位での活動時間を減らす介入のコンビネーション介入
Eliakim et al. (2002)	ファミリー・ベースト・アプローチ	6～16歳の肥満児（N=117）	コントロール群：25.2, 3か月介入群：26.1, 6か月介入群：25.9	群を，コントロール群，3か月介入群，6か月介入群に設定．食事と運動のコンビネーション介入．食プログラムにおいて，6～8歳児は，親のみ参加．9歳以上は本人と親が参加．エクササイズは，ウォーキングか何らかのスポーツ
Laederach-Hofmann et al. (2002)	介入研究（オープン・スタディ）	平均年齢36.1歳の肥満女性（N=9）	38.4	行動療法による低カロリーダイエット
Grilo et al. (2005)	無作為割付比較試験	35～58歳の夜間摂食障害の肥満男女（N=40）	36.0	self help CBTと，抗肥満薬かプラセボのいずれかをセットにした試行．self help CBTは，心理教育と自分でむちゃ食いを変容させる2セクション構成
Claudino et al. (2007)	無作為割付比較試験	18～60歳の肥満かつむちゃ食い症候群の男女（N=73）	抗てんかん薬投与群：37.4, プラセボ投与群：37.4	CBTと，抗てんかん薬またはプラセボいずれかの試行．CBTは，10名のグループ単位で実施．毎回ビデオ教材や，グループディスカッションもあり
Rausch Herscovici et al. (2013)	スクール・ベースト・アプローチ	9～11歳の6つの小学校の小学生（N=405）	21	ワークショップの開催で健康的な食事と運動について学ぶ

13.3 現在行われている肥満改善のための介入   213

期間,回数,フォローアップ	成果測度	結　果
8週間.1回2時間,週1回.フォローアップ4か月半	ボディーイメージ,自尊感情,過食,食不安,食の抑制,体重	フォローアップにおいて,ボディーイメージ,自尊感情,過食,食不安,食の抑制が改善した.体重は低下しなかった
1年間.親のみへの介入は1年間で14回のグループセッション(1回1時間,初月は週1回,その後は月2回)と1年間5回(1回15分)の個人セッション.肥満児のみへの介入は,1年間に30回(初月は週1回,その後隔週).フォローアップなし	食行動,テレビ曝露時間,体重	親のみへの介入群では,1年後に親の身体活動量が増加した.次いで,肥満児のみへの介入群よりも,食行動の改善,テレビ曝露時間の短縮が顕著であった.体重減少も親のみへの介入で,肥満児のみへの介入群よりも大きかった
6か月間,18回の授業.フォローアップなし	メディア曝露時間,ウエストヒップ比,BMI,身体活動量,食行動	介入校において,対照校と比較して有意にメディア曝露時間が減少するとともに,BMI,ウエストヒップ比,テレビ前での食事頻度が低下した
全36週間,全期間を通して食事面の心理的サポート(15～35分の行動療法,グループセラピー)を実施.5週目から8週間にわたる試行期間を設定.フォローアップなし	むちゃ食い,抑うつ感,体重	介入から8週間後,両群でむちゃ食い,抑うつ感が改善したが体重減少はなかった.三環系抗うつ薬投薬群において,介入終了後では体重が減少した
対個人・group CBT ともに3～4か月間.対個人CBT,group CBTは隔週.キャンプは,夏期10日間.フォローアップ4.6年	食の抑制,体重	肥満者頻度の増加なし.group CBT が一番効果あり(体重減少者がもっとも多).次いで,キャンプ,対個人の順で効果あり.介入から4.6年後,食行動異常の悪化はみられなかった(CBT介入群の総計)
各介入期間は6か月間で毎週1回の集中的なミーティングを実施.フォローアップ1年間	体重,身体活動量,食習慣,座位での活動時間	介入から1年後,両介入により体重減少がみられた.コンビネーション介入の減量効果に性差がみられた(男子>女子).身体活動量の増加には性差はなかった.両介入とも男子に特に有効であった.男子の身体活動量増加は,体重減少の修飾因子であった
3か月介入と6か月介入ともに食プログラムは,月1回の教育と24時間食モニターで,エクササイズは,週2回,1回1時間(30～45分).フォローアップなし	BMI,体重,食習慣,持久力(トレッドミル)	BMI,体重は介入で有意に減少した(3か月<6か月).持久力も介入した両群でともに増加した
6週間,回数の記載なし.フォローアップなし	体重,インスリン抵抗性,認知的統制,空腹感,対人感受性,偏執的思考,非協調性	平均して9.6 kgの体重減少がみられた.体重減少に伴いインスリン抵抗性が改善した.心理的なパラメータも介入により,認知的統制が増加,空腹感,対人感受性,偏執的思考,非協調性が低下した
12週間の試行.self help CBT は12週間で6回のミーティング(1回15～20分)と印刷された self help CBT マニュアル使用.フォローアップ3か月後	むちゃ食い,体重	抗肥満薬投与群で,むちゃ食いがプラセボ群よりも有意に低下した.12週の介入で,抗肥満薬は体重を減少させた.self help CBT はむちゃ食いを改善した
21週の介入.CBTは1回90分,週1回,全19セッション.フォローアップなし	むちゃ食い,抑うつ感,体重	抗てんかん薬投与群で体重が減少したが,プラセボ投与群では減少しなかった.両群でむちゃ食いが低下したが両群で差なし.抑うつ感は介入による変化はなかった
6か月間で4回の親同席の会を実施.フォローアップあり	健康的な食品と健康的ではない食品の摂取量	全体として,健康的な食品摂取の増加,健康的ではない食品摂取の減少がみられた.その傾向は,女性で男性よりも顕著にみられた

群に実施している．CBT の種類は，通常の対個人 CBT，group CBT，キャンプを利用した CBT のいずれかであり，対個人 CBT と group CBT はともに3か月から4か月間の介入で，キャンプを利用した CBT は夏期に10日間行われた．フォローアップ期間は，各介入群ともに4.6年と長期にわたった．これらの介入直後，全介入で肥満者の頻度が増加しないことと，group CBT が体重コントロールにもっともよい影響があることが示された（次いで，キャンプを利用した CBT，対個人 CBT の順）．この介入から4.6年後，すべての CBT における総計として，介入対象児の食行動異常は悪化しなかった．

13.3.3 ファミリー・ベースト・アプローチ

　介入の対象が小児である場合，食事を提供しているであろうその父親や母親に対する介入が奏功する．Golan et al.（1998）は，6歳から11歳の肥満児を対象とし，肥満児の親のみへの介入群（$N=30$）と肥満児のみへの介入群（$N=30$）に分類し，各群に対して1年間の長期介入を試みている．親への介入は，グループワークと個人への教育的介入，肥満児への介入は，教育的介入のみであった．その結果，親のみへの介入群では，肥満児のみへの介入群よりも，対象児の食行動の改善，テレビ曝露時間（テレビを見る時間）の短縮が顕著であった．さらに，体重減少も親のみへの介入群で，肥満児のみへの介入群よりも顕著であった．家族同席の上で肥満児（$N=67$）を対象にして行った身体活動量を増加させる介入と座位での活動時間を減らす介入を組み合わせた6か月間のコンビネーション介入では，1年後のフォローアップ時点において，体重減少が示された（男子＞女子）（Epstein et al., 2001）．6歳から16歳の肥満児（$N=117$）を対象にした BMI と体重の正常化および体力向上を目的としたファミリー・ベースト・アプローチでは，食事と運動のコンビネーション介入により，体重減少と持久力増加に成功している（Eliakim et al., 2002）．

13.3.4 スクール・ベースト・アプローチ

　学校における食育に関する実践的な介入としては，ポピュレーション・アプローチ（集団への介入）がきわめて効果的である（Robinson, 1999；Rausch Herscovici et al., 2013）．Robinson（1999）は小学校2校のうち一方を介入校，もう一方を対照校と設定して，介入校の児童に対するメディア曝露時間（テレビを見る時間に加え，ゲーム，DVD，ビデオに接する時間）を減らす教育的介入ならびに行動療法的介入を行っている．介入は児童のメディアへの曝露時間を減らすことによるいわゆる"ながら食い"を改善するアプローチで，6か月間にわたる18回の授業で実施している．結果として，介入校において，対照校と比較して有意にメディア曝露時間が減少するとともに，

BMI，ウエストヒップ比，テレビ前での食事頻度が低下することが示された．

13.3.5 無作為割付比較試験

　Laederach-Hofmann et al. (1999) は，肥満のむちゃ食い症候群の男性4名，女性27名を対象として，行動療法とグループセラピーを用いた食事面の心理的サポートに加え，三環系抗うつ薬またはプラセボによる介入を全36週間にわたって行った．介入から8週間後，両群でむちゃ食いと抑うつ感が改善した．さらに，三環系抗うつ薬投薬群では，介入から36週時点において体重減少がみられた．この結果は，むちゃ食いの背景に抑うつ感という心理的な要因が大きく関与していることを示すとともに，疾患群に対しては心理的なサポートと薬物療法のコンビネーションが有効であることを示している．Grilo et al. (2005) は，夜間のむちゃ食いが主症状の障害である夜間摂食症候群（NES）の肥満男女40名（年齢範囲35-58；女性80％）を対象として，self help CBT（マニュアルを参考にして対象者自身が主体的に行うCBT）に加え，抗肥満薬（オルリスタット）またはプラセボのいずれかをセットにした介入を全12週間にわたって行った．なお，self help CBTの実施期間中に，臨床家と患者間において6回のミーティング（1回15〜20分）を設定しており，臨床家が患者に対して心理教育を行っている．介入終了後，両群でむちゃ食いの頻度低下がみられたが，抗肥満薬投与群で，プラセボ群よりも有意にむちゃ食いの頻度が低下した．さらに，介入後には，抗肥満薬投与群のみで体重減少が示された．これらの事実は，12週間という短期的な介入において，薬物がきわめて効果的であるということとともに，self help CBTがむちゃ食いの改善に効果的であるということを示している．Claudino et al. (2007) は，18歳から60歳までの男女の肥満かつむちゃ食い症候群の者73名を対象として，CBTと抗てんかん薬またはCBTとプラセボの介入をそれぞれ21週間行っている．CBTは，対象者を10名のグループにランダムに分け，1グループにつき，セラピストが1名コーディネート役として参加している．全体で19セッションを設け，週1回90分の時間でビデオ教材を用いた教育的アプローチや，グループディスカッションを取り入れている．結果として，抗てんかん薬投与群では，体重は減少したが，プラセボ投与群では減少には至らなかった．さらに，両群でむちゃ食いが低下したが，抑うつ感は介入による変化はみられなかった．

13.4 肥満介入における今後の課題

　肥満に関連した介入研究について，この10年で欧米の研究者によりさまざまなエビデンスが得られはじめている．現在，欧米で肥満に関連する食行動異常の認知科学

的研究が発展してきているが，その大きな理由のひとつは，20世紀のおわりに広く行われていた，体重減少を第一目標とした薬物療法や行動療法によるダイエットプログラムに限界があることが明らかになってきたことであると思われる．減量を目的とした投薬や行動療法のみのアプローチでは，介入開始から約半年間は体重が減少し続けるものの，その後プラトーとなるとすぐに増加に転じる（Knowler et al., 2002；Wadden et al., 2005）．つまり，体重やBMI，血行動態，生化学データなどの身体指標の変化を目的とする薬物療法や行動療法のみでは，リバウンドの問題が生じることがわかってきた．それゆえ，本章で取り上げたような，行動面のみならず認知面の変容も目的とした心理学的研究が近年急増してきたと思われる．

　肥満を対象とした認知行動療法で想定しておかなければならないのは，食べすぎや過食と関連した認知であるが，この領域の研究や実践はスタートしてから日が浅いので課題が山積している（研究で解明すべき事象が多々ある）．現時点で明らかになっている食認知に関するメカニズムとして，食べすぎや過食には図13.1に示すような食べ物の認知（前頭前野）から食欲発動（視床下部）までの経路が関与するということである．特に高次機能にかかわる前頭前野は，人の思考，考察，推理，判断，注意などの認知機能全般を担う脳部位である．食に関しては目の前の食べ物に対して食べて良いか悪いかの判断や，食べ物の好き嫌いの判断，栄養価の推測などを担う．この経路，特に前頭前野を正常化する方法が，認知行動療法や食育を含む教育などである．なお，前頭前野では，人の情動と関連の強い大脳辺縁系との神経ネットワークが密に形成されている．前帯状回に位置するCg25の活性は，人の否定的認知の強度と関連するため，Cg25の活性が高すぎると認知行動療法の効果は得られにくく，前頭前野の活動を正常化するには至らない（Ressler et al., 2007）．リバウンドの防止に結びつ

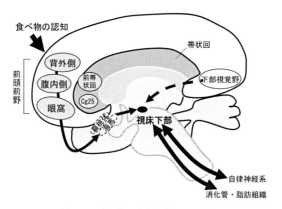

図13.1　食べ物の認知と生理的な反応

く食認知の研究や，食認知の生物学的基盤である前頭前野，大脳辺縁系を中心とする脳機能の研究の発展に伴い，肥満介入により効果のある認知行動療法が登場することが待たれている．

　臨床的に，肥満に関連する食行動異常を改善するために行われる認知行動的アプローチでは，食に関する不適切な認知と行動に加えて，食事療法の遂行を妨げる認知もターゲットとするべきである（たとえば，疲れているときは甘いものをたくさん食べてもよいという考え）．近年では，このような食事療法の遂行を妨げる認知を修正するためのCBTおよびそのマニュアル（Beck, 2007）も登場し脚光を浴びている．今後，この領域の研究成果の日常臨床への活用が期待できる．

　現在，わが国における生活習慣病を原因とする死亡は，疾病による病死全体の約1/3に至っている．そのような現状を打開するため，厚生労働省は2008年4月から，特定健康診査・特定保健指導を開始させた．しかしながら，保健指導ならびに栄養指導において，生活習慣病患者およびその予備軍に対する確固たる指導方法の確立には至っていない．生活習慣病に対する実践を強化していく上で，心理学的なアプローチを取り入れることによる心身両面の変容を視野に入れた方法論の確立が待たれる．

［田山　淳］

コラム11●パレオダイエット

　アメリカではパレオダイエットが（一部で）人気だという．パレオとは旧石器時代（Paleolithic Era）という意味である．時は数十万年前にさかのぼる．その頃，ヒトは狩猟・採集によって得られた食物を食べていた．集団で大型獣を捕獲し，その肉を火で加熱調理し，家族や集団で分かちあいながら食べていた（ようだ）．農業革命といわれる人類史上の大事件後，ヒトが摂取する食物の栄養構成比は大きく変化した．穀物が生産されるようになったためである．その主たる栄養成分は糖質である．穀物を生産するようになって以降，われわれは糖質（ブドウ糖）を主たるエネルギー源とするようになっていったのである．

　パレオダイエットは，糖質に重みをおいた現代の食事に異を唱える．旧石器時代をみよ，もっぱら肉と果物とナッツ類を食べていた（はずだ）．われわれの身体は糖質依存の食事に耐えられるようにはできていない（はずだ）．旧石器時代の人々が食べていた食事と同様な食事をとること，さらに，できる限り旧石器時代の人々と同様な生活を送ること，それこそが健康をもたらす（はずだ）と主張する．

　はたしてわれわれの身体は，糖質依存に耐えられるしくみになっていないのだろうか．確かに，2型糖尿病，さらに過食による肥満は糖質中心の食生活に原因があるといわれ

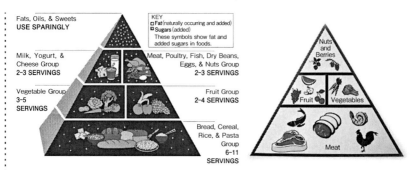

図13.2 アメリカ農務省が推奨するフードピラミッド (http://www.cnpp.usda.gov/sites/default/files/archived_projects/FGPPamphlet.pdf) とパレオダイエットが推奨するフードピラミッド (http://www.kratos-rxd.co.uk/beginners-guide-to-paleo-part-2/)

ている．ダイエット法の歴史をみても，アトキンスダイエット，低GIダイエット，糖質制限ダイエットと，糖質依存の食事をみなおそうとするものは数多く提案されてきた．ブドウ糖にかわるエネルギー源として，ケトン体の役割を積極的に評価する動きもある．

産業革命以降，人口は指数関数的に増加し，今や70億人を超えるまでになった．この驚異的（脅威的でもある）な人口増を支えてきたものは穀物であり，糖質である．また農業革命を経て誕生し発展してきた食文化は，日々の生活に彩りを与えてくれるだけでなく，社会，政治，経済，文化全体の発展と切り離せないものとなっている．いうまでもなく現在の生活の要を担っている栄養成分は糖質である．糖質依存によって人類は発展してきたともいえよう．

パレオダイエットを一方的な思い込みに基づく，非科学的なダイエット法と一蹴する人たちも多い．極端な糖質制限がもたらす健康障害を危惧する専門家も数多くいる．しかし筆者には，農業革命，産業革命以降の人類のあり方を根本からみなおす手がかりを与えてくれているように感じられる．日本人なら炊きたてのご飯のおいしさを否定する人はいないだろう．糖質があってこそ"おいしい"食べものはつくられる．パレオダイエットの流行は，人類が手にした美食とその美食に浸りすぎた現代人に対する警句のように思えてくる．　　　　　　　　　　　　　　　　　　　　　　　　　　　　[今田純雄]

引用文献

Adami, G. F., Campostano, A., Cella, F., & Scopinaro, N. (2002). Serum leptin concentration in obese patients with binge eating disorder. *International Journal of Obesity Related Metabolic Disorders, 26*, 1125-1128.

Allison, K. C., Ahima, R. S., O'Reardon, J. P., Dinges, D. F., Sharma, V., Cummings, D. E., ... Stunkard, A. J. (2005). Neuroendocrine profiles associated with energy intake, sleep, and stress in the night eating syndrome. *The Journal of Clinical Endocrinology & Metabolism, 90,* 6214-6217.

Beck, J. S. (2007). *The Beck diet solution : Train your brain to think like a thin person* (1st ed.). Iowa : Oxmoor House.

Birketvedt, G. S., Florholmen, J., Sundsfjord, J., Osterud, B., Dinges, D., Bilker, W., & Stunkard, A. (1999). Behavioral and neuroendocrine characteristics of the night-eating syndrome. *JAMA, 282,* 657-663.

Braet, C., & Van Winckel, M. (2000). Long-term follow-up of a cognitive behavioral treatment program for obese children. *Behavior Therapy, 31,* 55-74.

Claudino, A. M., de Oliveira, I. R., Appolinario, J. C., Cordás, T. A., Duchesne, M., Sichieri, R., & Bacaltchuk, J. (2007). Double-blind, randomized, placebo-controlled trial of topiramate plus cognitive-behavior therapy in binge-eating disorder. *The Journal of Clinical Psychiatry, 68,* 1324-1332.

Cornier, M. A., Von Kaenel, S. S., Bessesen, D. H., & Tregellas, J. R. (2007). Effects of overfeeding on the neuronal response to visual food cues. *The American Journal of Clinical Nutrition, 86,* 965-971.

Craeynest, M., Crombez, G., De Houwer, J., Deforche, B., & De Bourdeaudhuij, I. (2006). Do children with obesity implicitly identify with sedentariness and fat food? *Journal of Behavior Therapy and Experimental Psychiatry, 37,* 347-357.

Craeynest, M., Crombez, G., Koster, E. H., Haerens, L., & De Bourdeaudhuij, I. (2008). Cognitive-motivational determinants of fat food consumption in overweight and obese youngsters : The implicit association between fat food and arousal. *Journal of Behavior Therapy and Experimental Psychiatry, 39,* 354-368.

Czyzewska, M., & Graham, R. (2008). Implicit and explicit attitudes to high- and low-calorie food in females with different BMI status. *Eating Behaviors, 9,* 303-312.

Daniels, S. R., Arnett, D. K., Eckel, R. H., Gidding, S. S., Hayman, L. L., Kumanyika, S., ... Williams, C. L. (2005). Overweight in children and adolescents : Pathophysiology, consequences, prevention, and treatment. *Circulation, 111,* 1999-2012.

Devlin, M. J., Yanovski, S. Z., & Wilson, G. T. (2000). Obesity : What mental health professionals need to know. *American Journal of Psychiatry, 157,* 854-866.

Dietz, W. H. (1994). Critical periods in childhood for the development of obesity. *The American Journal of Clinical Nutrition, 59,* 955-959.

Doll, H. A., Petersen, S. E. K., & Stewart-Brown, S. L. (2000). Obesity and physical and emotional well-being : Associations between body mass index, chronic illness, and the physical and mental components of the SF-36 questionnaire. *Obesity Research, 8,* 160-170.

Eliakim, A., Kaven, G., Berger, I., Friedland, O., Wolach, B., & Nemet, D. (2002). The effect of a combined intervention on body mass index and fitness in obese children and adolescents : A clinical experience. *European Journal of Pediatrics, 161,* 449-454.

Epel, E., Lapidus, R., McEwen, B., & Brownell, K. (2001). Stress may add bite to appetite in women : A laboratory study of stress-induced cortisol and eating behavior. *Psychoneuroendocrinology, 26,* 37-49.

Epstein, L. H., Paluch, R. A., & Raynor, H. A. (2001). Sex differences in obese children and siblings in family-based obesity treatment. *Obesity Research, 9,* 746-753.

Golan, M., Fainaru, M., & Weizman, A. (1998). Role of behaviour modification in the treatment of childhood obesity with the parents as the exclusive agents of change. *International Journal of Obesity, 22,* 1217-1224.

Goodman, E., & Whitaker, R. C. (2002). A prospective study of the role of depression in the development and persistence of adolescent obesity. *Pediatrics, 110,* 497-504.

Grilo, C. M., Masheb, R. M., & Salant, S. L. (2005). Cognitive behavioral therapy guided self-help and orlistat for the treatment of binge eating disorder: A randomized, double-blind, placebo-controlled trial. *Biological Psychiatry, 57,* 1193-1201.

Habhab, S., Sheldon, J. P., & Loeb, R. C. (2009). The relationship between stress, dietary restraint, and food preferences in women. *Appetite, 52,* 437-444.

Killgore, W. D., & Yurgelun-Todd, D. A. (2006). Affect modulates appetite-related brain activity to images of food. *International Journal of Eating Disorders, 39,* 357-363.

Knowler, W. C., Barrett-Connor, E., Fowler, S. E., Hamman, R. F., Lachin, J. M., Walker, E. A., & Nathan, D. M. (2002). Reduction in the incidence of type 2 diabetes with lifestyle intervention or metformin. *The New England Journal of Medicine, 346,* 393-403.

厚生労働省（2015）．平成25年「国民健康・栄養調査」の結果　厚生労働省

Laederach-Hofmann, K., Graf, C., Horber, F., Lippuner, K., Lederer, S., Michel, R., & Schneider, M. (1999). Imipramine and diet counseling with psychological support in the treatment of obese binge eaters: A randomized, placebo-controlled double-blind study. *International Journal of Eating Disorders, 26,* 231-244.

Laederach-Hofmann, K., Kupferschmid, S., & Mussgay, L. (2002). Links between body mass index, total body fat, cholesterol, high-density lipoprotein, and insulin sensitivity in patients with obesity related to depression, anger, and anxiety. *International Journal of Eating Disorders, 32,* 58-71.

松坂 香奈枝・富家 直明・内海 厚・斉藤 久美・吉沢 正彦・田村 太作…福土 審（2004）．摂食障害に対する集団認知行動療法の効果――主張訓練を中心とした新しい治療法――　心身医学, *44,* 763-772.

文部科学省生涯学習政策局政策課調査統計企画室（編）（2008）．学校保健統計調査――平成26年度（確定値）の結果の概要――　文部科学省

Nagahama, S., Kurotani, K., Pham, N. M., Nanri, A., Kuwahara, K., Dan, M., ...Mizoue, T. (2014). Self-reported eating rate and metabolic syndrome in Japanese people: Cross-sectional study. *BMJ Open, 4,* e005241.

内閣府（編）（2008）．平成20年版食育白書　佐伯出版

Oliver, G., Wardle, J., & Gibson, E. L. (2000). Stress and food choice: A laboratory study. *Psychosomatic Medicine, 62,* 853-865.

O'Reardon, J. P., Ringel, B. L., Dinges, D. F., Allison, K. C., Rogers, N. L., Martino, N. S., & Stunkard, A. J. (2004). Circadian eating and sleeping patterns in the night eating syndrome. *Obesity Research, 12,* 1789-1796.

Petroni, M. L., Villanova, N., Avagnina, S., Fusco, M. A., Fatati, G., Compare, A., & Marchesini, G. (2007). Psychological distress in morbid obesity in relation to weight

history. *Obesity Surgery, 17*, 391-399.
Rausch Herscovici, C., Kovalskys, I., & De Gregorio, M. J. (2013).Gender differences and a school-based obesity prevention program in Argentina：A randomized trial. *Revista Panamericana de Salud Pública, 34*, 75-82.
Ressler, K. J., & Mayberg, H. S. (2007). Targeting abnormal neural circuits in mood and anxiety disorders：From the laboratory to the clinic. *Nature Neuroscience, 10*, 1116-1124.
Robinson, T. N. (1999). Reducing children's television viewing to prevent obesity：A randomized controlled trial. *JAMA, 282*, 1561-1567.
Rosen, J. C., Orosan, P., & Reiter, J. (1995). Cognitive-behavior therapy for negative body-image in obese women. *Behavior Therapy, 26*, 25-42.
坂田 利家（編）（1997）．肥満症治療マニュアル　医歯薬出版
田山 淳・渡辺 諭史・西浦 和樹・宗像 正徳・福土 審（2008）．高校生版食行動尺度の作成と肥満度に関連する食行動要因の検討　心身医学, *48*, 217-227.
Wadden, T. A., Berkowitz, R. I., Womble, L. G., Sarwer, D. B., Phelan, S., Cato, R. K., ... Stunkard, A. J. (2005). Randomized trial of lifestyle modification and pharmacotherapy for obesity. *The New England Journal of Medicine, 353*, 2111-2120.

14 新たな食行動科学へ向けて：
ビッグデータを用いた食行動の分析

　近年，"ビッグデータ"という用語を研究の場や，また日常場面でも頻繁に耳にする．ビッグデータとは一体何であろうか．ウィキペディアの日本語ページによると，"市販されているデータベース管理ツールや従来のデータ処理アプリケーションで処理することが困難なほど巨大で複雑なデータ集合の集積物を表す用語"（2016年1月に検索）を指す．またMayer-Schönberger & Cukier (2013) は "There is no rigorous definition of big data." (p.6) と述べている．このように，ビッグデータとは厳密なデータ量を示す用語ではなく，簡単に処理できないような "大量のデータ" といった曖昧な意味で使われている．研究の場，また日常場面でもしばしば耳にすることを考えると，ビッグデータはさまざまな場面で多大な影響を及ぼしているといえる．

　本章では，食行動科学を考える上で，ビッグデータが果たす役割について概説する．まず，14.1節ではMayer-Schönberger & Cukier (2013) に基づいて，ビッグデータは従来のデータとは何か違うのか，またビッグデータを用いてどのようなことが明らかにできるのか，という点について概説する．続いて14.2節では食行動に関係するビッグデータの構築と活用の試みについて紹介する．14.3節ではビッグデータを用いた食行動の研究について紹介する．そして最後の14.4節でビッグデータを用いた食行動の分析に向けての，今後の課題について議論する．

14.1　ビッグデータは従来のデータとは何が違うのか？

　ビッグデータは先に述べたように，簡単には扱えないようなデータ量のことを指すが，このような大量のデータは一体何を変えるのであろうか．情報分析はわれわれの社会の理解の仕方や体系化に大きく寄与すると考えられるが，Mayer-Schönberger & Cukier (2013) は，ビッグデータによって情報分析の方法には大きな3つの変化が現れると述べている（従来データとの簡単な比較は表14.1参照のこと）．

　1つ目が "more"，すなわちより多くのデータを分析するようになるということである．データを集めることは時間的，また金銭的にも大きなコストがかかる．このことから，従来はこれらのコストを勘案した上で，少ないデータからできるだけ最大の

表 14.1 Mayer-Schönberger & Cukier（2013）に基づく，従来のデータとビッグデータにおける情報分析の違い

	従来のデータ	ビッグデータ
データの量	無作為抽出に基づく限定された N 数	"more"（$N=$ "すべて" を目指す）
データの正確性	"できるだけ正確に"	"messy"（そこまで精度を求めない）
何を明らかにするのか	変数間の因果関係	変数間の相関関係

情報を引き出すための分析が行われてきた．たとえば，無作為抽出はこのためのひとつの方法である．つまり，無作為抽出に基づく限定的なデータ数 N が従来のデータだとすれば，"$N=$ すべて" を目指そうとする，それがビッグデータである．

2つ目が "messy"，すなわち精度をあまり重要視しないということである．当然のことながら，データが増えれば不正確なデータも増す．従来は不正確なデータは取り除くという考えのもと，データは集められてきた．データ量が少ない中ではひとつひとつのデータの質を上げようとするのは当然である．全体のデータ量が少ないのであれば精度の悪いデータが全体に与える影響がそれだけ増すからである．しかしビッグデータでは，精度には多少目をつぶり，そのかわりに量を増やすことで全体の正確性を増そうとする．つまり，量は質に勝る（"More trumps better"），ということである．

3つ目が "correlation"，すなわち相関関係に注目するということである．われわれは物事の関係性，特に原因は何であるか，そしてその結果として何か起こるか，ということに注目することが多い．つまり，従来はデータから人智の力で因果関係を見つけることが重要視されていた．しかしビッグデータのもとでは，因果関係よりも（因果関係が重要ではない，といっているわけではない），大量のデータの中からコンピュータの処理によって，関係性をもつ変数を探す作業が重要視される．

ビッグデータを活用することの大いなる可能性を示したひとつの例が Ginsberg et al.（2009）の研究である．彼らはインフルエンザの流行をいち早く予測できる方法を提案した．彼らが注目したのは，ウェブページ上における人々の検索行動である．近年は知りたい情報があれば，まずウェブページ上の情報を検索することが多い．よってどのようなキーワードが検索ワードとして用いられているのか，ということを調べれば，そのときどきに人々がどのようなことに興味をもっているのかを知ることができる．そこで Ginsberg らは，検索エンジン Google で検索された単語の上位 5000 万件とインフルエンザの流行指標との相関関係を調べた．すると，特定の 45 用語とインフルエンザ流行指標との強い相関関係を見いだすことができた．この結果で特に注目すべきは，ほぼリアルタイムで流行を特定できる点（従来は特定までに 1〜2 週間の時間が必要であった），すなわちスピーディーにかつ，正確な特定ができるという

ことである．このように，ビッグデータに対する情報分析法は従来のデータに対する情報分析法とは大きく異なり，またそれによってこれまでは決して知りえなかったことを知ることができる，大きな可能性を秘めている．

　このようなビッグデータアプローチは食にまつわる問題解決にも貢献すると考えられる．たとえば，現在の人口増加や環境の変化をふまえると，今後深刻な食糧危機が生じる可能性が考えられるが，この問題に対するビッグデータアプローチについて二宮（2015）は議論している．食糧危機を解決していくためには，効率的な農業生産が求められるであろう．作物はたとえ同じ遺伝子をもった品種であっても土壌や気候などの環境条件，また栽培条件（例：肥料をどのくらい与えるかなど）の相互作用の中で生育するので，生産量は作物の遺伝子から一意的に決まるわけではない．このことから，最適な栽培法を見つけるためには，これらの条件と生産量の関係についてのデータを蓄積して分析する必要がある．しかし同一場所では年1回しか栽培することができない．つまり，1年で得られるデータは1データということになり，有益な知見を得るための大きな制約となってしまう．ここにおいて，農業試験場や個人研究者の保有するデータが活用できると考えられる．日本国内には明治以降，品種や肥料条件などを変えた非常に多くの栽培試験データが蓄積されてきた．このような大量データを活用して分析を行うことによって，品種ごとの最適な環境条件や栽培条件を発見できると考えられる．

コラム12●実験結果を再現できない！？　心理学の実験的手法がもつ問題点

　できる限りの多くのデータ（場合によっては全データ）を用いて，そのデータを処理していくのがビッグデータにおける分析手法である．それとほぼ対峙する手続きを踏むのが心理学における実験研究である．心理学における実験研究では，想定する母集団と比較すると，限定的な数の実験参加者を募集しその人々を対象にして実験を遂行する．そして得られたデータに対して，統計的手法を用いて，心理プロセスに関する仮説の妥当性について検討を行う．この手続きにおいては，できる限り多くの人に対して実験を行い，その結果を分析するのが理想である．しかし現実的にはコストが大きすぎるために，限定的なサンプルのデータから母集団の性質を統計的手法に基づいて推測するという手法が用いられる．この手続きは現実的なコストを考えたときに非常に理にかなった手法である．

　しかしながら，心理学における実験研究に対して2015年の*Science*誌にショッキングな事実が報告された（Open Science Collaboration, 2015）．この報告では，2008年に心理学分野における有力3誌（*Psychological Science*, *Journal of*

Personality and Social Psychology, Journal of Experimental Psychology: Learning, Memory, and Cognition）に掲載された100の実験および相関研究に対して，掲載されている手続きにできる限り忠実に従った上で，結果が再現されるかどうかを検証した．結果は驚くものであった．オリジナルの研究では97%の研究で統計的有意と報告されたが，再現研究では大幅に減少し，36%であった．また，effect size（この報告内では相関係数を指標として用いている）を比較したところ，オリジナル研究では0.403で，再現研究では0.197と減少していた．つまり，手続き以外の何らかの要因でオリジナルの研究で報告されている効果は小さくなっている，また場合によってはなくなってしまうことを示している．これは，科学的手続きを踏んでいると考えられる心理学の実験研究において，サイエンスにとってももっとも重要視される点のひとつである再現性に疑問を投げかける報告である．

このようなショッキングな事実が生じる理由に関して，手続きの部分に注目していえば，どんなに注意を払っても完全な統制は難しく，結果としてオリジナル研究の実験状況を完全に再現することが現実的に不可能に近いということはいえるだろう．またデータ数の少なさが大きな要因になっていることも否めない．現実的なコストを考えると，心理学実験は想定する母集団からは少なすぎるデータから母集団の性質を推定しなくてはならない．このことが実験結果に大きな影響を与えていることは間違いない．

［本田秀仁］

引用文献

Open Science Collaboration (2015). Estimating the reproducibility of psychological science. *Science, 349*(6251). doi : 10.1126/science.aac4716

14.2 食行動に関係するビッグデータの構築と活用の試み

現在，さまざまなビッグデータが活用できるようになってきているのは事実であるが，どのようなデータも手に入るというわけではない．そもそも，何らかの形でデータが集められないとビッグデータにはならない．食行動に関して，多くの世帯の日常生活における食品の購買行動，食卓の情報などを収集し，データベース化する試みがなされている．たとえば，「食MAP」（食卓 Market Analysis and Planning：http://www.lifescape-m.co.jp/smap_guide/）では，360家族世帯のデータを収集し，2010年10月の時点で食卓数406万件，メニュー数1872万件，材料数4016万件という膨大なデータを蓄積している．このようなデータを活用することで，いつ，誰が，どこで，何を買ったか，また食事の動機，どんな目的で，またどのようなメニューで食事したのか，といった食行動の心理を分析することができる．たとえば単身世帯と

家族世帯の食行動の違いについて調べる場合を考えてみよう．従来は大規模調査を実施して，単身世帯と家族世帯の回答の違いから，それぞれの食行動の違いを分析することが多かった．このような手法で理解できることは多いものの，限界もある．たとえば，質問項目は事前に調査者が考える必要があり，この過程で食行動と深くかかわる要因についての質問項目を設定していない（場合によっては，設定自体が難しい）ことが起こりうる．そして，質問項目数も基本的には限界がある．食行動の背景にある心理を知るため，特に日常生活により密着した形での分析を行っていくためには，さまざまな人から食行動に関するデータを集め，またそれを一定期間継続して蓄積していくことが理想である．たとえば「食MAP」のように日常の食行動のデータがあれば，食行動について詳細な分析が可能になり，調査では解明できないような，より日常生活に踏み込んだ食行動や食行動にかかわる心理を明らかにできると考えられる．実際こういった形でのビッグデータアプローチの有効性が石垣他（2011）で議論されている．この研究では，日常的な購買行動の分析において，ID-POSデータと呼ばれる顧客IDつきの購買履歴に関する大規模データと4000名のアンケートデータを融合させ，ベイジアンネットワークモデルに基づく顧客行動予測システムを提案している．日常的な食行動についても，同様に，ビッグデータアプローチが有効である可能性が高い．

　また，ウェブページ上に存在する大量データを抽出することでビッグデータを構築するという方法も考えられる．河野・柳井（2015）はウェブページからターゲットとする食事画像を収集し，ノイズ画像（食事以外の画像）を除去して，食事画像データベースを自動構築する手法を提案している．このように自動的にデータを収集し，かつ精度の高いデータベースが構築されれば，これを活用することで食行動の研究も可能になるであろう．たとえば，世界の食文化について調べるとき，大量の画像データに基づいて分析していくことが可能になると考えられる．従来は，各地を訪れそこの人々の食生活を（そして多くの場合は限定的に）調べるという方法をとるしかなく，多大なコストを要したと考えられる．しかしウェブページ上のデータを首尾よく収集し，データベースを構築することで，効率的に，またその中からこれまでの研究手法では知りえなかった知見が得られることも期待できる．

　企業は日常的に消費者の行動についてのデータを収集していることが知られているが，食行動でもビッグデータアプローチの有効性が着目され，それが日々のオペレーションで活用されている．大手回転寿司チェーンのスシローはいつどのような寿司がレーンに流れていつそれが食べられていたのか，また廃棄されてしまったのかを10億件以上のデータから分析し，店舗の込み具合に応じて，レーンに流す寿司の量を調整している．このようなアプローチをとりオペレーションを最適化することは，食品

をスムースに提供することにつながるだけではなく，廃棄しなくてはならない食品の量の削減にも有効である（アシスト，2013）．

このように，ビッグデータアプローチは，日常的な食行動の解明から，われわれが外食する場合の満足度を高めること，また食品に関係する環境問題の解決まで，さまざまな面に大きく貢献する．

14.3　ビッグデータを用いた食行動の研究

これまで述べたように，ビッグデータを用いた分析はアカデミックの世界でも，産業界でも浸透しつつある．しかしながら，食行動科学の分野では，分析できるようなビッグデータが多くはないため，現段階では分析例はあまり多いとはいえない．本節では，気温データを用いた冷やし中華つゆの売れ行き分析，またTwitterを用いた食行動に関する分析の2つのビッグデータアプローチを紹介する．

われわれの食行動は気温に大きな影響を受けるだろう．たとえば，真冬の寒い日には温かい鍋が食べたくなるし，真夏の暑い日にはかき氷を食べたくなる．よって，気温とわれわれの食行動の間には相関関係が存在していると考えられる．日本気象協会は冷やし中華に関する消費者の食行動と気温の関係について分析を行った（日本気象協会，2015）．この分析では，2009年から2014年の間，東京・埼玉・千葉・神奈川の南関東地域を対象として，冷やし中華のつゆの売上げと気温，気温に関係する消費者心理，また実効気温を考慮して回帰分析を行ったところ，非常に高い決定係数 (0.97) でつゆの売上げが説明できることを明らかにした．ここで注目すべきが，単純に気温のみを用いた場合の決定係数がこれに比べるとかなり低い点 (0.59) である．このようなアプローチから，われわれが"冷やし中華を食べたい"と感じる心理プロセスについて，気温以外のより詳細なメカニズムを紐解く鍵が得られると考えられる．

Twitterは多くの人が日常的に用いているソーシャルメディアのひとつである．Twitterでは140文字以内の短文が投稿される(つぶやき，ツイートと呼ばれる)．人々は日常生活で起こったさまざまなことを，このメディアを用いてツイートしている．食行動も例外ではなく，日々の食事に関することがツイートされている．よって，このツイートの中には人々の食行動に関する心理が反映されていると考えられ，大量のツイートを分析することで，日常場面に密着した人間の食に関する心理や行動を明らかにできると考えられる．Vidal et al. (2015) はTwitterを用いて食行動に関する分析を行っている．この研究では，"breakfast"，"lunch"，"dinner"，そして"snack"というキーワードを含むツイートを16000ほど収集し，その後分析に不適切なデータ

（例：リツイート[1]など）を除外した上で，最終的に約 12000 のツイートデータを分析の対象とする元データとした．分析の手法としては，手作業でツイート内容を分類しその傾向を理解する内容分析と，頻度・回数などの個々の単語分析である．われわれの食行動は基本的に状況依存的であると考えられる．たとえば，通常の食事で食べるもの／飲むものは，パーティーの場で食べるもの／飲むものとは異なる．また，たとえば持病などで健康へ特に気をつけている人は塩分が控えめのものを食べるようにする，といったこともあるだろう．このような食品選択の状況依存性にかかわる要因については先行研究でさまざまな視点から実証的な研究が行われてきた（たとえば，Jaeger et al., 2011；Mueller Loose & Jaeger, 2012；Onwezen et al., 2012；Machín et al., 2014）．Vidal et al. (2015) によると，Twitter の内容分析の結果は，これらの研究との整合性は高く，ツイートデータは食行動を分析していく上で妥当性が高いデータを提供していることを示していると述べている．今後，食行動に関するビッグデータアプローチのひとつの手法として Twitter は大きな可能性を秘めているツールであろう．

14.4　ビッグデータを用いた食行動の分析に向けて：今後の課題

　本章では，ビッグデータとは何なのか，ビッグデータを活用することによって何が明らかになるのかという点を中心に概説してきた．最後に食行動科学分野においてビッグデータを活用していくための課題 2 点について簡単に述べる．
　1 点目はデータ収集に関する課題であり，食行動を分析していくためのビッグデータへどのようにアクセスしていくか，という点である．先に述べたように，何らかの形でデータを集めないとビッグデータにはならない．現状，食行動を分析するためにアクセスできるビッグデータは多いとはいえないだろう．誰でもアクセスできるデータといえば，Twitter などのソーシャルメディアからのデータであるが，ソーシャルメディアのデータは食行動とは関係ないデータも多く含む．よって，14.2 節で述べた「食 MAP」のような食に特化したデータにアクセスして，分析を進めることが理想的である．ただし，現実的に困難な点が存在する．それは大学教員をはじめとする個々の研究者にとってこのようなデータを集めることは不可能に近いということである．ここでは，企業との協力が必要不可欠である．企業は顧客の行動データをはじめとして膨大なデータを有している．このようなデータは人間行動，あるいは人間心理を解明するための"宝の山"になっている可能性がある．たとえば Ginsberg et al.

---

[1] 他のユーザーのツイートを引用のような形でそのまま，再びツイートすること．

14.4 ビッグデータを用いた食行動の分析に向けて：今後の課題

(2009)のインフルエンザの流行検知に関する研究は，Googleが有するデータを分析した結果として明らかになった知見である．ビッグデータを用いた研究には産学連携が必須であり，研究者と企業の間で協力体制を築いていくことが重要である．同様に，個人間の連携も必要である．個人レベル（たとえばひとりの研究者）でみたときには，それだけではビッグデータとはならないがそれなりの量のデータをもっていることも事実である．二宮（2015）が指摘するように，収集したデータの相互交流性を高めるためのデータの標準化，データ交換プラットフォームなどの設計も必要になるであろう．

2点目は，アクセスできるビッグデータを用いた分析を進める際の問題で，方法論の確立という課題である．14.3 節で述べた Vidal et al.（2015）の Twitter を用いた研究は，誰でもアクセス可能なデータを用いており，食行動科学研究におけるビッグデータアプローチとして可能性を感じさせるものである．しかしながら Vidal et al.（2015）の研究は探索的なものであり，また興味深い知見が得られた内容分析は手作業によるものであった．Vidal et al.（2015）は，個々の単語分析の結果についても報告しているが，文脈から単語を取り出すことで，使用されている単語が文脈内でもつ意味について正確に理解することが難しくなるため，個々の単語分析の有効性については疑問が多いことを同時に指摘している．このように，Twitter を用いた食行動研究は今後大きな可能性を秘めていると同時に，限界も存在しているといえよう．Vidal et al.（2015）の知見に基づけば，Twitter を用いた食行動研究は，"労力がかかる"手作業に頼らざるをえないということになる．データ自体はコンピュータ上で収集が行われるので，収集データが大量であってもさして時間はかからない（論文内では，約7万のツイートデータを収集し，分析に用いるためのコーディングに要した時間は，2時間未満と述べられている）．一方で内容分析については，基本的に手作業で行われており，多くの労力を要するために，結果として集めたデータに対して，限定的な分析となっていた（ランダムに選択された 4000 データが内容分析の対象であった）．つまり，Vidal et al.（2015）では表 14.1 に記したようなビッグデータ分析の特徴のひとつである"$N=$すべてを用いる"を活かせていないことになる．しかしながら，現状，このような大量データを用いた研究手法はまだ確立されていない．Vidal et al.（2015）も再三，探索的な研究であると述べているように，大量データに対する妥当な分析法，特に人間の心理に関する有益な知見を得るための妥当な分析法については確立されていない．ただし，これは新たな研究手法のすべてが通る道でもある．知見が蓄積されていけば，今後手作業ではなく，"$N=$すべてを用いる"といった手法も確立されていき，自ずと解決されていく問題であろう．つまり，本質的な問題ということではなく，方法論が確立していないという現状から生じる問題である．食行動科

学に携わる研究者が今後ビッグデータアプローチを積極的に行うことで，このアプローチを行っていく上での"知恵"を深めていくことが重要である．つまり，食行動と直接的には関係がない他のデータが含まれるソーシャルメディアデータのような，誰でもアクセスできるデータから食行動に関する有用な知見を引き出すための方法論を確立していくことが今後必要不可欠であると考えられる． ［本田秀仁］

引 用 文 献

Ginsberg, J., Mohebbi, M. H., Patel, R. S., Brammer, L., Smolinski, M. S., & Brilliant, L. (2009). Detecting influenza epidemics using search engine query data. *Nature, 457*(7232), 1012-1014.

石垣 司・竹中 毅・本村 陽一（2011）．日常購買行動に関する大規模データの融合による顧客行動予測システム　人工知能学会論文誌, *26*(6), 670-681.

株式会社アシスト（2013）．ビッグデータの高速分析で，隠れていた課題や問題点を可視化　回転寿司業界のNo.1を支える迅速な経営判断と店舗オペレーションを実現　Retrieved from http://www.ashisuto.co.jp/case/industry/service/_icsFiles/afieldfile/2013/09/10/QlikView_AkindoSushiro.pdf（2015年1月12日）

河野 憲之・柳井 啓司（2015）．既存カテゴリーの利用とクラウドソーシングによる食事画像データセットの自動拡張　電子情報通信学会論文誌D, *J98-D*(4), 585-597.

Mayer-Schönberger, V., & Cukier, K. (2013). *Big data：A revolution that will transform how we live, work, and think.* Boston：Houghton Mifflin Harcourt.
（マイヤー=ショーンベルガー，V.・クキエ，K. 斎藤 栄一郎（訳）（2013）．ビッグデータの正体——情報の産業革命が世界のすべてを変える——　講談社）

日本気象協会（2015）．気象情報を用いたビッグデータ解析で食品ロス削減の期待が高まる——【中間報告】天気予報で物流を変える——　Retrieved from https://www.jwa.or.jp/news/2015/01/post-000470.html（2016年1月16日）

二宮 正士（2015）．ビッグデータでデザインするスマートな農業　情報管理, *58*(8), 589-596.

Vidal, L., Ares, G., Machín, L., & Jaeger, S. R. (2015). Using Twitter data for food-related consumer research: A case study on "what people say when tweeting about different eating situations." *Food Quality and Preference, 45*, 58-69.

参 考 文 献

Jaeger, S. R., Bava, C. M., Worch, T., Dawson, J., & Marshall, D. W. (2011). The food choice kaleidoscope. A framework for structured description of product, place and person as sources of variation in food choices. *Appetite, 56*(2), 412-423.

Machín, L., Giménez, A., Vidal, L., & Ares, G. (2014). Influence of context on motives underlying food choice. *Journal of Sensory Studies, 29*(5), 313-324.

Mueller Loose, S., & Jaeger, S. R. (2012). Factors that influence beverage choices at meal times. An application of the food choice kaleidoscope framework. *Appetite, 59*(3), 826-836.

Onwezen, M. C., Reinders, M. J., van der Lans, I. A., Sijtsema, S. J., Jasiulewicz, A., Dolors Guardia, M., & Guerrero, L. (2012). A cross-national consumer segmentation based on food benefits: The link with consumption situations and food perceptions. *Food Quality and Preference, 24*(2), 276-286.

あ と が き

　人と食物との関係は，過去3回の革命ともいえる出来事によって大きく変化してきた．最初の出来事は，われわれホモ・サピエンス以前の人類であるホモ・エレクトスの時代にさかのぼる．彼らは火を発見し，その火を用いて食物を加熱調理するようになった．動物性タンパク質の供給源である獣を捕獲しても，解体すればすぐに腐敗が始まる．しかし，肉に火を通すことにより腐敗までの時間を引き延ばすことができる．それだけでなく，加熱は生肉に寄生する病原菌を死滅させ，肉や植物の組織を分解し，その消化，吸収を容易にする．さらに生肉を咀嚼し嚥下することに要する膨大な時間を大幅に節約させる．人類学者 R. ランガムの著書 "*Catching fire*: *How cooking made us human*" (2009年) によれば，噛みしめることに必要なしっかりとした顎とその顎を支える筋肉はその役割から解放され，やがて人類の顎は小さくなっていき，そのことが脳の巨大化を助けたということである．

　火を用いた調理に続く第二の出来事は，農耕・牧畜の開始である．穀物を生産し家畜を育てることによって，安定した食糧の確保が可能となった．生活に余裕ができ，そのことが文明・文化を誕生させる契機となった．しかし，余剰食物は富の偏在を生み出し，多くの貧者と少数の富める者を生み出すこととなった．

　第三の出来事は産業革命である．産業革命によって都市へ流入する人口が増加し，都市部における食物の需要が高まった．食産業は工業化された食品工場で大量の食物を作り出すようになり，都市住民に必要な食物を供給するようになった．いわゆる食の外部化の始まりである．やがて新たに発明された化学肥料と耕作地の効率的運用によって大量の穀物が生産されるようになり，世界人口は指数関数的に増加していった．

　産業革命以前の18世紀初頭における世界人口は6億から7億人であったと推定されている．その後数百年を経て，世界人口は72億人を突破した．世界人口のおおよそ9人に1人が飢餓の状態にある一方で，おおよそ10人に4人が過体重ないしは肥満の状態にある．人口の爆発的増加にばかり目がいきがちであるが，それだけの人口を支えるだけの食物が生産されているという事実に注目したい．

　果たして現在，これだけの人口を支えるだけの食物はいかにして生産・供給されているのだろう．1つは種子から作物の生産，流通，加工，小売りまでのラインを一環（垂直構造化）させ，より効率的な食物供給を可能としたこと．さらに，それぞれの工程を地域閉鎖的に行うのではなく，グローバル化させることにより，より効率的，より

安価な食物供給を可能としたことによる．このようなグローバルな食物供給システムが現代のフード・システムを特徴づけている．地上に生きる約73億人の人類は，高度に発達したフード・システムによってその生存を可能ならしめているのである．

今や，都市部に生きる人々にとって食の外部化は日常のものである．さらにそこで供給される食物は，いつ，どこで，誰が，どのように生産し，運搬し，加工・調理したものであるかが不明である．自らが口にする食物のルーツの不確かさが食への不安を高め，食に対する過剰なまでの反応を生み出しているように思われる．

日本は食物が過剰に供給されている国の1つである．そこでは一見すると奇妙な現象がみられる．例えば栄養価値の高い食物よりも低い食物の方が評価（心理的価値）が高くなるという現象である．「脂肪をつきにくくする」「脂肪を燃焼しやすくする」といった宣伝文句で売られている商品は，本来は身体が必要とするエネルギーの効率的使用を阻害するものである．低脂肪，低カロリーの食品も同様である．これらの食品は，肥満症患者にとっては有益かもしれないが，購買層の多くは肥満症患者ではないだろう．現代人は食物が有する栄養価値を低く評価しがちとなっている．

「健康」「ヘルシー」「天然」「ナチュラル」といったラベルも消費者行動を大きく左右する．現代人に供給される多くの食品が，高度に加工された工業製品であり，生命感の乏しいものとなっていることに対する心理的抵抗が見え隠れする．

現在，少なくとも日本において飢餓は身近なものではなくなった．日常の食物から，致死性の毒物や細菌（病原菌）を摂取する可能性もきわめて低くなった．食べる行為に付随する警戒心はその行き場を失い，ほんのわずかなことがらに対しても過剰に反応するようになった．ホモ・エレクトスが火を発見して以降，100万年以上に及ぶ長きにわたって身につけてきた食に対する「身体の知恵」を発揮する必要がなくなったのである．むしろ「身体の知恵」に従って食べておれば肥満になるであろうし，食の安全に対しても過剰な反応をしてしまうだろう．健康を求めるあまり不健康に陥るという逆説的な結果にもなりかねない．

食の現在を特徴づけるものは飽食である．人と食物の関係は，人類史上第4回目の新たな変革を求められているのかもしれない．このような時代にあって，われわれは自らの食行動を上手に飼い慣らしていく必要がある．そのためには食行動とその背後に機能する心的プロセスの理解が欠かせない．食行動科学のさらなる発展が望まれる．

2017年3月

今田記す

索　引

欧　文

ABAB デザイン　192
ABC（antecedent stimulus-behavior-consequence）分析　188

BT（behavioral therapy）　206

CAN アプローチ　166
CBT（cognitive behavioral therapy）　206
Cg25　216
Chewing JOCKEY　33
choice blindness　184
CRT（cognitive reflection test）　45

five-way model　9
FOAD（fetal origins of adult disease）　159

group CBT　211

ID-POS データ　226
ISO8586　145

NES（nocturnal eating syndrome）　210, 215

PDCA（PLAN-DO-CHECK-ACT）サイクル　156
PROP（6-n-プロピルチオウラシル）　23

QDA（quantitative descriptive analysis）法　145, 151
QOL（quality of life）　105, 156

SD（semantic differential）法　151
SMBG ノート　178

TDS（temporal dominance sensation）　22, 151
Twitter　227

あ　行

愛と所属の欲求　65
味　26
味受容細胞　77
アドヒアランス　174
アドレナリン　61
甘味　5, 24, 54
アミノ酸　54
アロスタシス　61
アロスタティック負荷　61
安全学習　64
安全と安心の欲求　61

異化　53
怒り　13
維持期　182
意識的減食　174
遺伝的行動（生得的行動）　4
意図の読み取り　131, 133
イヌイト　137
イノシン酸　29
色　31
インスリン　56

ウェルビーイング　156

うま味　24, 29, 54
運動習慣　16

栄養教育　155
　学童期の――　158
　高齢期の――　158
　思春期の――　158
　成人期の――　158
　青年期の――　158
　胎児期の――　157
　乳幼児期の――　157
　妊産婦の――　157
　妊娠前の――　159
栄養士法　160
栄養成分表示　158
えぐ味　26
嚥下　4

応用行動分析学　187
オープン・スタディ　211
オペラント条件づけ　188
オペラント反応　188
温度　29

か　行

介入パッケージ　196
外発的摂食　59
学習　5
学習行動　4
学習システム　92
学習要因　5
確証バイアス　10
覚醒度　47
核知識システム　93
拡張現実感　33
拡張満腹感　34

学童期の栄養教育　158
確立操作　188
学歴　111
仮想的自己有能感　10
家族役割　86
固さ　28
悲しみ　13
加熱調理　3
カーボンフットプリント　45
辛味　25, 26
ガルシア効果　93
感覚　20
感覚間相互作用　28, 32
感覚器（受容器）　20
眼窩前頭皮質　32
環境配慮性　43
観察学習　66
感情一致効果　12
感情制御（調節）　15, 16
感情的摂食　12
感情的な道具的食行動　13
感情要因　9
間身体性　127
感性満腹感　60
感染の法則　37
官能検査　142
官能評価　142
　――の用語体系　149

飢餓感　5
飢餓痛　6
輝度分布　30
規範　5, 66
忌避　62
気分一致効果　12
基本的欲求　53
基本味　24, 78
　新生児期の――　78
吸引感覚提示装置　33
嗅覚　25, 32
　――の低下　106
嗅覚細胞　77

嗅覚受容体　25
強化　188
強化子　188
共感的開口　129
共感的口唇行動　129
共食　47, 134
恐怖　13

空腹感　59
くすぐり遊び　132
グリーフケア　114
グリーフワーク　114
グルタミン酸　29
グレリン　57

経済性（食材の）　110
血圧手帳　178
ケトン体　218
権威主義的人格　10
嫌悪感　135
健康情報　116, 170
健康増進法　160
健康的な食事　115
健康日本21　162
健康問題　108
原三項関係　132
原三項性　133
減量期　182

口腔乾燥症（ドライマウス）
　107
口腔機能の低下　106, 118
恒常性維持（ホメオスタシス）
　55
行動経済学　165
行動契約　189, 192
行動分析学　187
　――に基づく体重減量　189
行動療法（BT）　206
行動レパートリ　193
光背効果（ハロー効果）　10,
　42, 68

後鼻腔経路　29
高齢者（期）　105
　――の栄養教育　158
こく味物質　24
国民健康・栄養調査　160
孤食　108, 111
個人差　22
古典的条件づけ　63
コーホート　76
コルチゾール　61
コレシストキニン　57
困窮　109
コントロール不能な摂食　174

さ 行

採餌行動　3
錯誤帰属　66
雑食化　126
雑食性　125, 136
サンクコストの誤謬　10
三項関係　130, 132, 134
三項強化随伴性　188
三大栄養素　54
酸味　24

ジェンダー・ステレオタイプ
　39
塩味　24
視覚　30, 32
時間延長仮説　47
時間欠乏　86
刺激性制御　188, 189
嗜好　5, 25
　――の対比　10, 21
嗜好型官能評価　142
嗜好型パネル　144
嗜好性　201
自己強化　196
自己効力感　163
自己弱化　196
自己調整　82
仕事　86

自己報酬 196
自己モニター 15, 16
自己モニタリング（セルフモニタリング） 189, 194, 206
思春期の栄養教育 158
視床下部外側野 56
視床下部弓状核 56
視床下部室傍核 56
システム1 45, 166
システム2 45, 166
視線の交替 133
自尊感情 16
実行ギャップ 44
渋味 26
死別 112
社会-感情的文脈 80
社会的強化子 189
社会的孤立 109
社会的促進 47
社会的妥当性 187
社会的認知理論 163
社会的モデリング 47
社会的要因 7
社会文化的ルールの獲得 80
弱化 188
　正の―― 189
　負の―― 188
弱化子 188
遮断化 188
集団認知行動療法（group CBT） 211
主観的時間割引 10
主体性 130
手段的サポート 109
授乳期 79
受容器（感覚器） 20
受容体 20
馴化法 94
順応 20
消化 98
条件強化子 189, 201
条件刺激 188, 201

情緒的サポート 109
情動的摂食 174
承認と尊重の欲求 67
情報オーバーロード 44
食MAP 225, 228
食育（活動） 156, 214
食育基本法 156, 162
食環境 156
　――の再構成 15
食環境整備 156, 165
食供給 129
　――における意図の読み取り 131
食行動 2
　不健康な―― 48
　無意識の―― 15
食行動異常 206
食材の経済性 110
食事環境 41
食実践 84
食性 125
食と健康に関する魔術的信念 37
食認知の再構成 15, 16
食のグローバル化 137
食は人となり仮説 38
食品情報理解 46
食品の善悪ステレオタイプ 38
食味評価 37
食物（味覚）嫌悪学習 63, 93
食物新奇性恐怖 62, 80
食物摂取 74
食物（食品）選択 37, 74, 85, 106
　――のライフコースモデル 75
食物多様性希求 80
食欲 6
食欲調整の末梢説 59
女性 113
食感 27
視力の低下 106

心因性の不調 100
新奇性恐怖 95, 137
人口問題 138
心身相関的理解 99
新生児期 78
　――の基本味 78
身体性の不調 100
真度 147
心理的リアクタンス 10
心理バイアス 9

随伴性 188
スクール・ベースト・アプローチ 211, 214
ステレオタイプ（類型的思考） 10, 38
　ジェンダー・―― 39
ステレオタイプ活性 48
ストレスマネージメント 176
スピルオーバー 86

性格類型 178
生活習慣病 161, 169
生活の質（QOL） 105, 156
生気論的因果 100
成人期 85
　――の栄養教育 158
成人病胎児期発症（起源）説（FOAD） 159
成長欲求 53
精度 147
青年期 81
　――の栄養教育 158
正の弱化 189
生物学的理解 95
生物行動 4
生物的必要 5
生物要因 5
生理的欲求 54
生得的行動（遺伝的行動） 4
世代 76
世代間伝達 88

摂取（行動） 2, 74
摂食障害 69
　　夜間—— 215
セットポイント 55
セルフモニタリング（自己モニタリング） 189, 194, 206
先行刺激 188
選択的信頼 97
前頭前野 216
前鼻腔経路 29
専門パネル 144

相互協調的自己理解 10
相互作用 28
咀嚼 4, 107
咀嚼機能低下 107
卒乳 129
素朴生物学 96

た 行

ダイエット法 170
胎児（期） 77, 78, 132
　　——の栄養教育 157
体重管理 163
体重減量のための多次元モデル 15
体重測定 176
体性感覚 25, 78
代替現実システム 183
体内過程 4
代理摂食 206
他者関与 16
多層ベースライン（法） 187, 196
脱感作 64
脱抑制 12, 15
ターニングポイント 76
タブー 135
食べ物相違課題 101
食べ物領域 93
単一事例法 187
単純接触効果 64

男性 114
断乳 128

知覚 20
知覚経験 25
中高年 86
調整乳 79
調理（行動） 2, 113
調理技術 116
直立二足歩行 126
直観的判断 8
チンパンジー 126

低栄養 105, 108, 117
低カロリー 118
抵抗 169
低脂肪食 173
低体重 159
定量的記述分析法（QDA） 145, 151
テクスチャー 27
テクスチャー用語 149
典型色 31

同化 53, 65, 68
糖質 217
糖質制限食 173
同調 10, 66
糖尿病 169, 183, 217
動物の肉 136
特定健康診査・特定保健指導 17, 169, 217
独居 109
ドライマウス（口腔乾燥症） 107

な 行

内臓脂肪型肥満 13
仲間集団 84
ナッジ 165

におい 29

におい分子 25
苦味 24
乳幼児（期） 80, 94
　　——の認知 94
　　——の栄養教育 157
妊産婦の栄養教育 157
妊娠 77
妊娠前の栄養教育 159
認知 8
認知行動療法（CBT） 206
認知的不協和 10
認知特性 45
認知プロセス 8
認知要因 8

ネガティブ感情 9, 63

脳腸ホルモン 56

は 行

パッケージ介入 191
発話量の平準化 49
パネリスト 144
パネル 144
　　——の訓練 146
　　——の選抜 145
パフォーマンス 191, 194, 198
パレオダイエット 217
ハロー効果（光背効果） 10, 42, 68
般性条件強化子 189
反転（除去）法 187
反発性 130

ピータータン 62
ビッグデータ 222
ビッグデータアプローチ 224, 226
〈ヒト-モノ〉システム 127
肥満 13, 60, 69, 170, 205
肥満者 14
肥満対策 169, 205

索　引

ヒューリスティクス　10, 45
評価用語　148
標準物質　149

ファストフード　81, 83, 119
ファミリー・ベースト・アプローチ　211, 214
風味（フレーバー）　78, 107
フェアトレード　43
副食　111
不健康食品に対する接近性　48
不健康な食行動　48
ブドウ糖　54, 217
フードシステム　17, 76, 88, 137
フードピラミッド　218
フードファディズム　117
負の弱化　188
ブランド　42, 68
不良仲間の効果　39
フレーバー（風味）　78, 107
文化　134
分析型官能評価　142
分析型パネル　144

ヘルシープレート　176
変化の見落とし　21
偏食　63
弁別オペラント条件づけ　188
弁別刺激　188

飽食　16
飽和化　188
保健機能食品制度　162
ポジティブ感情　9
ポーションサイズ　176
哺乳　127
母乳　78, 79
ホメオスタシス（恒常性維持）　55

ま　行

マクドナルド現象　137
マクロな文脈　76
マズローの欲求階層説　53
　愛と所属の欲求　65
　安全と安心の欲求　62
　基本的欲求　53
　承認と尊重の欲求　67
　成長欲求　53
　生理的欲求　54

味覚　24, 26
　——の嗜好　5, 25
　——の低下　106
味覚芽　77
味覚経験　101
味覚（食物）嫌悪学習　63, 93
味覚センサー　151
水漏れ樽モデル　60
ミネラル　55
味蕾　24
ミラーニューロン　66

無意識の食行動　15
無条件強化（弱化）子　188
無条件刺激　188
むちゃ食い　206, 210, 215

メタクッキー　33
メタボリックシンドローム　13, 158, 169
メンタルヘルス　207

モデリング　80, 163
（自己）モニタリング　189, 194, 206

や　行

夜間摂食　206
夜間摂食症候群（NES）　210, 215

痩せ　60

遊離脂肪酸　55
誘惑場面　16
ユングの性格類型　178

良い食品（食べ物）　38, 96
幼児（乳児）期　80, 94
　——の認知　94
　——の栄養教育　157
予期的摂食　7
抑うつ　111
抑制的な摂食習慣　12
喜び　13

ら　行

ライフイベント　75, 88
ライフコース　75, 85
ラ・レーチェ・リーグ　129
ランガム，R　3

梨状皮質　25
離乳　127, 130
リバウンド　183, 200
利便性　119
量的判断　10
倫理的消費　44
倫理的動機　43

類型的思考（ステレオタイプ）　10, 38
類似の法則　37

霊長類　125
レヴィ＝ストロース，C　3
レーション　143
レスポンデント条件づけ　188
レプチン　56

わ　行

悪い食品（食べ物）　38, 96

編集者略歴

今田純雄（いまだすみお）
1953年　大阪府に生まれる
1983年　関西学院大学大学院文学研究科博士課程修了
現　在　広島修道大学健康科学部教授
　　　　文学修士

和田有史（わだゆうじ）
1974年　静岡県に生まれる
2002年　日本大学大学院文学研究科博士後期課程修了
現　在　立命館大学理工学部教授
　　　　博士（心理学）

シリーズ〈食と味嗅覚の人間科学〉
食行動の科学
―「食べる」を読み解く―　　　　　　　　定価はカバーに表示

2017年　4月15日　初版第1刷
2022年　6月25日　　　　第3刷

　　　　　　　　　　編集者　今　田　純　雄
　　　　　　　　　　　　　　和　田　有　史
　　　　　　　　　　発行者　朝　倉　誠　造
　　　　　　　　　　発行所　株式会社 朝　倉　書　店
　　　　　　　　　　　東京都新宿区新小川町6-29
　　　　　　　　　　　郵便番号　162-8707
　　　　　　　　　　　電　話　03（3260）0141
　　　　　　　　　　　ＦＡＸ　03（3260）0180
〈検印省略〉　　　　　　https://www.asakura.co.jp

Ⓒ 2017〈無断複写・転載を禁ず〉　　　　印刷・製本　東国文化

ISBN 978-4-254-10667-1　C 3340　　　Printed in Korea

JCOPY　〈出版者著作権管理機構　委託出版物〉
本書の無断複写は著作権法上での例外を除き禁じられています．複写される場合は，
そのつど事前に，出版者著作権管理機構（電話03-5244-5088, FAX 03-5244-5089,
e-mail: info@jcopy.or.jp）の許諾を得てください．

好評の事典・辞典・ハンドブック

脳科学大事典	甘利俊一ほか 編	B5判 1032頁
視覚情報処理ハンドブック	日本視覚学会 編	B5判 676頁
形の科学百科事典	形の科学会 編	B5判 916頁
紙の文化事典	尾鍋史彦ほか 編	A5判 592頁
科学大博物館	橋本毅彦ほか 監訳	A5判 852頁
人間の許容限界事典	山崎昌廣ほか 編	B5判 1032頁
法則の辞典	山崎 昶 編著	A5判 504頁
オックスフォード科学辞典	山崎 昶 訳	B5判 936頁
カラー図説 理科の辞典	山崎 昶 編訳	A4変判 260頁
デザイン事典	日本デザイン学会 編	B5判 756頁
文化財科学の事典	馬淵久夫ほか 編	A5判 536頁
感情と思考の科学事典	北村英哉ほか 編	A5判 484頁
祭り・芸能・行事大辞典	小島美子ほか 監修	B5判 2228頁
言語の事典	中島平三 編	B5判 760頁
王朝文化辞典	山口明穂ほか 編	B5判 616頁
計量国語学事典	計量国語学会 編	A5判 448頁
現代心理学［理論］事典	中島義明 編	A5判 836頁
心理学総合事典	佐藤達也ほか 編	B5判 792頁
郷土史大辞典	歴史学会 編	B5判 1972頁
日本古代史事典	阿部 猛 編	A5判 768頁
日本中世史事典	阿部 猛ほか 編	A5判 920頁

価格・概要等は小社ホームページをご覧ください．